教育部高等学校材料类专业教学指导委员会规划教材

材料表面与薄膜技术

陆 伟 主编

高玉魁 魏先顺 副主编

SURFACE AND THIN FILM TECHNOLOGIES OF MATERIALS

化学工业出版社

·北 京·

内 容 简 介

　　《材料表面与薄膜技术》作为教育部高等学校材料类专业教学指导委员会规划教材，是一本体现多学科交叉并具有较强实用价值的专业教材。全书从基本原理出发，密切结合实际，介绍了各类常见的表面与薄膜制备技术及其发展趋势，详细介绍了表面与薄膜相关的基本概念、内在原理，较系统地分析了各类现代表面技术的特点、适用范围、技术路线、工艺流程和应用实例以及发展前景。主要内容包括表面技术概论、表面科学的概念和理论、薄膜气相沉积技术、表面改性技术、表面涂覆技术以及表面分析与表征技术。

　　本书可作为高等学校材料类、化工类相关专业本科生和研究生的教学用书，同时可供表面工程、涂装、机械、国防、航空航天、船舶等领域的工程技术人员参考。

图书在版编目（CIP）数据

材料表面与薄膜技术/陆伟主编；高玉魁，魏先顺
副主编.—北京：化学工业出版社，2023.6
ISBN 978-7-122-43647-4

Ⅰ.①材… Ⅱ.①陆…②高…③魏… Ⅲ.①工程材料-表面分析②工程材料-薄膜技术 Ⅳ.①TB3②TB43

中国国家版本馆 CIP 数据核字（2023）第 105310 号

责任编辑：陶艳玲　　　　　　　　　　　　装帧设计：史利平
责任校对：边　涛

出版发行：化学工业出版社（北京市东城区青年湖南街 13 号　邮政编码 100011）
印　　刷：三河市航远印刷有限公司
装　　订：三河市宇新装订厂
787mm×1092mm　1/16　印张 15¼　字数 354 千字　2023 年 11 月北京第 1 版第 1 次印刷

购书咨询：010-64518888　　　　　　　　　售后服务：010-64518899
网　　址：http://www.cip.com.cn
凡购买本书，如有缺损质量问题，本社销售中心负责调换。

定　　价：69.00 元

表面与薄膜技术（简称表面技术）是调控材料表面成分、结构与性能的表面加工技术。广义地讲，表面技术是直接与各种表面现象或者过程相关联的、能为人类造福或者被人类所利用的技术。表面与薄膜技术紧紧围绕腐蚀、摩擦磨损和功能特性三大因素展开，通过物理、化学或机械过程来改变材料表面的化学成分、组织结构、表面状态或形成特殊覆盖层，以此赋予材料表面某些特殊性能，提高抵御外界环境作用的能力，它对生产、使用具有特殊应用需求的材料具有指导意义。

表面技术领域的开拓始于20世纪60～70年代，电子束、离子束、激光束以及等离子体技术的开发与应用，发挥了特有的表面改性作用，使表面技术发生了划时代的进步，既推动了许多工业部门的飞速发展，又形成了自己的体系，出现了表面工程系统技术。表面技术在20世纪80年代成为世界十大关键技术之一，有关表面改性转化技术、薄膜技术、涂镀层技术、表面工程应用技术的学术会议日益增多，国际上出现了表面工程研究热潮。20世纪90年代，由于表面技术在军用、民用等各领域内体现出的杰出作用，各国竞相把表面工程列入研究发展规划。表面技术的研究范围几乎涉及了国民经济的各个领域和部门。表面与薄膜技术具有学科的综合性、手段的多样性、功能的广泛性、潜在的创新性、极强的实用性和巨大的增效性，因而受到各行业的重视，产生的经济效益令人瞩目。

本书比较全面地叙述了材料的表面工程技术和涂层与薄膜材料的制备、薄膜技术及其应用，着重以电子束、离子束、激光束以及等离子体等技术为基础，结合涂层、薄膜材料的特性，主要论述了表面与薄膜技术的内涵、分类、应用以及发展，详细介绍了表面科学中的一系列科学概念和理论（固体材料及其表面、表面晶体学、表面热力学、表面动力学）；薄膜以及先进制备技术（真空蒸镀、溅射镀膜、离子镀、化学气相沉积、分子束外延等）；表面涂覆技术（热喷涂、电火花表面喷涂、熔结、热浸镀、搪瓷涂覆、陶瓷涂覆、塑料涂覆）；表面改性技术（表面形变强化、表面热处理、表面化学热处理、表面转化膜技术、电镀、电刷镀、化学镀、电子束表面处理、离子注入表面改性等）以及表面与薄膜的分析与表征技术（对样品厚度、微观结构、成分、力学性能、耐蚀性等性能的表征）。针对表面与薄膜技术多而广的特点，本书进行了较系统而全面的概括。

本书由陆伟、潘飞编写第 1、3 章，魏先顺编写第 2、5 章，高玉魁、向震编写第 4 章，陆伟、王韬磊编写第 6 章，最终由陆伟负责统稿。

由于编者学识水平有限，殷切希望各位专家和读者批评指正。

陆伟

2023 年 2 月

目 录

第3章 薄膜气相沉积技术

第4章　表面改性技术

第5章　表面涂覆技术

第**6**章 表面分析与表征技术

第 1 章

表面技术概论

1.1 表面技术的涵义

表面技术围绕腐蚀、摩擦磨损和功能特性三大因素，通过物理、化学或机械过程来改变材料表面的化学成分、组织结构、表面状态或形成特殊覆盖层，以此赋予材料表面某些特殊性能，提高抵御外界环境作用的能力。自 1983 年表面技术的概念首次被提出以来，表面技术在国内外获得了飞速的发展。目前，表面技术已经发展为横跨材料学、摩擦学、物理学、化学、力学、腐蚀与防护学、焊接学、光电子学等学科的综合性学科，在防腐、耐磨、修复、强化、装饰等领域获得了广泛的应用。

1.1.1 一般的涵义

人们使用表面技术已有悠久的历史，我国早在战国时代就已进行铁的淬火，使铁的表面获得坚硬的淬火层。欧洲使用类似的技术也有很长的历史，但是表面技术的迅速发展是从 19 世纪工业革命开始的，尤其是最近 30 多年发展更为迅速。

表面技术的主要目的是：①提高材料抵御环境作用的能力；②赋予材料表面某种功能特性，包括光电、磁热声、耐蚀、耐磨等各种物理和化学性能；③利用表面加工技术制造零部件和元器件等。

表面技术主要是通过以下两条途径来实现的。

① 采用各种涂层技术在材料表面形成覆盖层，包括电镀、电刷镀、化学镀、涂装、黏结、堆焊、熔结、热喷涂、塑料粉末涂敷、热浸涂、搪瓷涂敷、陶瓷涂敷、物理气相沉积、化学气相沉积、分子束外延制膜和离子束薄膜制备技术等。此外，还有其他形式的覆盖层，例如各种金属经氧化和磷化处理后的膜层，包箔、贴片的整体覆盖层，缓蚀剂的暂时覆盖层；

②用机械、物理、化学等方法，改变材料表面的形貌、成分、相组成、微观结构、缺陷状态或应力状态，主要有喷丸强化、表面热处理、化学热处理、等离子表面处理、激光表面处理、电子束表面处理和离子注入表面改性等技术。

1.1.2 广泛的涵义

实际上表面技术有着更为广泛的含义。自然界存在的表面现象或过程随处可见，而与其直接有关的重要表面技术还有许多，现举例如下。

（1）表面湿润和反湿润技术

湿润是一种重要的表面现象，人们有时需要液体在固体表面上有高度润湿性，而有的却要求有不湿润性，这就需要人们在各种条件下采用表面湿润和反湿润技术，例如洗涤除去粘在固体基体表面上的污垢，去除污垢的基本条件是洗涤液能湿润且直接附着在基质的污垢上，继而浸入污垢与基质间的界面，削弱两者之间的附着力，使污垢完全脱离基质形成胶粒而飘浮在洗涤液介质中；又如矿物浮选是利用矿物的可浮性来进行矿物分离和鉴别的技术，所使用的浮选剂是由捕集剂、起泡剂、pH调节剂、抑制剂和活化剂等配制的，而其中主要成分捕集剂的加入，使浮游矿石的表面变成疏水性从而能黏附于气泡上或由疏水性低密度介质湿润而浮起。

（2）表面催化技术

早在18世纪末科学家就已发现固体表面不仅能吸附某些物质，而且有的物质可使它们在表面上的化学反应速度大大加快，现在表面催化技术已在工业上获得广泛而重要的应用。例如铁催化剂用于合成氨工业，不仅可实现从空气中固定氮而廉价地制得氨，并且可建立能耗低、自动化程度高和综合利用好的完整工业流程体系。

催化是催化剂在化学反应过程中所起的作用和发生的有关现象的总称。催化剂是能够提高反应速率、加快反应到达化学平衡而本身在反应终了时并不消耗的物质。催化有均相和多相两种，前者是催化剂和反应物处于同一物相，而后者是催化剂和反应物处于不同物相。催化剂表面不同位置有不同的激活能，台阶或杂质缺陷所在处构成活性中心，表面状态对催化作用有显著影响。

（3）膜技术

这里所说的膜（membrane），是指选择渗透物质的二维材料。实际上生物体有许多这种膜，例如细胞膜、核膜和皮肤等，起着渗透、分离物质，保护机体和参与生命过程的作用。膜是把两个物相空间隔开而又使两者互相关联、发生质量和能量传输过程的一个中间介质。膜在结构上可以是多孔或致密的，膜两边的物质粒子由于尺寸、扩散系数或溶解度的差异等，在一定的压力差、浓度差、电位差或化学位差的驱动下发生传质过程，由于传质速率的不同，造成选择渗透，因而使混合物分离。根据这样的原理，人们已能模拟生物膜的某些功能从而人工合成医用膜，例如使用生物膜进行血液净化、透析、过滤、血浆分离；制造膜型人工肺以及富氧膜等。

目前生物技术的发展已促使膜在分子水平上合成。实际上膜技术涉及的领域是广阔的，不仅在生物医用方面，在化工、石油、冶金、轻工和食品等许多领域都有重要应用。膜材料不限于高分子材料，有些无机膜，特别是陶瓷膜和陶瓷基复合膜，具有热稳定性好、化学稳定性佳、强度高、结构造型稳定及便于清洗、高压反冲等优点，在化工、冶金等行业具有较大发展前景。

（4）表面化学技术

表面化学技术主要涉及固液界面的许多电现象或过程，如电解、电镀、电化学反应、腐蚀和防腐等，还有一些极其重要的表面电化学技术，例如对与许多生物现象有关的细胞膜电势和生物电流研究发现，细胞膜内外电化学电位不等于零。研究表明，细胞电势是由膜界面区形成双电层而产生的。

1.1.3 表面技术与工程实施的目的

对固体材料而言，材料表面技术与工程实施的主要目的，是以最经济、最有效的方法改变材料表面及近表面区的形态、化学成分和组织结构，使材料表面获得新的性能和功能，实现新的工程应用。具体而言，通过表面技术与工程的优化设计与实施，可以达到下列目的。

① 提高材料抵御环境的能力。

② 赋予材料表面具有机械功能、装饰功能、物理功能和特殊功能（包括声、电、光、磁及其转换和各种特殊的物理、化学性能）。

③ 利用表面加工技术制备具有优异性能的构件、零部件和元器件等先进产品。主要通过使用先进的涂镀技术，在材料的表面加上各种涂镀层。如涂层技术中的电镀、电刷镀、化学镀、涂装、黏结、堆焊、熔结、热喷涂、塑料喷涂、热浸镀、陶瓷涂敷、搪瓷涂敷、各种物理气相沉积（包括真空蒸发镀、溅射镀、阴极多弧镀、空心阴极离子镀、磁控溅射镀等）、化学气相沉积、分子束外延和离子束合成等技术。另外采用各种表面改性技术及机械、物理、化学等方法，使材料表面的形貌、化学成分、相组成、微观结构、缺陷状态、应力状态得到改变，主要有表面热处理、化学热处理、喷丸强化、等离子表面处理、三束（激光束、电子束、离子束）表面改性处理等。

目前国内外表面技术的发展和实际应用，都是把各类表面技术作为一个系统工程进行优化设计和组合。通过优化设计，使材料"物尽其用"，通过优化组合，使各类表面技术"各展所长"。表面工程是一门系统性强、涉及面广的交叉学科。在相关学科的理论基础上，通过对材料表面的物理、化学特性及表面与界面的研究，以"表面、界面"为核心，逐步形成表面失效分析，表面摩擦与磨损，表面腐蚀与防护，表面界面与功能效应，疲劳及环境脆化，表面机、力、热、光、声、电、磁等功能膜层设计，表面功能特性耦合转换及复合性能等表面工程理论基础。表面工程的发展，为各类学科不断开辟崭新的研究领域。

1.2 表面技术的分类

现代表面技术的基础理论是表面科学，它包括表面分析技术、表面物理、表面化学三个分支。表面分析主要分析材料表面的原子排列结构、原子类型和电子能态结构等，揭示表面现象的微观机制和动力学过程。表面物理和表面化学分别是研究任何两相之间的界面发生的物理和化学过程的科学。从理论体系来看，它们包括微观理论与宏观理论：一方面在原子、分子水平上研究表面的组成、原子结构及输运现象、电子结构与运动及其对表面宏观性质的影响；另一方面在宏观尺度上，从能量的角度研究各种表面现象。表面技术的应用理论，包括表面失效分析、摩擦与磨损理论、表面腐蚀与防护理论、表面结合与复合理论等，它们对表面技术的发展和应用有着直接的、重要的影响。

表面技术分类方法有很多。根据表面技术原理，表面技术可以分为以下四种基本类型。

① 原子沉积。沉积物以原子、离子、分子和粒子团等原子尺度的粒子形态在材料表面上形成覆盖层，如电镀、化学镀、物理气相沉积、化学气相沉积等。

② 颗粒沉积。沉积物以宏观尺度的颗粒形态在材料表面上形成覆盖层，如热喷涂、搪瓷涂敷等。

③ 表面覆盖。它是将涂覆材料于同一时间施加于材料表面，如热浸镀、涂装、电镀等。

④ 表面改性。用各种物理、化学等方法处理材料表面，使材料表面的相组成、结构发生变化，从而改变材料表面性能，如化学热处理、激光表面处理、电子束表面处理、离子注入等。

在实际工程应用中，表面技术包含表面覆盖技术、表面改性技术、复合表面处理技术、表面加工技术、表面分析和测试技术、表面工程设计技术等，介绍如下。

1.2.1 表面覆盖技术

（1）电镀

电镀是利用电解作用，把具有导电性能的工件表面与电解质溶液接触，工件作为阴极，通过外电流的作用，在工件表面沉积与基体牢固结合的镀（覆）层。该镀层主要是各种金属和合金。单金属镀层有锌、镉、铜、镍、铬、锡、银、金、钴、铁等；合金镀层有锌-铜、镍-铁、锌-镍-铁等。电镀方式也有多种，有槽镀（如挂镀、吊镀）、滚镀等。

（2）电刷镀

电刷镀是电镀的一种特殊方法，又称接触镀、选择镀、涂镀、无槽电镀等。其设备主要由电源、刷镀工具（镀笔）和辅助设备组成，在阳极表面裹上棉花或涤纶棉絮等吸水材料，使其吸饱镀液，然后在作为阴极的零件上往复运动，使镀层牢固沉积在工件表面。它不需将整个工件浸入电镀溶液中，所以能完成许多槽镀不能完成或不容易完成的电镀工作。

（3）化学镀

化学镀又称"不通电"镀，即在无外电流通过的情况下，利用还原剂将电解质溶液中的金属离子化学还原在活性的工件表面，沉积出与基体牢固结合的镀覆层。工件可以是金属，也可以是非金属，镀覆层主要是金属和合金。

（4）涂装

涂装是将涂料涂覆于工件表面而形成涂膜的过程。涂料（或称漆）为有机混合物，一般由成膜物质、颜料、溶剂和助剂组成，可以涂装在各种金属、陶瓷、塑料、木材、水泥、玻璃等制品上。涂装具有保护、装饰或特殊性能（如绝缘、防腐标志等），应用十分广泛。

（5）黏结

黏结是用黏结剂将各种材料或制件连结成为一个牢固整体的方法。黏结剂有天然胶黏剂和合成胶黏剂。

（6）堆焊

堆焊是在金属零件表面或边缘，熔焊上耐磨、耐蚀或特殊性能的金属层，或修复外形不合格的金属零件，提高使用寿命、降低生产成本，或者用它制造双金属零部件。

（7）熔结

熔结与堆焊相似，也是在材料或工件表面熔覆金属涂层，但用的涂覆金属是一些以铁、镍、钴为基体，含有强脱氧元素硼和硅且具有自熔性和熔点低于基体的自熔性合金，所用工艺有真空熔覆、激光熔覆和喷熔涂覆等。

（8）热喷涂

热喷涂是将金属、合金、金属陶瓷材料加热到熔融或部分熔融，以高的动能使其雾化成微粒并喷至工件表面，形成牢固的涂覆层。热喷涂技术按热源可分为火焰喷涂、电弧喷涂、超音速喷涂、等离子喷涂和爆炸喷涂等。热喷涂的工件具有耐磨、耐热、耐蚀等功能。

（9）塑料粉末涂敷

利用塑料具有耐蚀、绝缘和美观的优点，将各种添加防老化剂、流平剂、增韧剂、固化剂、颜料和填料等的粉末塑料，通过一定的方法，牢固地涂敷在工件表面，主要起保护和装饰的作用。塑料粉末是依靠熔融或静电引力等方式附着在被涂工件表面，然后依靠热熔融、流平、湿润和反应固化成膜。涂膜方法有喷涂、熔射、流化床浸渍、静电粉末喷涂、静电粉末云雾室、静电流化床浸渍、静电振荡法等。

（10）电火花涂敷

电火花涂敷是一种直接利用电能的高密度能量对金属表面进行涂敷处理的工艺，即通过电极材料与金属零部件表面的火花放电作用，把作为火花放电极的导电材料（如 WC，TiC）熔渗于表面层，从而形成含电极材料的合金化涂层，提高工件表层的性能。

（11）热浸镀

热浸镀是将工件浸在熔融的液态金属中，使工件表面发生一系列物理和化学反应，取出后表面形成金属镀层。工件金属的熔点必须高于镀层金属的熔点。常用的镀层金属有锡、锌、铝、铅等。热浸镀工艺包括表面预处理、热浸镀和后处理三部分。按表面预处理方法的不同，它可分为溶剂法和保护气体还原法。热浸镀的主要目的是提高工件的防护能力，延长使用寿命。

（12）搪瓷涂敷

搪瓷涂敷是在钢板、铸铁或铝制品表面施加玻璃涂层，可起到良好的防护和装饰作用。搪瓷涂料通常是玻璃料分散在水中的悬浮液，也可以是干粉状。涂敷方法有浸涂、淋涂、电沉积、喷涂、静电喷涂等。

（13）陶瓷涂敷

陶瓷涂敷是以氧化物、碳化物、硅化物、硼化物、氮化物、金属陶瓷和其他无机物为材料的高温涂层，用于金属表面主要起耐蚀、耐磨等作用。主要涂敷方法有刷涂、浸涂、喷涂、电泳涂和各种热喷涂等。有的陶瓷涂层有光、电、生物等功能。

（14）真空蒸镀

真空蒸镀是将工件放入真空室，并用一定方法加热镀膜材料，使其蒸发或升华，并沉积到工件表面凝聚成膜。工件材料可以是金属、半导体、绝缘体乃至塑料、纸张、织物等；镀膜材料也很广泛，包括金属、合金、化合物、半导体和有机聚合物等。加热方式有电阻、高频感应、电子束、激光、电弧加热等。

（15）溅射镀

溅射镀是将工件放入真空室，并用正离子轰击作为阴极的靶（镀膜材料），使靶材中的原子、分子逸出，沉积到工件表面凝聚成膜。按入射离子来源不同，可分为直流溅射、射频溅射和离子束溅射。溅射镀膜的致密性和结合强度较好，基片温度较低。

（16）离子镀

离子镀是将工件放入真空室，并利用气体放电原理将部分气体和蒸发源（镀膜材料）逸出的气相粒子电离，在离子轰击的同时，把蒸发物或其反应产物沉积在工件表面成膜。该技术镀膜致密、结合牢固、绕镀性好。常用的方法有阴极电弧离子镀、热电子增强电子束离子镀、空心阴极放电离子镀。

（17）化学气相沉积

化学气相沉积是将工件放入密封室，加热到一定温度，同时通入反应气体，利用室内气相化学反应在工件表面沉积成膜。源物质除气态外，也可以是液态和固态。所采用的化学反应有多种类型，如热分解、氢还原、金属还原、化学输运反应、等离子体激发反应、光激发反应等。工件加热方式有电阻、高频感应、红外线加热等。

（18）分子束外延

分子束外延是在超高真空条件下，精确控制蒸发源给出的中性分子束流强度，按照原子层生长的方式在基片上外延成膜。主要设备有超高真空系统、蒸发源、监控系统和分析测试系统。

（19）化学转化膜

化学转化膜的本质是金属在特定条件下的腐蚀产物，即金属与特定的腐蚀液接触并在一定条件下发生化学反应，形成能保护金属、不被腐蚀的膜层。它是由金属基底直接参与成膜反应而生成的，因而膜与基底的结合力比电镀层要好。目前工业上常用的有铝和铝合金的阳极氧化及化学氧化、钢铁氧化和磷化处理、铜的化学和电化学氧化、锌的铬酸盐钝化等。

1.2.2 表面改性技术

（1）喷丸强化

喷丸是通过弹丸在很高速度下撞击工件表面而达到工件表面强化的方法。喷丸可应用于表面清理、喷丸校形、喷丸强化等。其中喷丸强化不同于一般的喷丸工艺，它要求喷丸过程中严格控制工艺参数，使工件具有预期的表面形貌、表层组织结构和残余应力，从而大幅度地提高疲劳强度和抗应力腐蚀能力。

（2）表面热处理

表面热处理是对工件表层进行热处理，以改变其表面组织和性能的工艺。主要方法有感应加热淬火、火焰加热表面淬火、接触电阻加热淬火、电解液淬火、脉冲加热淬火、激光和电子束加热表面处理等。

（3）化学热处理

化学热处理是将金属或合金工件置于一定温度的活性介质中保温，使一种或几种元素渗入它的表层，以改变其化学成分、组织和性能的热处理工艺。按渗入的元素可分为渗碳、渗氮、碳氮共渗、渗硼、渗金属等。渗入元素介质可以是固体、液体和气体。

（4）等离子体热扩渗

等离子体热扩渗是在特定气氛中利用工件（阴极）和阳极之间产生的辉光放电进行热处理的工艺。常见的有离子渗氮、离子渗碳、离子碳氮共渗等，尤以离子渗氮最普遍。等离子体热扩渗的优点是渗剂简单，渗层较深，脆性较小，工件变形小，对钢铁材料适用面广。

（5）激光表面处理

激光表面处理主要利用激光的高能量密度、高方向性和高单色性的三大特点，对材料表面进行处理，显著改善其组织结构和性能。主要工艺方法有激光相变非晶化、激光熔覆、激光合金化、激光冲击硬化等。

（6）电子束表面处理

电子束表面处理由电子枪阴极灯丝加热后发射带负电的高能电子流，经加速射向工件表面使其产生相变硬化、熔覆和合金化等作用，淬火后可获细晶组织。

（7）高密度太阳能表面处理

高密度太阳能表面处理利用聚焦的高密度太阳能对工件表面进行局部加热，工件表面达到相变温度以上，进行奥氏体化，然后急冷，使表面硬化。

（8）离子注入

离子注入是将所需的气体或固体蒸气在真空系统中电离，引出离子束后，用高压加速并注入工件表面一定深度，从而改变工件表面的成分和结构，达到改善性能的目的。离子注入元素不受材料固溶度限制，适用于各种材料，工艺和质量易控制，注入层与基体之间没有不连续界面。

1.2.3 复合表面处理技术

表面技术的另一个重要趋势是综合运用两种或更多种表面技术的复合表面处理工艺。随着材料使用要求的不断提高，单一的表面技术往往不能满足需要。目前已开发的一些复合表面处理技术有等离子喷涂与激光辐照复合、热喷涂与喷丸复合、化学热处理与电镀复合、激光淬火与化学热处理复合、化学热处理与气相沉积复合等。

1.2.4 表面加工技术

表面加工技术也是表面技术的一个重要组成部分。例如对金属材料而言，表面加工技术有电铸、包覆、抛光、蚀刻等，它们在工业上获得了广泛的应用。

目前高新技术不断涌现，大量先进的产品对加工技术的要求越来越高，在精细化上已从微米级、亚微米级发展到纳米级，对表面加工技术的要求也越来越苛刻，其中半导体器件的发展是典型的实例。集成电路的制作，从晶片、掩模制备开始，经历多次氧化、光刻、腐蚀、外延掺杂（离子注入或扩散）等复杂工序，以后还包括划片、引线焊接、封装、检测等一系列工序，最后得到成品。在这些繁杂的工序中，表面的微细加工起了核心作用。所谓的微细加工是一种加工尺度从亚微米到纳米量级的制造微小尺寸元器件或薄膜图形的先进制造技术，主要包括：

① 光子束、电子束和离子束的微细加工。

② 化学气相沉积、等离子化学气相沉积、真空蒸发镀膜、溅射镀膜、离子镀、分子束外延、热氧化的薄膜制造。

③ 湿法刻蚀、溅射刻蚀、等离子刻蚀等图形刻蚀。

④ 离子注入扩散等掺杂技术。

1.2.5 表面分析和测试技术

各种表面分析仪器和测试技术的出现，不仅为揭示材料本性和发展新的表面技术提供了坚实的基础，还为生产上合理使用或选择合适的表面分析与测试技术、分析和防止表面故障、改进工艺设备，提供了有力的手段。

1.2.6 表面工程设计技术

随着研究的逐步深入和经验的不断积累，人们对材料表面技术的研究，已经不满足于一般的试验、选择、使用和开发，而是要按预定的技术和经济指标进行设计，逐步形成一种充分利用计算机技术，借助数据库、知识库、推理机等工具，通过演绎和归纳等科学方法，而能获得最佳效益的设计系统。这类设计系统包括：

① 材料表面镀涂层的成分、结构、厚度、结合强度以及各种要求的性能。

② 基体材料的成分、结构和状态等。

③ 实施表面处理或加工的流程、设备、工艺、检验等。

④ 综合的管理、经济、环保等分析设计。

目前虽然在许多场合这套设计系统尚不完善，但是今后一定能逐步得到完善，使众多的表面技术发挥更大的作用。

1.3 表面技术的应用

20 世纪 80 年代提出表面工程概念以来，表面工程对人们的生活和工业生产带来了巨大的影响。

（1）在保护、优化环境中的应用

采用化学气相沉积和溶胶—凝胶等技术制成的催化剂载体，可有效地治理被污染的大气，起到净化大气环境的作用；采用化学气相沉积、阳极氧化和溶胶—凝胶等表面工程技术制备过滤膜，能起到净化水质的作用；采用表面技术制成的吸附剂，可使空气、水、溶液中的有害成分被吸附，起到吸附杂质作用，还可去湿、除臭。表面工程技术还是开发绿色能源的基础技术之一，许多绿色能源装置都应用了气相沉积镀膜和涂覆技术。

（2）在结构材料中的应用

表面工程技术在耐腐蚀性和耐磨性方面起着重要作用，同时在强化、装饰等方面也起着重要作用。采用表面工程技术在结构件表面制备耐腐蚀保护膜或涂层，能显著提高结构件表面抗化学腐蚀和电化学腐蚀等的能力。利用热喷涂、堆焊、电刷镀和电镀等表面技术，在材料表面形成 Ni 基、Co 基、Fe 基、金属陶瓷等覆层，可有效地提高材料或工件的耐磨性。通过各种表面强化处理还能提高材料表面抵御除腐蚀和磨损之外的其他环境作用的能力。表面工程技术在表面装饰功能方面也得到了较好的应用，合理地选择电镀、化学镀、氧化等表面技术，可以获得镜面镀层、全光亮镀层、哑光镀层、缎状镀层，不同色彩的镀层，各种平面、立体花纹镀层，仿贵金属、仿古和仿大理石镀层等。

（3）在功能材料和元器件中的应用

功能材料主要指具有优良的物理、化学和生物等功能，以及一些声、电、光、磁等互相转换功能，而被用于非结构目的的高技术材料，常用来制造各种装备中具有独特性能的核心部件。材料的功能特性与其表面成分、组织结构等密切相关。采用表面工程技术能在低成本基础上制备出特殊功能性质的表面涂层材料。在功能材料和元器件中的应用具体介绍如下。

① 电学特性方面的应用。利用电镀、化学镀、气相沉积、离子注入等技术可制备具有电学特性的功能薄膜及其元器件。

② 磁学特性方面的应用。通过气相沉积技术和涂装等表面技术能制备出磁记录介质、磁带、磁泡材料、电磁屏蔽材料、薄膜磁阻元件等。

③ 光学特性方面的应用。利用电镀、化学镀、转化膜、涂装、气相沉积等方法，能够获得具有反光、光选择吸收、增透性、光致发光、感光等特性的薄膜材料。

④ 声学特性方面的应用。利用涂装、气相沉积等表面技术，可以制备掺杂 Mn-Zn 铁氧体复合聚苯胺宽频段的吸波涂层、红外隐身涂层、降低雷达波反射系数的纳米复合雷达隐身涂层、声反射和声吸收涂层以及声表面波器件等。

⑤ 生物学特性方面的应用。将具有一定的生物相容性和物理化学性质的生物医学材料，利用等离子喷涂、气相沉积、等离子注入等方法形成的专用涂层，可在保持基体材料特性的基础上，提高基体表面的生物学性质、耐磨性、耐蚀性和绝缘性等，阻隔基体材料离子向周围组织溶出扩散，起到改善不同人体机能的作用。在金属材料上制备生物陶瓷涂层，能提高材料的生物活性，用作人造关节、人造牙等医学植入体。

⑥ 转换功能方面的应用。采用表面工程技术可获得光-电、热-电、光-热、力-热、磁-光等转换功能的器件。

（4）在再制造工程中的应用

再制造工程是在维修工程和表面工程的基础上发展起来的新兴科学，是以产品全寿命周期理论为指导，以实现废旧产品的性能提升为指标，以优质、高效、节能、节材和环保为准则，以先进生产技术和产业优化为手段，来修复、改造废旧产品的一系列技术或工程活动的总称。其重要特征是，再制造以后的产品质量和性能达到或超过新品，成本只是产品的50％，可节能60％，节材70％，对环境的不良影响显著降低，可有力地促进资源节约型、环境友好型社会的建设。应用表面工程的再制造工程不同于再循环工程，是通过对废旧产品零部件进行表面处理以恢复其性能，从而避免了再循环中的回收和熔炼等二次制造过程对能源的再次消耗和对环境的再度污染，再制造工程已在民用工业和军事工业中得到广泛应用。

1.4 表面技术的发展

工业科技的发展促进了表面科学和工程的发展，表面科学与工程的发展也必须适应工业科技的发展。要使现代表面工程在未来工业中发挥更加巨大的作用，必须从以下方面做深入研究。

① 深化表面科学理论和表面测试技术的研究。从原子角度研究摩擦磨损及润滑机理，研究表面效应、表面改性及表面涂敷在工业生产中的应用。研究腐蚀过程和腐蚀机理、腐蚀膜形成及失效机理。研究实时监测技术，在线监测覆层服役状态，并研制配套的覆层失效评估体系，实现表面技术在工业生产中的科学化、精准化与智能化。

② 发展复合表面技术。单一的表面技术已经不能适应工业快速发展对产品性能的要求，综合应用复合表面技术，能够解决工业产品对特殊技术指标、可靠性和经济性的要求。

③ 研究开发新型涂层材料。涂层材料是制备优良涂层的物质基础，不断开发优良的耐磨、耐腐蚀以及不同环境需求的优质涂层材料是保证表面工程强大生命力的基础，开发在技术加工过程中具有可自修复等特性的功能涂层，促进表面工程技术与相关产业的新发展。

④ 开发多功能涂层。随着工业的发展，许多行业需要特殊涂层，如防滑涂层、隐身涂层、吸热涂层、隔热涂层、导电涂层、催化涂层等，采用激光、高能电子束、离子束等现代先进表面技术的联合应用，制备特殊结构、特殊要求的功能涂层，具有很好的发展前景。

⑤ 研究表面工程技术的自动化、智能化生产。目前为止，表面处理在微电子行业和汽车行业自动化程度较高，基于计算机技术的表面工程在其他行业的自动化、智能化是表面工程技术未来的发展基本趋势。

⑥ 实现表面工程的清洁生产。表面工程基本来说是属于节能环保型工程，但某些技术仍存在污染问题，比如涂装、电镀等。研究从设计、制造到运行全过程的无污染、节约型、再生的表面技术工程，也是表面工程技术的一个基本发展趋势。

习　题

1.名词解释

（1）表面催化；（2）膜技术；（3）电镀和电刷镀；（4）表面热处理。

2.什么是表面工程？表面工程技术的作用是什么？

3.与电镀相比，化学镀有何特点？

4.什么是热喷涂技术？试简述热喷涂的特点。

5.热浸镀的实质是什么？简述其基本过程和控制步骤。

6.简述喷丸强化技术原理、特点、应用范围。

7.试说明各种表面分析方法的特点和应用范围。

8.简述材料表面技术的发展现状和未来的发展方向。

参考文献

[1]　秦真波,吴忠,胡文彬.表面工程技术的应用及其研究现状[J].中国有色金属学报,2019(29)：2192-2216.

[2]　黄红军.金属表面处理与防护技术 [M].北京:冶金工业出版社,2011.

[3]　顾迅.现代表面技术的涵义、分类和内容 [J].金属热处理,1999:3-5.

[4]　戴达煌,周克崧,袁镇海.现代材料表面技术科学 [M].北京:冶金工业出版社,2004.

[5]　钱苗根,姚寿山,张少宗.现代表面技术 [M].北京:机械工业出版社,1999.

[6]　张建,杨军,朱浪涛.超音速等离子喷涂 Cr_2O_3 陶瓷涂层的微观组织及其耐磨性能 [J].兵器材料科学与工程,2012(35):4-9.

[7]　李霞,杨效田.表面工程技术的应用及发展 [M].机械研究与应用,2015(28):202-204.

第 2 章

表面科学的概念和理论

2.1 固体材料及其表面

理想表面是一个设想的表面，无任何杂质、缺陷，具有沿着平行体内晶面方向的平移对称性，不存在表面弛豫和重构。这种理想表面在实际中是很少见的。因为表面被解理后，表面原子处于一种高度的非对称环境，在真空的一侧，由于缺少最近邻原子，出现悬挂键。从能量的角度考虑，表面上的原子排列必须产生畸变，保持一定的形变，减少悬挂键的数目，以便达到能量最低的稳定状态。所以，表面原子的排列与体内原子的排列是有很大的差异的。而在实际中考虑最多的表面畸变是表面弛豫和表面重构。

2.1.1 理想表面

没有杂质的单晶，作为零级近似可将清洁表面看作为一个理想表面。这是一种理论上的结构完整的二维点阵平面。忽略了晶体内部周期性势场在晶体表面中断的影响、表面原子的热运动和热扩散及热缺陷、外界对表面的物理化学作用等，这种理想表面作为半无限的晶体，晶体内原子的位置及其结构的周期性，与原来无限的晶体完全一样，如图 2.1 所示。

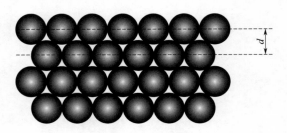

图 2.1　理想表面结构

2.1.2 清洁表面

清洁表面是指不存在任何吸附、催化反应、杂质扩散等物理化学效应的表面。这种清洁表面的化学组成与体内相同，但周期结构可以不同于体内。根据表面原子的排列，清洁表面又可分为台阶表面、弛豫表面、重构表面等。

（1）台阶表面

台阶表面不是一个平面，它由规则或不规则的阶梯层次表面所组成，如图 2.2 所示。

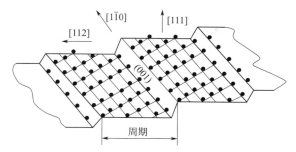

图 2.2　Pt（557）有序原子台阶表面

（2）弛豫表面

表面弛豫表现为表面层原子偏离相对于理想表面原子晶格的运动，而表面原胞的平移对称性没有任何的改变。最常见的是在表面的法线方向上发生压缩和扩张，即表面第一层与第二层的原子间距与体内两层的原子间距不同（如图 2.3 所示）。对于这种发生在最顶部原子间距的弛豫，表面越开放（也就是说表面原子所具有的近邻越少），弛豫的程度越大（如图 2.4 所示）。密排结构表面，如面心立方的（111）和（100）表面，相对而言，弛豫量较少；而面心立方（110）表面，向内弛豫就比较大，原子间距可以收缩达到百分之十。

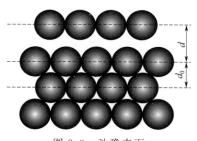

图 2.3　弛豫表面

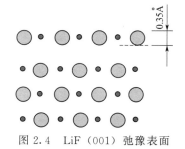

图 2.4　LiF（001）弛豫表面
（$1\overset{\circ}{A}=10^{-10}$ m）

（3）重构表面

表面重构是表面原子偏离体晶格原子的运动后，表面原子发生了重新排列，表面原子的平移对称性进一步降低，表面原胞扩大。典型的例子是 Si(100)2×1 再构表面，Si(100) 表面每个原子有两个悬挂键，其中的两个悬键结合形成二聚体减少了一个悬挂健。重构表面如图 2.5 所示。

2.1.3　吸附表面

吸附表面有时也称界面。它是在清洁表面上由来自体内扩散到表面的杂质和来自表面周围空间吸附在表面上的质点所构成的表面。根据原子在基底上的吸附位置，一般可分为四种吸附情况，即顶吸附、桥吸附、填充吸附和中心吸附等。

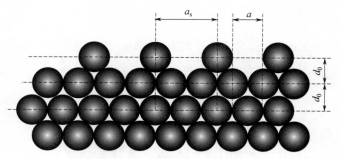

图 2.5　重构表面

2.1.4　固体的表面自由能和表面张力

固体的表面自由能（surface free energy）γ_{sv} 越大，越容易被一些液体润湿。一般来说，液体的表面张力（液态汞除外）均小于 100mN/m。以此为界，固体划分为两大类：一类是高能表面，具有较高的表面能，大致在 $100\sim1000mJ/m^2$ 之间，这类表面多为常见金属及其硫化物、氧化物、无机盐等，易被一般液体润湿；另一类是低能表面，表面能在 $25\sim100mJ/m^2$，液—固两相的表面组成、性质直接影响这类表面的润湿性能。固体的表面能越低，越有可能实现超疏水乃至超疏油。

Zisman 等人研究发现，液体若在固体表面铺展，则其表面张力必然不大于该固体的临界表面张力 γ_c。这就说明，固体的临界表面张力越小，能够润湿其表面的液体自身的表面张力越低，即该固体越难润湿。

处在液体表面层的分子与处在液体内部的分子所受的力场是不同的。众所周知，分子之间存在短程的相互作用力，称为范德华力。处在液体内部的分子受到周围同种分子的相互作用力，从统计平均来说分子间力是对称的，相互抵消。但是处在液体表面的分子没有被同种分子完全包围，在气—液界面上的分子受到指向液体内部的液体分子的吸引力，也受到指向气相的气体分子的吸引力。由于气体方面的吸引力比液体方面的小得多，因此气液界面的分子仅受到指向液体内部并垂直于界面的引力。这种分子间的引力主要是范德华力，它与分子间距离的 7 次方成反比。所以表面层分子所受邻近分子的引力只限于第一、二层分子，离开表面几个分子直径的距离，分子受到的力基本上就是对称的了。从液相内部将 1mol 的分子移到表面层，要克服这种分子间引力做功，从而使系统的自由焓增加；反之，表面层分子移入液体内部，系统自由焓下降。因为系统的能量越小越稳定，故液体表面具有自动收缩的能力。

表面张力本质上是由分子间相互作用力而产生的，范德华力由色散力、诱导力、偶极力、氢键等分量组成，其中色散力是由分子间的非极性相互作用引起的，诱导力、偶极力、氢键等都与分子间的极性相互作用有关，因此可以把表面张力分解为色散分量 σ^d 和极性分量 σ^P，即

$$\sigma = \sigma^d + \sigma^P \tag{2.1}$$

2.1.5　表面偏析

表面偏析（surface segregation）也称表面富集，是一种在材料表面上广泛发生的物理现

象。当不同溶质分子的性质有很大差异的时候，它们便在本体内产生分布畸变，而且界面处的结构稳定性差，存在空位和错位等缺陷。这些区域均处于不稳定的状态，从而使得与主体性质不同的组分在畸变能的驱动下向这些不稳定的区域进行迁移，进而降低了包括界面和整个体内的系统能量，即形成表面偏析。表面偏析分为自由表面偏析和强制表面偏析。

2.1.6　表面力场

固体表面上的吸引作用，是固体的表面力场和被吸引质点的力场相互作用所产生的，这种相互作用力称为固体表面力。

根据性质不同，表面力可分为以下几种。

（1）化学力

化学力本质上是静电力。

当固体吸附剂利用表面质点的不饱和价键将吸附物吸附到表面之后，吸附剂可能把它的电子完全给予吸附物，使吸附物变成负离子（如吸附于大多数金属表面上的氧气）；或吸附物把其电子完全给予吸附剂，而变成吸附在固体表面上的正离子（如吸附在钨上的钠蒸气）。多数情况下吸附介于上述二者之间，即在固体吸附剂和吸附物之间共有电子，并且经常是不对称的。

（2）分子引力

分子引力也称范德华力，一般是指固体表面与被吸附质点（例如气体分子）之间的相互作用力。主要来源于以下三种不同效应。

① 定向作用，主要发生在极性分子（或离子）之间。

② 诱导作用，主要发生在极性分子与非极性分子之间。

③ 分散作用，主要发生在非极性分子之间。

对不同物质，上述三种作用并非均等的。例如对于非极性分子，定向作用和诱导作用很小，可以忽略，主要是分散作用。

2.1.7　分子力场

分子间相互作用包括吸引作用和排斥作用。一般情况下分子之间同时存在吸引作用和排斥作用，总效果是二者之和。从作用程的角度，分子间相互作用可以分为长程作用（静电作用、诱导作用、色散作用）和短程作用（排斥作用）。一般来说，长程作用的分子势函数是距离的幂函数，而短程作用则是距离的指数函数。理论上，分子间相互作用可以通过量子力学的第一性原理计算得到。分子间相互作用介绍如下。

（1）长程静电作用

分子或离子由于带有电荷而产生的相互作用称为静电作用，这是一种长程作用。对于球对称分子，其电荷分布也是球对称的，正负电荷中心完全重合，称为非极性分子。当分子的正负电荷中心不重合时会产生偶极矩，一些具有多个正负电荷中心的分子还会产生四极矩、八极矩、十六极矩等，这些分子称为极性分子。相应地，静电作用也分为点电荷相关、偶极矩相关、四极矩相关的静电作用等。

（2）长程诱导作用

当存在外电场时，分子的正负电荷中心会向相反的方向移动，发生偏移而产生极化，形成诱导偶极。分子的这种极化能力可以用极化率 α 来表示。同样分子之间也可以相互诱导，产生诱导偶极。

（3）长程色散作用

对于没有偶极矩和多极矩的非极性分子，尽管平均正负电荷中心是重合的，但是瞬时电荷分布并不均匀，从而存在瞬间偶极或者瞬间多极。这种瞬间极化的统计平均值为零，是周期性涨落变化的。当分子相互靠近时，这种周期性涨落的瞬间偶极可以使邻近分子产生诱导偶极，从而产生吸引作用。

（4）短程排斥作用

当分子间距离减小到一定程度，由于电子云发生重叠，会产生排斥作用。这种排斥作用仅在电子云重叠范围内起作用，随距离呈指数形式衰减，因而是一种短程相互作用。作为近似短程排斥作用往往也用幂函数的形式表示。

（5）氢键

分子间相互作用除了上述物理作用，一些分子还可能存在具有方向性和饱和性的弱化学作用，氢键就是其中之一。在一些含 H 原子的化合物中，当 H 原子与电负性较大的原子形成化学键时，H 原子周围的电子云会强烈偏向于这些电负性大的原子。此时，H 原子很容易和亲核基团（如 N、O、F 等具有 p 电子的电负性较大的原子或者具有 π 电子的芳烃等）结合，形成弱化学作用，这种弱化学作用称为氢键。

严格地讲，氢键这种弱化学作用不能简单地用静电作用来描述，静电作用并不能定量表示氢键的一些重要特性，因此，氢键相互作用的分子势函数一般不能简单地表示成初等函数表达式。氢键与静电作用、诱导作用、色散作用最大的不同之处在于，氢键作用具有方向性和饱和性，即氢键只有当两个分子处于一定的角度和距离时才可以形成。如果分子只有一个氢键位点，则当两个分子形成氢键以后将不允许任何一个分子与第三个分子形成氢键。

2.2　表面晶体学

2.2.1　理想表面结构

理想表面是一种理论上的结构完整的二维点阵平面。如果忽略晶体内部周期性势场在晶体表面中断的影响、忽略表面原子的热运动以及出现的缺陷和扩散现象、忽略表面外界环境的物理和化学作用等内外因素，则可以把晶体的解理面认为是理想表面。

表面二维晶体结构，如同三维晶体结构一样，任何一个二维周期性结构均可以用一个二维点阵加上结构基元来描述。点阵就是在一平面上点的无限排列，围绕每一点的环境都是相同的。结构基元可以是一个原子也可以是许多原子的组合。

（1）平移对称性（平移群）

平移群指点阵中格点相对于某一点沿点阵平面作周期性平行移动的对称操作集合。

（2）点对称性（点群）

二维点阵中的点群，是点对称操作的集合，包括旋转对称操作和镜像对称操作等。

（3）二维空间群

二维点阵除了平移群和点群两种基本对称操作外，还存在镜像滑移群。镜像滑移群同点群结合，可以构成十七种二维对称群，称为"二维空间群"或"平面空间群"。这里的"空间"一词，并不是指几何上的三维空间，而是对二维点阵对称性抽象的空间表述。

2.2.2 清洁表面结构

清洁表面的制备条件要求较高。根据计算可得，在 10^{-5} Pa 的高真空条件下，外来原子也能在表面形成一个单分子覆盖层，覆盖层影响了表面结构。所以制备清洁表面一般需要在超高真空 10^{-10} Pa 的条件下解理晶体，同时进行各种必要的操作，以保证表面在一个相当长的时间内处于"清洁"状态。此外，还可以采用真空蒸发、磁控溅射、分子束外延等方法，得到比较纯净的薄膜材料。清洁表面结构的特征就是表面原子弛豫和重排，而弛豫的机理比较复杂，最简单的规律是解理面上断键的饱和趋势。

（1）台阶表面

由于晶体内部存在缺陷等因素，使晶体内部应力场分布不均匀，加上在解理晶体时外力环境的影响，晶体的解理面常常不能严格地沿所要求的晶面解理，而是伴随着相邻倾斜晶面的开裂，形成层状的解理表面。它们由一些较大的平坦区域和一些高度不同的台阶构成，称为台面-台阶-拐结（terrace-ledge-kink）结构，简称台阶结构或 TLK 结构，如图 2.6 所示。

（2）平坦表面

平坦表面表述方法，一般采用 Wood（1963）方法，即主要是以理想的二维点阵为基，表述发生了点阵畸变的清洁表面点阵结构。畸变后的表面通常称为再构表面，再构由原子的重排和弛豫所致。

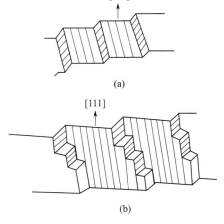

图 2.6　台阶结构
(a) $m=4$；(b) $m=7$
（m 指台面宽度）

2.2.2.1 表面原子弛豫

表面原子由于在某一方向失去相邻原子，可导致偏离平衡位置的弛豫。弛豫可以发生在表面以下几个原子层的范围内。表面第一层原子的弛豫主要表现为纵向弛豫。一般说来，某一原子在某一方向的弛豫，必然引起其他原子以及邻层原子的弛豫。在很多半导体材料以及金属材料、离子晶体等材料中均可观察到表面原子弛豫的存在。表面原子的弛豫，不仅造成了晶体宏观上的膨胀与压缩，而且导致了表面二维点阵的变化，成为再构表面。原子的弛豫，大致可以分为压缩效应、弛张效应、起伏效应及双电层效应。具体介绍如下。

（1）压缩效应

表面原子失去空间方向的相邻原子后，体内原子对表面原子的作用，产生了一个指向体内的合力，导致表面原子向体内的纵向弛豫，如图 2.7 所示。图中圆圈表示"作用球"。

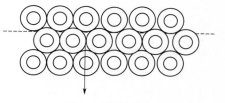

图 2.7　压缩效应

（2）弛张效应

在少数晶体的某些表面发生原子向体外移动的纵向弛豫，造成了晶体的膨胀，例如 Al(111) 面的层间距可以增加正常间距的 25％ 左右。这种情况多由于内层原子对表层原子的外推作用，有时也由于表面的松散结构所致。即表面层内各原子间的距离普遍增大，并且可波及表面内几个原子层，造成晶体总体在某一方向的膨胀。

（3）起伏效应

对于半导体材料如 Ge、Si 等具有金刚石结构的晶体，可以在（111）表面上观察到，有的原子向体外方向弛豫，有的原子向体内弛豫；而且这两种方向相反的纵向弛豫是有规律地间隔出现的，即有起有伏，称之为起伏效应。Ge(111) 表面原子弛豫的起伏现象，如图 2.8 所示。

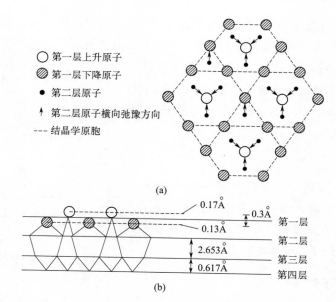

图 2.8　Ge(111) 表面原子弛豫
（a）俯视图；（b）侧视图

（4）双电层效应

对于多原子晶体，弛豫情况将更加复杂。在离子晶体中，表层离子失去外层离子后，破坏了静电平衡，由于极化作用，造成了双电层效应。在 LiF 及 NaCl 晶体表面均明显地出现双电层结构。现以 NaCl 晶体为例说明双电层效应，如图 2.9 所示。

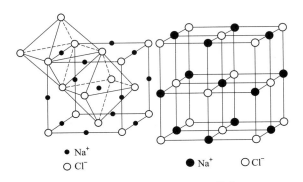

图 2.9　NaCl 晶体的双电层效应

2.2.2.2　表面再构模型

表面原子的弛豫，使原子脱离了正常的点阵位置，影响了表面结构的变化，其二维点阵与体内原子层的正常二维点阵不同，这种重新排列的二维点阵，称之为再构表面的点阵结构。表面原子的弛豫取决于表面断键的情况，首先需要了解各种典型结构的解理表面上断键形成的情况，然后讨论断键对原子弛豫的影响及再构类型。表面再构情况相当复杂，影响的因素也很多，很难从理论上根据单一的因素作出全面正确的说明。这里只能简单介绍几种公认的理论与实验比较一致的模型。

（1）解理面断键的形成

断键又称"悬键"（dangling bonds），是由表面原子在空间方向失去相邻原子而形成的。断键的形成情况，同晶体结构类型、晶面点阵结构有关。

（2）空键模型

空键模型是在研究硅、锗等具有金刚石结构的共价晶体时提出来的。Hamman（1968）等人根据硅、锗 {111} 单键解理面的一系列实验，推算并加以证实而逐步完善了这种模型，又称为 H 模型。

（3）空位模型

空位模型主要说明了在一定的高温下，表面第一子层的原子，有可能脱离原来位置，因而出现了具有周期性分布的空位。这些空位的出现，破坏了原有的（2×1）再构点阵的周期性；而且有新的平移周期（7×7）。这种模型比较成功地解释了 Si(111) 7×7 结构，如图 2.10 所示。图中划出一个 7×7 原胞，原胞中包括 13 个空格点（空位）。

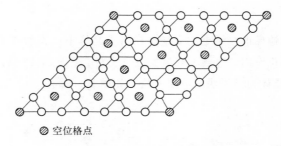

◎ 空位格点

图 2.10 Si(111) 7×7 空键模型

（4）链状模型

链状模型是由 Seiwatz（1964）提出的，又称为共轭链模型。硅、锗 {111} 的三键解理面上其表面再构特点，可以由链状模型来表述。

三键解理面上，每个原子具有三个断键，不饱和程度较高，在没有外来原子的情况下，表面原子很容易同表面上邻近原子结合而成共轭链状表面结构，如图 2.11 所示。

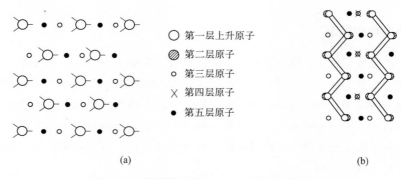

○ 第一层上升原子
◙ 第二层原子
· 第三层原子
× 第四层原子
● 第五层原子

(a)   (b)

图 2.11 链状模型金刚石 （111） 面俯视图

在极化的 3C-SiC 表面存在着多种表面再构的形式，如 $(\sqrt{3} \times \sqrt{3})$ $R30°$、$(2\sqrt{3} \times 2\sqrt{3})$ $R30°$、(3×3) 和 $(6\sqrt{3} \times 6\sqrt{3})$ $R30°$ 等。立方的 3C-SiC(111) 表面与六角的 6H-SiC(0001) 表面基本上是等价的。实际上，对于 3C-SiC(111) 和 6H-SiC(0001) 表面的相应再构，低能电子衍射、俄歇电子能谱和电子能量损失谱的实验结果几乎是一样的。这是由于沿 3C-SiC[111] 方向和 6H-SiC [0001] 方向自表面以下的 8 个原子层的排列次序都是完全相同的。基于低能电子衍射结果对上述两表面的不可分辨性，人们通常认为在这两个表面上的再构具有相同的几何结构。

2.2.3 实际表面结构

由于表面原子断键的形成以及各种表面缺陷的存在，使表面易于富集各种杂质物质。吸附物质可以是表面环境中的气相分子、原子及其化合物，也可以是来自晶体内扩散出来的元素物质等。它们可以简单地被吸附在晶体表面，也可以外延生长在晶体表面构成新的表面层，或者进入表面层一定深度同表面原子形成有序的表面合金等。

（1）表面吸附类型

表面作为衬底，吸附外来原子通常有物理吸附和化学吸附两种吸附类型。物理吸附的吸附物质与衬底原子之间的作用力属于范德华力，其吸附能很低，一般为 5kcal/mol 左右；化学吸附的吸附物质与衬底原子结合，一般形成离子键、共价键或金属键，其相互作用比较强，吸附能也比物理吸附大得多。物理吸附由于弱键结合，惰性气体覆盖层是不稳定的，容易解吸，也易受温度影响而发生变化，对衬底表面结构及性质影响不大。

关于化学吸附，由于化学吸附键的键力较强，可以形成比较稳定的吸附层结构，对表面结构和性质影响较大，因此近年来研究较多。化学吸附一般分为两类：一类是外来原子在衬底表面简单地结合，形成吸附覆盖层；另一类是外来原子进入衬底表面层内部，形成替位式或填隙式合金型结构。

（2）吸附覆盖层

当吸附原子在衬底表面达到一定数量时，即可形成覆盖层，对于单原子覆盖层，引入 θ 表示单原子吸附的覆盖度，以表示吸附的程度。θ 定义为

$$\theta = N'/N \tag{2.2}$$

式中，N 为吸附原子紧密排列于衬底表面时应有的原子总数；N' 为衬底表面实际吸附的原子数。

显然，$\theta = 0$ 是清洁表面的情况，而 $\theta = 1$ 是饱和吸附的情况，表示在衬底表面已形成一个紧密排列结构的单原子覆盖层。在一般情况下，$0 < \theta < 1$。

由于吸附使解理表面上原子的断键饱和，影响了表面原子的弛豫，使衬底表面的结构区别于清洁表面的结构。同时又由于覆盖情况的不同，如覆盖度、覆盖原子类型等，使实际表面的结构不同于清洁表面。因此，对于吸附表面结构，需要研究的是覆盖表面的点阵平移基矢、原胞形状及其相对于衬底表面点阵原胞的偏转以及吸附原子在覆盖表面点阵原胞的中心位置等。

（3）吸附表面层结构

外来原子在晶体表面的吸附往往是有序的，但在结构测定中至今尚无法直接测定表面覆盖层的结构，多是借助于假定模型，通过实验修正，从而得到比较满意的结论。

根据吸附原子在衬底上的位置，大致可以分为四种吸附情况。立方晶系 {111} 解理面的四种典型吸附类型如图 2.12 所示。

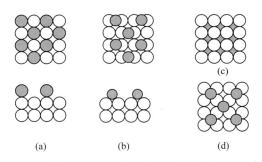

图 2.12　四种典型的吸附类型

（a）顶吸附；（b）"桥吸附"；（c）"填隙吸附"；（d）"中心吸附"

由于金属多数在 {100}{110} 表面无再构现象，因而其吸附表面层结构比较简单；但也有例外，金属表面吸附如图 2.13 所示。

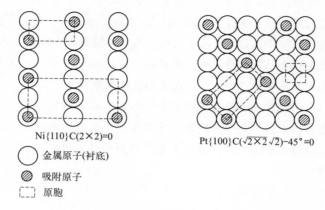

Ni{110}C(2×2)=0

Pt{100}C($\sqrt{2}×2\sqrt{2}$)−45°=0

○ 金属原子(衬底)

◎ 吸附原子

⌐⌐ 原胞

图 2.13 金属表面吸附

2.2.4 半导体材料的表面吸附

硅、锗、砷化镓解理面的表面吸附结构情况如表 2.1 所示。

表 2.1 硅、锗、砷化镓解理面的表面吸附结构

衬底表面	吸附原子	吸附结构
Si{100} 2×1	Cs	(2×1)
Si{100} 2×1-Cs	O	(2×1)
Si{111}	Ag	(3×1)($\sqrt{3}×\sqrt{3}$)−30°
	Al	($\sqrt{3}×\sqrt{3}$)−30°
	In	
	Pb	
Ge{110}	S	c(8×10)
Ge{111}		(2×1)
GaAs{110}	Cs	c(4×4)
GaAs{111}		($\sqrt{7}×\sqrt{7}$)−19°
GaAs{$\bar{1}\bar{1}\bar{1}$}		(4×4)，(4$\sqrt{3}$×4$\sqrt{3}$) (3×3)($\sqrt{21}×\sqrt{21}$)

Si{111} 的三种再构清洁表面都能吸附氢原子，但吸附结构不同，而且对衬底表面结构的影响也不同。

将三种清洁再构表面置于纯净的氢气气氛中，经过一定时间，吸附趋于饱和，即覆盖层 $\theta=1$。此时观察到，Si{111} 2×1 亚稳表面退化为 Si{111} 1×1 结构，同时，每个 Si 原子吸附一个 H 原子，构成吸附键 Si-H。显然，Si{111} 解理面由于 Si 原子的断键被吸附原子 H 饱和，恢复了 (1×1) 结构。

实验证明，化合物晶体表面的再构，也可以由于吸附原子的作用而退化为理想解理面结构。此时，表面原子未饱和的断键同吸附原子结合形成稳定的化合键，如 GaAs{110} 表面吸附氧可形成 As_2O_2 化合物覆盖层，其结构与理想 GaAs 结构相同。此外，化合物晶体表面吸附还可以在表面产生复杂的置换反应，并引起衬底原子的吸附弛豫，如 GaAs{110} 表面吸附 Al 时，在 As 附近形成 AlAs 化合物，进而 Ga 原子与 Al 置换。同时，AlAs 使表面具有负偶极矩，进而引起 Ga、As 原子分别向表面层外和表面层内的吸附弛豫。

2.3 表面热力学

2.3.1 固体的表面张力与表面能

在建立新的表面时，邻近的原子丢失、键被切断，为此必须作某种功。在一定的温度、压力下，保持平衡条件，当表面积 a 只增加 da 时，该系统也必须做功。这个可逆的表面功 δW^s 由下式给出：

$$\delta W^s = \gamma da \tag{2.3}$$

如果没有任何非可逆过程，那么这个可逆功 $\delta W^s_{T,P}$ 就等于表面能量的变化。因此

$$\delta W^s_{T,P} = d(G^s a) \tag{2.4}$$

$$\delta W^s_{T,P} = \left[\frac{\partial(G^s a)}{\partial a}\right]_{T,P} da = \left[G^s + a\left(\frac{\partial G^s}{\partial a}\right)_{T,P}\right] da \tag{2.5}$$

高温时，在由解理而制得新表面的情况下，表面原子自由地在表面扩散，与面积无关，则

$$\left(\frac{\partial G^s}{\partial a}\right)_{T,P} = 0 \tag{2.6}$$

所以，$\delta W^s_{T,P} = G^s da$；$\gamma = G^s$（表面张力与表面自由能相一致）。

低温时，解理表面的原子不能自由扩散，由于在表面残留有畸变，因此

$$\gamma = G^s + a\left(\frac{\partial G^s}{\partial a}\right)_{T,P} \tag{2.7}$$

以面心立方金属的（100）面作为表面，只有当每个原子有 12 个最近邻时，能量才最低，结构最稳定。当少了四个最近邻原子，出现了四个"断键"时，表面原子的能量就会升高。这种和表面原子相连的高出来的能量就是表面能。

表面能的作用如下。

液体，总是力图形成球形表面来降低系统的表面能；

固体，使固体表面处于较高的能量状态（因为固体不能流动），只能借助于离子极化、变形、重排并引起晶格畸变来降低表面能，其结果使固体表面层与内部结构存在差异。

固体表面能的测定方法有：温度外推法、溶解热法、晶体劈裂法、应力拉伸法、理论估算法、表面链接法与电测法、接触角法。具体介绍如下。

① 温度外推法。温度外推法是一种经验方法，通过液体表面能的测定方法测得固体在高于其熔点时不同温度下的表面能，然后将温度外推至低温固态下，此时由表面能与温度的关

系作回归曲线，得出低温下的表面能即为该固体的表面能。

②溶解热法。固体溶解后界面被破坏，固体释放表面能，溶解热增加，使用精密的量热计测量不同粒径物质的溶解热，之后通过计算物质不同粒径溶解热之间的差值得出总表面能，测定固体的总表面积，便可计算出单位面积固体的表面能。

③晶体劈裂法。云母晶体具有明晰的解理面，容易分成毫米级的大薄片，采用劈裂功法测定其表面能十分有效，单位面积的劈裂功是固体表面能的两倍。

④应力拉伸法。固体温度在接近熔点时，原子或分子都会发生一定程度的流动和滑移，当施加拉力时，其应变速度与应力成正比，测定薄片或者丝状固体应变速度与应力之间的关系，向熔点附近的细丝或薄片固体施加载荷，求出应力，测定其单位时间内的延伸长度，即可求得其应变速度。

⑤理论估算法。固体的原子或分子相对被固定在晶体的晶格内，因此知道晶格之间的力学关系，就可以从理论上计算表面能。固体晶体大致可分成离子晶体、分子晶体和金属晶体几种。

⑥表面链接法与电测法。由表面力链接在一起的两个固体平面，单位面积的两个平面表面之间的界面能定义为从无穷远处到两个平面表面接触时释放的能量。对于相同的固体，Γ是表面能的两倍，即 $\Gamma = 2\gamma$。

⑦接触角法。接触角测量可以分为角度测量法、长度测量法、力测量法和透过测量法等几类。目前，测量接触角的方法有光反射法、竖版毛细升高法、小液滴法（量高法）、躺滴法、斜板法、吊环法、液饼法、表面张力法、曲线拟合法、毛细法、液桥法等。可以根据固体粒径的不同选取适合的接触角测量方法。

2.3.2　表面润湿与铺展

液体对固体的润湿是常见的界面现象。在自然界中，诸多现象都与润湿相关，比如早晨草木叶片上水滴凝成的露珠，水银在玻璃上呈珠状。润湿现象在诸多方面都有极为广泛的应用，如油漆性能，机械的润滑，果蔬种植过程中的农药喷洒、去污、乳化、分散等，这些均与润湿现象相关。

作为一种最为常见的界面现象，润湿性（亦称浸润性）是固体表面的重要特性之一。润湿与否取决于液体分子间的相互作用（内聚功）和液—固分子间的吸引力（黏附功）的相对大小。若后者占上风，则液体在固体表面上润湿或铺展；反之，则液体在固体表面上不润湿、不铺展。

从宏观角度来看，润湿是在固体表面上一种流体置换另一种流体的过程；而自微观角度考虑，在置换固体表面上的原流体后，润湿固体的流体与固体表面是分子水平上的接触，两者之间不存在被置换相的分子。最常见的润湿现象是一种液体从固体表面置换空气，例如在玻璃表面上，水置换空气而铺展开。

当液体与固体接触时，液体会沿着固体表面向外扩展，同时系统中原来的固气界面和液气界面逐渐地被新的固液界面取代，这一过程称为润湿。液体对固体表面润湿的程度称为固体表面的润湿性。润湿性是固体表面的重要特性之一，在工农业生产和人们日常生活中发挥着重要的作用，比如石油开采、农药喷洒以及织物防水与洗涤等。表面润湿性主要取决于固体表面粗糙度和表面自由能，其大小通常由液滴与固体表面的接触角来衡量。平衡状态下，在固体、液体和气体三相交界处分别做固体和液体表面的切线，两条切线在液体内部所形成的夹角称为接触角。以水为例，一般来说静态接触角小于 90°的固体表面称为亲水表面，静态接触角大于 90°的固体表面称为疏水表面。特别地，静态接触角小于 10°的固体表面称为超亲水表面，静态接触角大于 150°的固体表面称为超疏水表面。

2.3.2.1 接触角与表面张力

将液体置于固体表面上，其平衡形状取决于固体表面能、液体表面能以及固-液界面能之间的平衡关系。达到平衡时总界面能最小。此时液相表面与固相表面的接触界面处，形成相对的面间角，称之为接触角 θ，如图 2.14 所示。

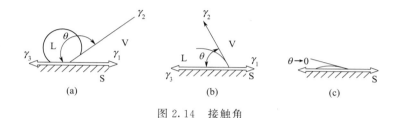

图 2.14　接触角

接触角 θ 以相界面切线的夹角表示，图中所示为各相界面的剖面图。其中 S 为固相，V 为气相，L 为液相；γ_1 为 S-V 界面能，即固体自由表面的表面张力；γ_2 为 L-V 界面能，即液体表面张力；γ_3 为 S-L 界面能。

γ_1、γ_2、γ_3，各沿相界面切线方向，图中以箭头标志。

$\theta=0$ 时，为完全润湿状态，如图 2.14 中（c）所示；$\pi/2 \leqslant \theta \leqslant \pi$ 时，为不润湿状态；$\theta=\pi$ 为完全不润湿状态，如图 2.14 中（a）所示；当 $\theta<\pi/2$ 时，呈一般润湿状态，如图 2.14 中（b）所示。

设液体在固体表面形成固液界面，液体覆盖面积以 A 表示。接触角为 θ，若液体相对于初始位置发生一微小位移，使接触面积改变 δA，则通过简单的推导，得到系统自由能改变 δF 满足下式

$$\delta F = \delta A (\gamma_3 - \gamma_1) + \delta A [\gamma_2 \cos(\theta - \delta\theta)] \tag{2.8}$$

式中，γ、θ 均不是 A 的函数，且当 δA 很小时 $\delta\theta$ 可略。有

$$\frac{\partial F}{\partial A} = \gamma_3 - \gamma_1 + \gamma_2 \cos\theta \tag{2.9}$$

当系统达到平衡对，有

$$\frac{\partial F}{\partial A} = 0 \tag{2.10}$$

则

$$\gamma_3 - \gamma_1 + \gamma_2 \cos\theta = 0 \tag{2.11}$$

即

$$\cos\theta = \frac{\gamma_1 - \gamma_3}{\gamma_2} \tag{2.12}$$

此为 Young 公式，为平衡润湿条件。

式中 γ_2 可通过各种方法测定。若忽略液体蒸气压的影响，γ_1 即可认为是固体自由表面时的表面自由能，对于一定的固体是一已知数。只有 γ_3 是未知数，而 θ 需通过测量得到。

从 Young 公式中可以看到，完全润湿时 $\theta=0$，则 $\gamma_1>\gamma_3$，γ_3 越小，平衡润湿条件越容易实现。当固相与液相的化学性能或化学结合方式相近时，这一条件比较容易达到。因此硅酸盐溶体在氧化物固体表面上容易润湿，其接触角很小，甚至可以完全润湿。相反，对于 γ_s 较大的情况，如金属熔态与氧化物固态界面，由于两者化学结构差异较大，其界面能 γ_s 很高，难以达到润湿条件。

$$\gamma_{BLV}=\gamma_1-\gamma_2=\gamma_2\cos\theta \tag{2.13}$$

式中，BLV 标表示固、液、气三相同时存在的情况。

显然，完全润湿时 $\theta=0$ 则 $\gamma_{BLV}=\gamma_2$ 完全润湿的条件为

$$\gamma_1=\gamma_2+\gamma_3 \tag{2.14}$$

完全不润湿时，$\theta=\pi$，则 $\gamma_{BLV}=\gamma_2$，有

$$\gamma_1=\gamma_3-\gamma_2 \tag{2.15}$$

此时液体在固体表面呈球形液珠。

一般液态氧化物比固态金属表面能低得多。因此，淀积在金属表面的氧化物层容易润湿金属，接触角多介于 $0°\sim50°$ 之间，但金属熔态的表面张力却高于大多数固态氧化物，如陶瓷氧化物等。所以，金属难以润湿于氧化物表面，其接触角一般均大于 $\pi/2$。

采用 Wilhelmy 吊板法测定试件与参照液体的接触角（θ），通过润湿方程计算各试件的表面自由能。

$$\gamma_{SV}=\gamma_{SL}+\gamma_{LV}\cos\theta \tag{2.16}$$

式中，γ_{SV} 为固体表面自由能；γ_{SL} 为固液界面张力；γ_{LV} 为液气界面张力。

2.3.2.2　吸附-黏附

（1）吸附

物质表面具有不饱和价键，能吸引其他原子或离子。吸附是实际固体重要的表面现象，它的存在可以显著降低表面的系统能量。被吸附的分子称为吸附物（质），固体作为吸附剂。表面吸附按其作用力的性质可分为两类：物理吸附和化学吸附。在吸附过程中，一些能量较高的吸附分子，可能克服吸附势的束缚而脱离固体表面，称为"脱附"或"解吸"。当吸附与解吸达到动态平衡时，固体表面保存着一定数量的相对稳定的吸附分子，这种吸附，称为平衡吸附。

物理吸附的作用力，是范德华分子力。范德华分子力是由于表面原子与吸附原子之间的极化作用而产生的。这是一种很弱的吸力，吸附层的厚度也非常薄（一般为一个分子层到几个分子层的厚度），分子易被吸附也易脱吸，但是对任何固体液体都有可能发生物理吸附。物理吸附对温度比较敏感，由物理吸附而产生的边界润滑，一般只适用于比较低的温度和摩擦热较小，即低载荷、低滑动速度的情况。

（2）黏附

固体表面的剩余力场不仅可与气体分子及溶液中的质点相互作用发生吸附，还可与其紧密接触的固体或液体的质点相互吸引而发生黏附。黏附现象的本质是两种物质之间表面力作用的结果。黏附通常是发生在固液界面上的行为并取决于如下条件：润湿性、黏附功（W）、黏附面的界面张力γ_{SL}、相溶性或亲和性。

① 润湿性。黏附面充分润湿是保证黏附处致密和强度的前提。润湿越好黏附也越好。

② 黏附功（W）。黏附力的大小，与物质的表面性质有关，黏附程度的好坏可通过黏附功衡量。所谓黏附功，是指把单位黏附界面拉开所需的功。以拉开固液界面为例，当拉开固液界面后，相当于固液界面消失了，但与此同时又新增了固气和液气两种界面，而这三种不同界面上都有着各自的表面（界面）能。

③ 黏附面的界面张力γ_{SL}。界面张力的大小反映界面的热力学稳定性。γ_{SL}越小，黏附界面越稳定，黏附力也越大。

④ 相溶性或亲和性。润湿不仅与界面张力有关，也与黏附界面上两相的亲和性有关。

良好黏附的表面化学条件应是：

a. 被黏附体的临界表面张力要大或使润湿张力增加，以保证良好润湿；

b. 黏附功要大，以保证牢固黏附；

c. 黏附面的界面张力要小，以保证黏附界面的热力学稳定；

d. 黏附剂与被黏附体间相溶性要好，以保证黏附界面的良好键合和保持强度。为此润湿热要低。

黏附性能还与以下因素有关：

a. 黏附与固体表面的清洁度有关。如若固体表面吸附有气体（或蒸气）而形成吸附膜，那么会明显减弱甚至完全破坏黏附性能。因此用焊锡焊东西时，要清洁表面，除去吸附膜，提高结合强度。

b. 黏附与固体的分散度有关。一般说，固体细小时，黏附效应比较明显，提高固体的分散度，可以扩大接触面积，从而可增加黏附强度。通常粉体具有很大的黏附能力，这也是硅酸盐工业生产中一般使用粉体原料的一个原因。

c. 黏附强度与外力作用下固体的变形程度有关。如果固体较软或在一定的外力下易于变形，就会引起接触面积的增加，从而提高黏附强度。

2.4　表面动力学

2.4.1　表面缺陷

由热激发所导致的表面热缺陷，以点缺陷为主要形式，可以由晶体体内热缺陷如弗仑克尔缺陷或肖特基缺陷等的存在相伴产生，也可以由晶体表面原子的迁移、脱位或吸附等产生。一般包括表面空位、表面增原子及表面杂质原子等，如图2.15所示，图中①②表示为刃型位

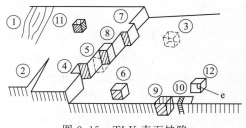

图 2.15　TLK 表面缺陷

错及螺位错两种线缺陷，其他均为点缺陷。

（1）表面空位

表面空位指在二维点阵的格点上失去原子所形成的空位缺陷。空位可以出现在一般再构表面。例如 Si{111} 7×7 稳定结构中的空位，在一个 7×7 孤立再构晶胞中出现 16 个空位，属于空位缺陷。

空位缺陷还经常出现在 TLK 结构表面，可以出现在台面上成为台面空位，如图 2.15 中③所示，也可以出现在台阶上形成台阶空位，相当于两个反向的拐结，如图 2.15 中④所示，或出现在拐结上成为拐构空位，如图 2.15 中⑤所示。当晶体体内出现弗仑克尔缺陷时，可能伴随表面空位缺陷的产生，表面原子脱离格点进入晶体体内成为填隙原子，并在表面留下空位。或者由于表面原子受到热激发而脱离格点挥发或在晶体表面迁移。

（2）表面原子

在 TLK 表面常可以见到在二维点阵以外出现额外的同质原子，成为表面增原子缺陷。表面增原子可以占据台面的上一层格点位置，成为台面增原子，如图 2.15 中⑥所示，也可以在台阶边缘占据表面上方的新格点，成为台阶新原子，如图 2.15 中⑦所示，或者在拐结端形成增原子，如图 2.15 中⑧所示。当晶体体内出现肖特基缺陷时，也可以伴随表面增原子缺陷的发生，体内原子脱离正常格点跃迁至表面形成新的表面格点。或者由于表面原子的迁移而成表面增原子。

（3）表面杂质原子

异类原子或取代表面原子、或占据表面点阵空位、或填隙于表面原子之间，如图 2.15 中⑩所示，均可构成杂质原子缺陷。表面吸附原子或由晶体内部向表面扩散的杂质等都是杂质原子缺陷的来源。

2.4.2　表面缺陷的形成和迁移

（1）表面点缺陷的形成能

若在 TLK 结构中，从台面上移动一个原子离开台面点阵所需能量为 ΔE_T，该原子落入另一格点（拐结或台阶边缘）时，需要消耗能量 ΔE_K；同时台面失去一个原子后，台面空位周围点阵弛豫畸变耗能为 ΔE_R^V。因此，形成表面空位全过程的能量，即形成能为

$$\Delta E_f^V = \Delta E_T - \Delta E_K - \Delta E_R^V \tag{2.17}$$

式中，ΔE_f^V 为空位（vacancy）缺陷的形成能。

同样，表面增原子（adatom）的形成能 ΔE_f^a，可表示为

$$\Delta E_f^a = \Delta E_K - \Delta E_A - \Delta E_R^a \tag{2.18}$$

式中，ΔE_K 为原子脱离格点（多自拐结处）所需能量；ΔE_A 为原子占据台阶格点位置耗能；ΔE_R^a 为由于台面或台阶吸附一个增原子而引起点阵畸变所消耗的表面弛豫能。

（2）表面缺陷迁移能

表面缺陷会在表面迁移，其是缺陷不断地复合、产生的过程。当表面出现一个空位缺陷时，邻近的原子有可能占据此空位，使空位复合，而在另一格点形成空位；或者格点上的原子获得较高能量进行较远程的迁移等。以 ΔE_m 表示表面原子的迁移能，即表面原子或表面空位由一个平衡位置越过势垒跃迁到邻近格点位置时所需的能量，其数值等于原子互作用势垒的高度。

缺陷在迁移过程中，正常格点的弛豫无论在跃迁前后以及跃迁过程中都要受到周围格点弛豫的影响。所以缺陷的迁移能，实际上包含了原子处于势垒和势谷时格点的弛豫能。

（3）表面缺陷形成熵

利用原子的势函数，可以根据晶格振动模型计算出原子在格点附近（势谷）作微振动的固有频率以表示理想表面原子的本征振动。表面出现缺陷时，缺陷周围的点阵畸变，使原子振动频率不同于固有频率，以 W_f 表于表面出现缺陷时的点阵振动频率。现讨论出现表面增原子情况。

由玻尔兹曼关系 $S = k \ln W$，可以得到表面增原子缺陷所引起的熵增。此处为组态熵，称为表面缺陷的形成熵，表示为

$$\Delta S_f = k \ln \frac{W_f}{W_0} \tag{2.19}$$

式中，W_0 为表面未出现缺陷时的平衡态热力学概率；W_f 为表面出现缺陷时的非完整表面平衡态热力学概率；k 为玻尔兹曼常数。

将晶体视为"爱因斯坦固体"（Einstein solid)，即在固体比热容的爱因斯坦模型中，固体原子均以相同频率振动。设表面原子数为 N，则表面振动频率总数为 $3N$。

其固有频率表示为 v_{oi}，$i = 1, 2, 3, \cdots, 3N$，对于表面增原子，其形成熵可表示为表面原子振动频率的函数。而出现表面增原子缺陷后的点阵振动频率表示为 v_{fi}，同样有 $3N$ 个可能的振动。因此，表面增原子的形成熵为

$$\Delta S_f = k \ln \left(\frac{\prod_1^{3N} v_{fi}}{\prod_1^{3N} v_{oi}} \right) \tag{2.20}$$

考虑到常温下的声子能量远小于 kT，可由上式近似地计算表面缺陷的形成熵。

（4）表面缺陷迁移熵

表面缺陷在迁移过程中会发生原子的跃迁。显然，缺陷处于平衡位置（势谷）时点阵的振动状况，与缺陷跃迁过程（处于势垒位置）中点阵的振动状况不同。这一不同造成了系统宏观上的熵增，称为表面缺陷迁移熵，以 ΔS_m 表示。

以 v 表示缺陷跃迁前的振动频率，假定振动被限制在缺陷跃迁的垂直方向，则 v 为约束态振动频率，以 v_{mi} 表示缺陷处于势垒顶部位置时点阵的振动频率。则有

$$\Delta S_m = k \ln \left(\frac{\prod_1^{3N-1} v_{mi}}{\prod_1^{3N-1} v_i} \right) \tag{2.21}$$

v_{mi}、v_i 以及 v_0，均可通过热函数得到。

2.4.3 表面扩散

（1）表面扩散系数

按照扩散的一般实验方法，在不同温度上测得不同的表面扩散系数 $D_s(T)$，其经验关系式为

$$D_s(T) = D_0 \exp(-\varepsilon/kT) \qquad (2.22)$$

式中，D_0 为与振动频率有关的常数，与温度无关；ε 为扩散过程中的激活能。

基体原子在表面的扩散称为表面自扩散，外来原子沿表面的扩散称为互扩散。

（2）表面互扩散（异质扩散）

外来原子在表面的扩散，其机制类似自扩散。但由于外来原子与基体原子在尺寸、组分上的不同，导致扩散系数在数量级上的差别。外来原子在晶体表面存在的方式，可以是填隙式，也可以是置换式。这些原子受势场的束缚较弱，其迁移速度远大于自扩散，多属于远程扩散。

如果是填隙式杂质的扩散，它们的迁移仅与表面势垒有关，不受缺陷机制的影响，其扩散系数表示为

$$D_1(T) = al^2 v_0 \exp(-\Delta E_m/kT) \qquad (2.23)$$

式中，$D_1(T)$ 表示远程扩散系数；ΔE_m 为间隙位置间的势垒高度；a 为晶格常数；v_0 为杂质原子的振动频率。

置换式外来原子，其扩散方式基本上与自扩散相同，但扩散系数一般大于自扩散。这是因为外来原子进入表面所引起的点阵弛豫作用，使周围缺陷的产生及迁移概率增加，多为空位扩散机制。

2.4.4 晶界扩散

缺陷与原子迁移，大量存在于晶界中。对于最简单的位错模型，主要缺陷以位错及其集合形式存在。实验证明，原子沿晶界的扩散速度，比晶粒内部高几个数量级，但其扩散深度却并不比晶粒大，这主要是晶界中的位错使扩散改变方向所致。

关于晶界的扩散过程，需要导出对于大多数情况适用的扩散系数，这是比较困难的工作。一般方法都是首先设立一个沿晶界扩散的模型，然后给出一系列简化假定，从而进行数学处理，得到比较满意的近似方程，求解，最后通过实验来验证。

在晶界中的扩散，同样有自扩散和异质互扩散两种过程。

关于晶界自扩散方程的建立，假设原子自 A 区进入晶界，并通过晶界扩散至 B 区。晶界宽度为 d，晶界平行于坐标轴，θ 为等浓度面与晶界交角。假定 A 区与 B 区的内界面上的浓度保持不变，以 C_0 表示，并假定扩散物质在晶界内的浓度与晶粒内的浓度达到平衡时相等。

现在考虑原子自 A 沿晶界向方向的扩散过程，设晶界内任一点的浓度为 $c''(y)$，随时间变化的规律 $\dfrac{\partial c''}{\partial t}$ 应遵从扩散方程。在一般情况下，扩散系数与浓度无关，扩散方程为熟知的形式

$$\frac{\partial c}{\partial t} = D \Delta^2 c \tag{2.24}$$

式中，c 为浓度；D 为扩散系数；t 为扩散时间。

在晶界扩散模型中，晶界中浓度的变化，是原子沿晶界纵向（y）扩散到晶粒 B 区，与原子沿晶界横向（x）扩散到晶粒 Ⅰ、Ⅱ 内的总效果。根据 Fisher 模型，有扩散方程

$$\frac{\partial c''}{\partial t} = D' \frac{\partial^2 c''}{\partial y^2} + \frac{2D}{d} \left(\frac{\partial c}{\partial x} \right)_{x=0} \tag{2.25}$$

式中，第一项为沿晶界纵向扩散的结果；第二项为由晶界向晶粒的横向扩散结果。

2.4.5 薄膜生长

薄膜生长导致了非平衡状态下一系列丰富的表面形貌，以及相应这些表面形貌的晶格弛豫问题。

考虑到外延膜与衬底晶体结构的物理匹配性质，外延生长包括同质外延生长和异质外延生长两种方式。同质外延是在单晶基底表面外延生长同种元素组成的单晶薄膜；异质外延是在单晶基底上生长不同元素的单晶薄膜。外延生长薄膜的方法很多，包括真空沉积、电解沉积、气相沉积、液相沉积、溅射沉积和分子束外延（MBE）等。在用外延生长制备薄膜时，沉积原子落在基底上，它们首先通过一定的方式相互结合在一起，形成原子团；然后新的原子不断加入这些已经生成的原子团，使它们稳定长大成为较大的粒子簇（这种薄膜生长过程中形成的粒子簇通常叫作"岛"）；随着沉积过程的继续进行，岛不断长大，并在这个过程中会发生岛之间的接合，形成通道网络结构；再继续沉积，原子将填补通道间的空隙，形成连续薄膜，这是一个一般意义上的生长概念。在薄膜生长过程中，沉积原子的形核和生长初期阶段的性质直接影响着将要形成的整个薄膜的质量。

2.4.5.1 亚单层形核规律

外延过程中的形核和生长是一种非平衡状态下的动力学过程，各种复杂的微观原子扩散行为主导着亚单层生长中薄膜的质量，因此研究和探讨薄膜生长中这些微观的原子扩散机制是很重要的。到目前为止，人们描述生长的微观机制通常都基于所谓的 Terrace-Step-Kink（TSK）模型。它显示了表面上主要的构成，即 terraces、steps 和 kinks。同时还显示了通常在表面上存在的缺陷、空穴、原子岛等。现在在实验中人们已经可以利用扫描隧道电子显微镜观测到 TSK 模型。简立方晶体表面的 TSK 模型如图 2.16 所示。

2.4.5.2 多层膜的外延生长

（1）层状生长（frank-van der Merwe）模式

当被沉积物质与衬底之间浸润性很好时，被沉积物质的原子便倾向于与衬底原子成键结

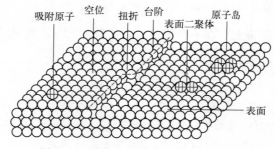

图 2.16　简立方晶体表面的 TSK 模型
（白色圈代表基底原子，虚线表示 step 的位置）

合。因此，薄膜从形核阶段开始即采取二维扩展模式生长。

（2）岛状生长（volmer-weber）模式

这一生长模式表明，被沉积物质的原子或分子倾向与自身相互键合起来，它们与衬底之间浸润性不好，因此避免与衬底原子键合，从而形成许多岛，造成表面粗糙。

（3）混合生长（stranski krastanovs）模式

在最开始一两个原子层厚度时采用层状生长，之后转化为岛状生长。即先采用层状生长模式而后转化为岛状生长模式。

在原子尺度上，产生平滑均匀的薄膜意味着层状生长或二维生长，相反就是三维生长。这些是热力学和动力学共同作用的结果。从热力学角度出发，层状生长就是沉积原子浸润基底表面，也就是说界面自由能和薄膜表面自由能的总和不能超过基底表面自由能。在异质外延生长中是不满足这样要求的，因此异质外延生长模式通常是三维岛状生长。在许多情况下生长温度不是很高，没有达到热力学平衡，这时动力学则占主导地位。

习　题

1.名词解释

（1）表面弛豫；（2）化学吸附；（3）表面重构；（4）表面偏析；（5）表面再构；（6）润湿。

2.表面力依据性质不同可以分为哪几类？

3.说明清洁表面的分类及其各自的特点。

4.表面力依据性质不同可以分为哪几类？

5.简述表面原子弛豫的类型。

6.说明物理吸附和化学吸附的特点及其区别。

7.试述表面力在液体和固体中的作用。

8.根据吸附原子在衬底上的位置，可以分为哪几种吸附情况？

9.简述薄膜生长过程。

10.简述良好黏附的表面化学条件。

参考文献

[1] 贾瑜. 金属、半导体高密勒指数表面:表面能和电子结构[D]. 郑州:郑州大学,2003.

[2] Maclaren J M,Pendry J B,Rous P J,et al. Surface crystallographic information service:A handbook of surface structures[J]. Coordination Chemistry Reviews,1987,89:257-311.

[3] Feenstra R M,Thompson W A,Fein A P J P R L. Real-space observation of -bonded chains and surface disorder on Si(111)2×1[J]. Physical Review Letters,1986,56(6):608-611.

[4] 孙大明. 固体的表面与界面[M]. 合肥:安徽教育出版社,1996.

[5] 曹大春. 玻璃基底上自清洁表面的研究[D]. 青岛:青岛理工大学,2012.

[6] Ellison A,Fox H,Zisman W. Wetting of Fluorinated Solids by Hydrogen-Bonding Liquids[J]. The Journal of Physical Chemistry,1953,57(7):622-627.

[7] 刘媛. 基于表面偏析功能化超滤膜的制备及其性能研究[D]. 天津:天津大学,2015.

[8] 朱履冰. 表面与界面物理[M]. 天津:天津大学出版社,1992.

[9] 白冬生. 气体水合物成核与生长的分子动力学模拟研究[D]. 北京:北京化工大学,2013.

[10] 李云. 3C-SiC(111)和6H-SiC(0001)表面再构的原子结构和电子结构的理论研究[D]. 上海:复旦大学,2006.

[11] 王书敏,张丽华,代淑兰. 固体表面能测定方法研究进展[J]. 应用化工,2020:1-8.

[12] 孟可可. 仿生超疏水金属表面的制备与性能研究[D]. 长春:吉林大学,2014.

[13] 阮重坚,李文定,张洋等. 不同生物质材料的表面自由能[J]. 福建农林大学学报(自然科学版),2012,41(02):213-218.

[14] 胡福增. 材料表面与界面[M]. 上海:华东理工大学出版社,2007.

[15] Burton W K,Cabrera N,Frank FC J P t r s. The Growth of Crystals and the Equilibrium Structure of their Surfaces[J]. Philtransroysoc,1951,243(866):299-358.

[16] Swartzentruber B S,Mo Y W,Kariotis R,et al. Direct determination of step and kink energies on vicinal Si(001)[J]. Physical Review Letters,1990,65(15):1913-1916.

[17] 王恩哥. 薄膜生长中的表面动力学(Ⅰ)[J]. 物理学进展,2003(01):1-61.

第 3 章

薄膜气相沉积技术

3.1 薄膜及其制备方法

3.1.1 薄膜的定义

薄膜主要是指一类用特殊方法制备获得的、依靠基体支撑并且具有与基体不同结构和性能的二维材料。

薄膜与类似的词汇"涂层"（coating）"层"（layer）"箔"（foil）等有着相似的意义，但有时又有所差别。以厚度来对薄膜加以描述，通常是把膜层在无基片而独立形成的厚度作为薄膜厚度的标准。随着科学与工程应用领域的不断扩大和发展的深入，薄膜领域也在不断扩展，不同的应用对薄膜的厚度有着不同的要求。曾有学者以"涂层"的厚度作为区别，提出 $20 \sim 25 \mu m$ 厚度以上称为涂层，$1 \sim 25 \mu m$ 称为薄膜；也有人把几十微米的膜层称为薄膜。从表面界面科学研究的角度上看，它涉及的是材料表面几个至几十个原子层，因为在这一范围内的原子和电子结构与块体材料内部有明显的不同。若涉及原子层数量更大一些，且表面和界面特性仍起着重要作用的范围，通常厚度为几纳米到几十微米，这正是我们对于薄膜的研究重点。对于薄膜的制备，可以采用各种工艺方法来控制一定的工艺参数，从而得到不同结构的薄膜，如单晶薄膜、多晶薄膜、非晶态薄膜、亚微米超级薄膜、纳米薄膜以及晶体取向外延的薄膜。

3.1.2 薄膜的特征

对于固体薄膜材料来说，薄膜的表面具有其独特的物理和化学特性，因而在材料的表面与内部，其在结构和化学组成上都有明显差异。对块体材料而言，薄膜的厚度很薄，很容易产生尺寸效应，即薄膜的物性会受厚度的影响；另外与块体材料相比，薄膜的表面积与体积之比很大，因而表面效应很显著，其表面能、表面态、表面散射、表面干涉对薄膜物性的影响很大，加上在薄膜材料中包含有大量的表面晶界和缺陷态，其对电子输运的性能也有较大影响；因其沉积在基体上，基体与薄膜界面之间还存在一定的相互作用，就会产生膜/基间的黏附性，即膜/基结合力、内应力等问题。

（1）表面能级

薄膜的表面能级很大，其表面与体积之比也很大，表面效应十分明显。在固体的表面，由于原子周期排列的连续性被中断，影响到电子波函数的周期性。因固体薄膜表面积很大，其表面能级将会对薄膜内电子的输运产生很大影响，尤其对半导体薄膜表面的电导和场效应产生很大影响，使用时必然影响半导体和器件的性能。

（2）量子尺寸效应和界面隧道穿透效应

在薄膜材料中，当它具有量子尺寸效应时，由于电子波的干涉，与膜面垂直运动相关的能量将取分立的数值，因此它会对电子的输运现象产生影响。一般将这种与德布罗意波的干涉相关联的效应称为量子尺寸效应。

由于薄膜表面中含有大量的晶粒界面，界面的势垒 V_0 比电子能量 E 要大得多。根据量子力学的原理，这类电子有一定的概率穿过这个势垒，称为隧道穿透效应。这种隧道穿透效应在一定的条件下较为明显，电子穿透这个势垒的概率 T 为

$$T = \frac{16EV_0 - E}{V_0^2} \exp\left[-\frac{2a}{h}\sqrt{2m(V_0 - E)}\right] \tag{3.1}$$

当界面的势垒 V_0 与电子的能量 E 相等时，穿过势垒的概率 $T=0$，不会发生隧道穿透效应。在非晶态半导体薄膜的电子导电和金刚石薄膜的场电子发射中，这类效应起着重要的作用。

（3）薄膜的内应力

薄膜附着在基片上，受到约束的作用，易在膜层内产生应变。与膜层垂直的任意断面，其两侧会产生相互作用力，这种力称为内应力。薄膜的内应力是薄膜的固有特征。如果薄膜是沉积在薄薄的基片上，那么薄膜与基片都会发生不同程度的弯曲。其根源是在薄膜中有内应力存在。就弯曲现象看，一种是薄膜成为弯曲面的内侧，使薄膜的某些部分与其他部分之间处于拉伸状态，称这种内应力为拉应力；另一种是薄膜成为弯曲面的外侧，使薄膜处于压缩状态，称这种内应力为压应力。

内应力可分两大类：一类为固有应力（称为本征应力）；另一类为非固有应力。固有应力来源于薄膜中的缺陷，非固有应力来源于薄膜对衬底（基片）的附着力。薄膜与衬底（基体）间不同的线膨胀系数和晶格失配将应力引入薄膜；或因薄膜与衬底之间发生化学反应，在薄膜与衬底之间形成的金属化合物同薄膜紧密结合，产生轻微的晶格失配，也能将应力引入薄膜；另外，在薄膜晶粒生长过程中，移走部分晶界，因而减少了晶界中多余的体积，也会使薄膜和衬底间引入新的应力。对于宽带隙薄膜，诸如金刚石薄膜、C-BN、C_3N_4 薄膜，它们的内应力很大，在沉积制备过程中很容易发生薄膜龟裂、卷皮和崩落，在沉积过程中时常都可观察到这种现象。

（4）膜/基的附着性和附着力

膜/基体的附着性（黏附性）和附着力是薄膜固有的主要特征之一。在很大程度上，它决定了薄膜应用的可能性和可靠性。所谓附着，是指薄膜沉积在基片的过程中，膜层和基片两者间的原子相互受对方的作用，这种相互的作用通常的表现形式就是附着。由于膜/基

是异种材质，附着对象是异种物质的边界和界面，异种物质间的相互作用能为附着能。把附着能视作界面能的一种类型，用附着能对基片与薄膜间的距离作微分，微分的最大值称为附着力。

在分析薄膜与基材是否能够很好地结合和附着时，可以看它们之间是否浸润，浸润性好的，薄膜与基材的附着性就好。大多数情况下，基体材质表面能小，常使用基材表面活化的方法，以提高它的表面能，从而使附着能增大。使基材活化的方法主要有清洗、腐蚀、刻蚀、离子轰击清洗、电清理、机械清理等。除此之外，加热也可以使异质元素相互扩散，促使附着力增大。在基/膜难以结合时，可以通过与膜/基有效结合的中间过渡层来实现薄膜与基材两者的结合。这种中间过渡层，可以是单层，也可以是多层的。中间层的选择、设计在实现薄膜与基体的牢固结合上，具有很好的实用价值。

（5）异常结构与非理想化学计量比特征

通常，沉积制备的薄膜结构与相图不一定相符，这是因为它的沉积制备方法多数是气相沉积，是一个从气相到固相的急冷过程，易形成非稳态、非化学计量比的化合物膜层，属于非平衡态的沉积制备。研究人员把这种与相图不符的结构称为亚稳态（准稳态）结构或异常结构。由于固体的黏性大，实际上将其视为稳态也可以，通过加热退火和长时间的放置会缓慢变成稳定状态。

ⅣA族元素的非晶态结构是最明显的亚稳态结构。在低于 300℃下生成的 C、Si、Ge 为非晶结构，在实际应用上把它们看成稳态结构。非晶态的强度非常高，除具有优秀的抗腐蚀性能外，还具有普通晶态材料无法相比的电、磁、光、热等性能。薄膜的沉积技术就是制备非晶态材料的最主要方法之一。由于非晶态薄膜结构是长程无序而短程有序的，失去了结构周期性，因此只要基片温度足够低，众多物质均可实现非晶态。

3.1.3　薄膜的形成过程

气相生长薄膜的过程大致上可以分为形核和生长两个阶段。基底表面吸附外来原子后，邻近的原子距离减小，它们在基底表面进行扩散，并且相互作用，使吸附原子有序化，形成亚稳的临界核，然后再逐步长大成岛和层状结构。岛的扩展结合形成连续膜，在岛的结合过程中将发生岛的移动以及转动，以调整岛之间的结晶方向。

临界核的大小，即所含原子的数目，决定于原子间、原子与基底间的键能，并受到薄膜制备方法的影响，一般只含有 2～3 个原子。临界核是二维还是三维，对薄膜的生长模式有着决定性的作用。

一般来说，薄膜有以下三种生长模式，如图 3.1 所示。

（1）岛状生长

岛状生长的特点是到达基片上的原子首先凝聚成核，后续的原子不断集聚在核附近使核在三维方向不断成长，最终形成薄膜。大部分薄膜的形成过程都属于这种类型。

电子显微镜观察和理论分析结果表明，岛状生长型薄膜的生长过程可以分成如下 4 个阶段：小岛阶段、联并阶段、沟道阶段和连续薄膜阶段。

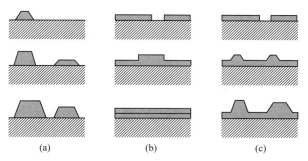

图 3.1　薄膜生长的三种基本模式

（a）岛状生长模式；（b）层状生长模式；（c）层状加岛状生长模式

　　膜层材料的原子（或分子）沉积到基片表面后，首先形成无规则分布的三维核。核的密度增加很快，以致在很薄的膜层中核的密度迅速地达到饱和。核尺寸进一步长大变成各种小岛。随着岛的长大，岛间距离减小，岛开始结合成更大的岛。在岛间相互结合的过程中，当岛的分布达到临界状态时就相互聚集形成一种连续的网状结构。随着沉积的继续进行，出现二次或三次成核、长大和岛间相互结合，空白区域越来越少，只剩下少数狭长的区域没有生成新相，即所谓的沟道。这种沟道分布不规则，其宽度为 5～20nm。沟道区域内又可以形成新的晶核，再长大成岛，然后又是岛间相互结合，逐渐变小沟道的宽度和长度，其结果是大多数沟道很快被消除，薄膜变为有小孔洞的连续网状结构。随着薄膜的进一步沉积，在孔洞内逐渐产生新相的晶核，长大成岛，并不断地进行岛间相互结合，与此同时开始向厚度方向生长，最后形成各种结构的连续薄膜。

　　（2）层状生长

　　层状生长的过程大致如下：沉积到基片表面上的原子，经过表面扩散并与其他原子碰撞后形成二维的核，二维核捕捉周围的吸附原子便生长为二维小岛。这类材料在表面上形成的小岛浓度约等于饱和浓度，即小岛间的距离约等于吸附原子的平均扩散距离。在小岛生长过程中，小岛的半径均小于平均扩散距离，因此，到达小岛上的吸附原子在岛上扩散后都被小岛边缘所捕获。在小岛表面上吸附原子浓度很低，不容易在三维方向上生长。也就是说，只有在第 n 层的小岛已长到足够大，甚至小岛已互相结合，第 n 层接近完全形成时，第 $n+1$ 层的二维晶核或二维小岛才有可能形成，因此薄膜是以层状的形式生长。

　　层状生长时，靠近基体的薄膜的结构通常类似于基体的结构。只是到一定的厚度时才逐渐由刃位错过渡到该材料固有的晶体结构。

　　（3）层状加岛状生长

　　在基体和薄膜原子相互作用特别强的情况下，容易出现层状和岛状生长型。首先在基片表面生长 1～2 层单原子层，这种二维结构受基片晶格影响强烈，晶格常数有较大的畸变。然后再在原子层上吸附沉积原子，并以核生长的方式生成小岛，最终形成薄膜。如在 Ge 的表面蒸发 Cd、在 Si 的表面蒸发 Bi 和 Ag 等都属于这种类型。

　　层状加岛状生长简单来说就是随着原子沉积量的增加，既有单分子的形成，在连续层上又有岛的生长。

3.1.4 薄膜的种类和应用

（1）薄膜的种类

随着科学技术的飞速发展，薄膜材料所涉及的领域已经变得十分广泛。按照成分分类的话，可以分为单金属、合金、陶瓷、半导体、化合物、塑料以及其他高分子材料，其中有一部分会对材料的纯度、合金的配比、化合物的组分有严格的要求；按照结构来分，可以分为单晶、多晶、非晶态、超晶格、按照特定方向取向、外延取向等。除此之外，目前最常用的分类是按照用途来划分，大致可以分为光学薄膜、微电子学薄膜、光电子学薄膜、集成光学薄膜、信息存储薄膜、防护和装饰薄膜。具体介绍如下。

① 光学薄膜：是指在光学玻璃、光学塑料、光纤、晶体等各种材料的表面上镀制一层或多层薄膜，基于薄膜内光的干涉效应来改变透射光或反射光的强度、偏振状态和相位变化的光学元件，是现代光学仪器和光学器件的重要组成部分。如低辐射系数膜、防激光致盲膜、反射膜、增反膜、选择性反射膜、窗口薄膜等。

② 微电子学薄膜：主要是半导体功能材料，主要有硅、锗薄膜，ⅢA-ⅤA族化合物半导体薄膜（GaAs、GaP等），ⅡA-ⅥA族化合物半导体薄膜和ⅣA-ⅥA族化合物半导体薄膜。还包括介质膜，如 SiO、SiO_2、Si_3N_4、Ta_2O_5、钽基化合物、Al_2O_3、TiO_2、Y_2O_3、HfO_2、氮氧化硅等，主要有低熔点膜、高熔点导电膜、多晶硅导电膜、金属硅化物导电膜、透明导电膜、电阻薄膜等。

③ 光电子学薄膜：主要有探测器膜、光敏电阻膜和光导摄像靶膜。

④ 集成光学薄膜：主要有光导波膜、光开关膜、光调制以及光偏转膜、透镜薄膜、激光器膜等。

⑤ 信息存储膜：主要有磁记录膜、光盘存储膜和铁电存储膜等。

⑥ 防护和装饰功能薄膜：装饰主要是指应用薄膜的色彩效应和功能效应，包括各种色调的彩色膜、幕墙玻璃用装饰膜、塑料金属化装饰膜、包装用装潢及装饰膜、镀铝纸等。防护功能薄膜主要包括耐腐蚀膜、耐冲蚀膜、耐高温氧化膜、防潮防热膜、高强度高硬度膜等。

（2）薄膜的应用

薄膜因具有特殊的成分、结构和尺寸效应而具有三维材料所没有的性能，因此应用十分广泛。薄膜的应用涉及机械、石化、冶金、交通、能源、环保、核能、航空航天等工业以及微电子、光电子、计算机、通信、光学、电学、声学、磁学等领域，特别是薄膜材料以最经济、最有效的方法改善材料表面以及近表面区的形态、化学成分、组织结构、应力状态，赋予材料表面新的复合性能后，使许多新构思、新材料以及新器件实现了新的工程应用。例如集成电路、集成光路等高密度集成器件，只有利用薄膜及其具有的性能才能设计、制造。又如廉价太阳能电池以及许多重要的光电子器件，只有以薄膜的形式使用昂贵的半导体材料和其他贵重材料才能使它们富有生命力。随着薄膜技术的不断发展以及一系列重大技术的突破，并伴随着各种类型新材料的开发和新功能的发现，薄膜蕴藏着的巨大潜力，为新的技术革命提供了可靠的基础。

（3）薄膜的制备方法

薄膜制备方法有很多种，有许多的表面技术都可以用来制备薄膜。按照成膜方法来分，大致可以分为物理方法和化学方法两大类。

① 物理气相沉积（PVD）：它是在真空条件下，利用各种物理方法，将镀料气化成原子、分子，或离子化为离子，直接将其沉积到基体表面的方法。主要包括真空蒸镀、溅射镀膜、离子镀等。

② 化学气相沉积（CVD）：它是把含有构成薄膜元素的一种或者几种化合物、薄膜单质气体供给基体，借助气相作用或在基体表面的化学反应生成所要求的薄膜的方法。主要包括常压化学气相沉积、低压气相沉积和等离子体化学气相沉积等。

3.2 真空技术基础

3.2.1 真空度量单位

真空泛指低于一个大气压（101.325kPa）的气体状态。相比于普通的大气状态，真空的分子密度较为稀薄，气体分子间的碰撞概率更低。因此，"真空"均指相对的真空状态，"真空"并非什么物质都不存在。即使采用最先进的真空系统所达到的超高真空状态，每立方厘米的空间中仍然存在相当数量的气体分子。

真空度的高低可以用多个参量来度量，最常用的有"真空度"和"压强"。此外，也可以用气体分子密度、气体分子的平均自由程或形成一个分子层所需要的时间等来表示。需要注意的是，真空度和压强的物理意义并不相同。真空度是对气体稀薄程度的一种度量，最直接的物理量应该是每单位体积中的分子数，而压强指的是气体作用于单位面积器壁上的压力。由于要精确地测定单位体积中的分子数难以实现，而单位面积上的压力却能进行直接或间接地精确测量，所以真空度的高低通常都用气体的压强来表示。气体压强越低就表示真空度越高，反之，压强越高，真空度就越低。

压强的国际单位为帕斯卡，简称为帕（Pa），表示每平方米的压力为 1N（$1Pa=1N/m^2$）。此外，早期人们使用的压强单位还有毫米汞柱（mmHg）、托（Torr）、巴（bar）、标准大气压（atm）、磅力每平方英寸（psi）等。为了便于换算和查询，压强各单位间的换算关系如表 3.1 所示。

表 3.1 压强单位换算表

压强	帕/Pa	托/Torr	毫米汞柱/mmHg	巴/bar	标准大气压/atm	磅力每平方英寸/psi
1Pa	1	7.5006×10^{-3}	2.9530×10^{-4}	1×10^{-5}	9.869×10^{-4}	1.4503×10^{-4}
1Torr	1.3332×10^2	1	3.9370×10^{-2}	1.3332×10^{-3}	1.3158×10^{-3}	1.9337×10^{-2}
1mmHg	3.3864×10^3	25.400	1	3.3864×10^{-2}	3.8421×10^{-2}	4.9115×10^{-1}

压强	帕/Pa	托/Torr	毫米汞柱/mmHg	巴/bar	标准大气压/atm	磅力每平方英寸/psi
1 bar	1×10^5	7.5006×10^2	29.530	1	9.8692×10^{-1}	14.503
1 atm	1.0133×10^5	760.00	29.921	1.0133	1	14.695
1 psi	6.8948×10^3	51.715	2.0360	6.8748×10^{-2}	6.8064×10^{-2}	1

3.2.2 真空区域的划分

迄今为止，采用最先进的真空技术所能达到的最低压力状态大致为 10^{-12} Pa，大气压约为 10^5 Pa，因此，17 个数量级的广阔压力范围均在真空技术所涉及的范畴之内。随着真空度的提高，真空的性质经历着气体分子数的量变到真空质变的若干过程，构成了真空的不同区域。为了便于讨论和实际应用，常把真空划分为低真空、中真空、高真空、超高真空和极高真空五个区域。各区域相应的压力范围、特性、气流特点、应用领域等如表 3.2 所示。

表 3.2 真空区域的划分

物理性质	低真空	中真空	高真空	超高真空	极高真空
压力范围/Pa	$10^5\sim10^2$	$10^2\sim10^{-1}$	$10^{-1}\sim10^{-5}$	$10^{-5}\sim10^{-9}$	$<10^{-9}$
气体分子密度/(个/cm³)	$10^{19}\sim10^{16}$	$10^{16}\sim10^{13}$	$10^{13}\sim10^9$	$10^9\sim10^5$	$<10^5$
平均自由程/cm	$10^{-5}\sim10^{-2}$	$10^{-2}\sim10$	$10\sim10^5$	$10^5\sim10^9$	$>10^9$
气流特点	(1) 以气体分子间的碰撞为主；(2) 黏滞流	过渡区域	(1) 以气体分子与器壁的碰撞为主；(2) 分子流；(3) 已不能按连续流体对待	分子间碰撞极少	气体分子与器壁表面的碰撞频率较低
平均吸附时间	气体分子以空间飞行为主			气体分子以吸附停留为主	
应用实例	吸尘器、液体输运及过滤、塑料挤压脱气	食品冷冻干燥、熔炼金属脱气、金属融化铸造	拉制单晶、白炽灯制造、表面镀膜、电子管生产	薄膜沉积、表面分析、粒子加速器、低温制冷	空间模拟、纳米技术

① $10^5\sim10^2$ Pa 的低真空状态：气体空间的特性与大气相差不大，气体分子的密度大，并仍以热运动为主，气体分子间的碰撞频繁，气体分子的平均自由程很短。通常情况下，在低真空区域，使用真空技术的主要目的是获得压力差，而不要求改变空间的性质。电容器生产中所采用的真空浸渍工艺所需的真空度就在此区域。

② $10^2\sim10^{-1}$ Pa 的中真空状态：气体的流动状态逐渐由黏滞流状态过渡到分子流状态，气体分子的动力学性质明显，对流现象完全消失。因此，在这种情况下加热金属，可基本避免金属与气体间的化合作用，可进行真空热处理。此外，在电场作用下，会产生辉光放电和弧光放电，离子镀、溅射镀膜等与气体放电和低温等离子体相关的镀膜技术都在此压力范围内进行。

③ $10^{-1} \sim 10^{-5}$ Pa的高真空状态：气体分子在运动过程中相互间的碰撞很少，气体分子的平均自由程已大于一般真空容器的限度，以气体分子与容器壁的碰撞为主。因此，在该真空范围内蒸发的材料，其原子受残余气体分子碰撞被散射的作用很小，将按直线方向飞行。薄膜沉积多数发生在此真空度范围内。

④ $10^{-5} \sim 10^{-9}$ Pa的超高真空状态：每立方厘米的气体分子数在10^9个以下。不仅气体分子间的碰撞极少，入射固体表面的分子数达到单分子层需要的时间也比较长，在此真空度下解理的表面，在一定时间内可保持清洁。因此，可以进行分子束外延、表面分析及其他表面物理学研究。

⑤ 压强低于10^{-9} Pa的极高真空状态：气体分子入射固体表面的频率已经很低，可以保持表面清洁，因此适合分子尺寸的加工以及纳米科学的研究。

3.2.3 真空的获得

真空获得的主要工具是真空泵。真空获得的方式按工作原理分为机械运动（机械泵、涡轮分子泵）、蒸气流喷射（扩散泵）、吸附作用（升华泵、溅射离子泵）三大类，它们所能到达的极限真空度以及负载能力各有不同。接下来对几种常见的真空泵做简单介绍。

（1）机械泵

利用机械方法使工作室的容积周期性地扩大和缩小来实现抽气，从而获得真空的装置称为机械泵。机械泵是产生低真空的设备，一般在真空系统中做前级泵。机械泵通常有定片式和旋片式两种，在薄膜技术中主要使用的是油封旋片式机械真空泵。其机构主要由圆筒形定子、偏心转子以及嵌于转子的旋片及弹簧构成，如图3.2所示。

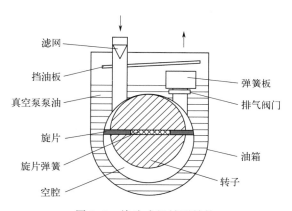

图3.2　旋片式机械泵结构

机械泵是建立在波意耳-马略特定律（$pV = K$）的基础上，即在温度不稳定的情况下，容器的体积V和气体压强p成反比。其工作原理如图3.3所示，偏心转子绕自己中心轴按箭头所示方向转动，转动中定子、转子在切点处保持接触、旋片靠弹簧作用始终与定子接触。转子与定子间的空间被旋片分隔成两部分。进气口C与被抽容器相连通。出气口装有单向阀。当转子由（a）转向（b）时，空间S不断扩大，气体通过进气口被吸入；转子转到（c）位置，空间S和进气口隔开；转到（d）位置以后，气体受到压缩，压强升高，直到冲开出气口的单向阀，把气体排出泵外。转子连续转动，这些过程就不断重复，从而把与进气口相连通的容器内气体不断抽出，达到获得真空的目的。一般机械泵的极限真空度（真空泵充分抽气后所能达到的最高真空度）为 0.1Pa。

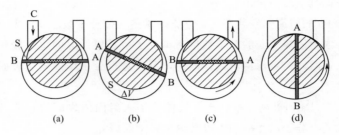

图 3.3　旋片式机械泵工作原理

（2）扩散泵

在机械泵不能满足真空度要求时，通常使用扩散泵来获得更高的真空度。扩散泵全名叫扩散式蒸气流泵，是依靠蒸气流输送气体从而获得高真空度的真空泵。以扩散油为工作液的称为油扩散泵，泵油经过一定功率的电炉加热之后，产生大量高压蒸气流从各级喷口高速（200～300m/s）喷出，喷口周围压强降低，附近气体随即向喷口附近扩散，从而被吸入并随油蒸气一起向下运动。油蒸气经冷却水冷却，结成油滴回到泵底，以便循环使用，释放出的空气分子此时向喷口下方聚集。如此三级喷口逐级起作用，将进气口空气分子集结到出气口，再由机械泵将积聚起来的气体抽走。扩散泵不能直接在大气压下工作，而需要一定的预备真空度（0.133～1.33Pa），因此，扩散泵常需要和机械泵串接使用才形成抽气过程获得高真空。油扩散泵结构及工作原理如图 3.4 所示。

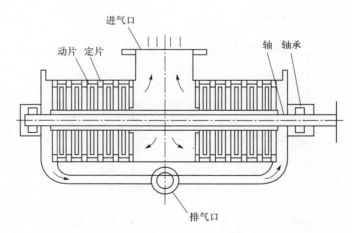

图 3.4　油扩散泵结构及工作原理

扩散泵的极限真空度主要取决于油的性质。如果采用石油烃，极限真空度为 10^{-5} Pa；若采用 275 号硅油，则极限真空度可达 10^{-7} Pa。扩散泵油通常选用室温饱和蒸气压低、分子量大、化学惰性好、不易裂解的油，如硅油 DC-704、DC-705 等。

（3）涡轮分子泵

涡轮分子泵属于无油的气体传输泵，它作为次级泵可以与前级泵构成复合真空系统，来获得超高真空。分子泵根据结构可分为牵引泵、涡轮分子泵和复合分子泵三类。牵引泵的结构最简单，转速较小，但压缩比（泵的出口压力与入口压力之比）大。涡轮分子泵是在牵引泵的基础上通过结构改进而形成的。通过高速旋转的涡轮叶片，不断地对气体分子施加作用力，使气体分子向特定的方向运动而获得真空。它由一系列的动、静相间的叶轮相互配合组成。每个叶轮上的叶片与叶轮水平面倾斜成一定角度。动片与定片倾角方向相反。主轴带动叶轮在静止的定叶片之间高速旋转，高速旋转的叶轮将动量传递给气体分子使其产生定向运动，从而实现抽气目的。涡轮分子泵结构如图3.5所示。

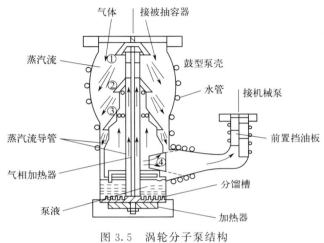

图 3.5　涡轮分子泵结构
①②③④表示气体被压缩抽走的过程

涡轮分子泵对一般气体分子的抽除都十分有效。如氮气，其压缩比可达到 10^9，但对于氢气这种相对原子质量较小的气体，压缩比仅有 10^3 左右。涡轮分子泵的极限真空度可达 10^{-8} Pa，抽速可达 1000L/s。

（4）溅射离子泵

溅射离子泵又称潘宁泵。大量电子受磁场约束，以滚轮线的形式贴近阳极筒旋转形成一层电子云，这种现象称为潘宁现象。溅射离子泵就是靠潘宁放电维持抽气的一种无油清洁超高真空泵，是目前抽惰性气体较好的真空获得设备。

溅射离子泵主要由阴极板（通常是钛极）、一个具有网格状结构的阳极、永久磁铁和泵体组成的，其结构如图3.6所示。

两块阴极板分别位于阳极的两侧，组成泵的电极结构。永久磁铁位于阴极外侧，磁场方向与电场方向平行。在 12.5～25kOe 的磁场感应强度下，阴极（接地）和阳极之间加 3～7kV 直流电压后放电，在电磁场的磁约束下能在

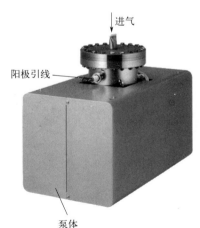

图 3.6　溅射离子泵结构

10Pa 的压力以下维持放电，这种放电称为潘宁放电。放电时，电子在阳极筒内做轮滚往复运动，大大增加了电子运动路程，能保证很高的电离效率。气体分子被电离后产生的离子在电场作用下向钛阴极运动，被阴极捕获，这是第一种抽气原理。另一方面，由于离子的能量很大，撞击阴极时能引起强烈的溅射。溅射出来的钛原子沉积在阳极筒内壁上形成钛膜，在阳极筒内壁上吸附活性气体和亚稳态的惰性气体。该过程不断进行，从而达到除气的目的。但以离子态到达阴极的气体分子很可能因离子的连续轰击而脱附，对惰性气体（如 He、Ne、Ar 等）尤其如此。在大气中约含有 1/100 的氩，二极溅射离子泵对氩气的抽速不但很低，而且每隔一定时间还表现出规则的压力脉冲。因此，氩气是影响真空泵极限压强的主要因素。

为了获得对惰性气体，特别是对氩的稳定抽速，可采取以下措施。

① 在二极型泵内加入溅射阴极。在阳极与阴极之间加一个栅极形式的电极，即真正的溅射阴极，二极泵中的阴极则变为离子收集极，从而成为三极型溅射离子泵，如图 3.7 所示。离子斜射到溅射阴极上产生强烈的溅射。溅射的钛原子除部分沉积于阳极的内表面外，大部分沉积于收集极上，牢固地将黏附在它上面的如氩之类的惰性气体分子覆盖住。

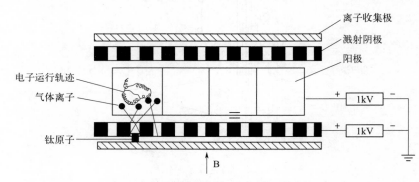

图 3.7 三极型溅射离子泵的工作原理

② 将二极型泵的阴极开槽。这种方法是将二极型泵的阴极开槽，如图 3.8 所示，离子斜射槽的壁上也产生强烈溅射，而槽底所受的离子轰击微弱，因槽壁的强烈溅射而沉积，将黏附在其上的气体分子覆盖。

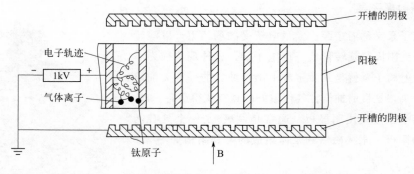

图 3.8 阴极开槽的二极型溅射离子泵的工作原理

溅射离子泵的极限真空度可达 10^{-10}Pa，但需要注意的是，溅射离子泵必须在 10^{-1}Pa 左右的压强下启动，如果在低真空下长时间运转，则会由于离子流过大而使泵发热，导致吸附气体的脱附，甚至导致极间的辉光放电和系统的压力升高，影响泵的正常工作。此外，溅射离子泵对油蒸气的污染很敏感，因此对于不太清洁的系统，泵的起动压强应低于 10^{-1}Pa。

3.2.4 真空的测量

真空测量是指采用特定的仪器和装置，对某一特定空间内的真空度进行测定。用于真空测量的仪器或装置称为真空计。真空计的种类有很多，通常按测量原理可分为绝对真空计和相对真空计。凡是通过测定物理参数直接获得气体压强的真空计均为绝对真空计，如 U 形压力计、压缩式真空计等。绝对真空计所测量的物理参数与气体成分无关，测量比较准确，但是在气体压强很低的情况下，直接进行测量是极其困难的。通过测量与压强有关的物理量，并与绝对真空计比较后得到压强值的真空计则称为相对真空计，如放电真空计、热传导真空计、电离真空计等。相对真空计的特点是测量的准确度略差，而且与气体的种类有关。在实际生产中，除真空校准外，大都使用相对真空计。本节主要对电阻真空计、热偶真空计和电离真空计进行简单介绍。

（1）电阻真空计

电阻真空计属于热传导真空计的一种，它主要是利用测量真空中热丝的温度，从而间接获得真空度的大小。电阻真空计的原理如图 3.9 所示。

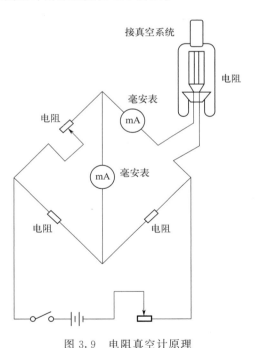

图 3.9　电阻真空计原理

规管中的加热灯丝是由电阻温度系数较大的钨或铂所制作的，热丝电阻连接惠斯通电桥，并作为电桥的一个臂。当在低压强下加热时，灯丝所产生的热量 Q 可表示为

$$Q = Q_1 + Q_2 \tag{3.2}$$

式中，Q_1 为灯丝辐射的热量，主要与灯丝的温度有关；Q_2 为气体分子碰撞灯丝而带走的热

量，主要与气体的压强有关。

当热丝温度一定时，Q_1 值也恒定，即热丝辐射的热量不变。在某一恒定热丝电流下，当真空系统的压强降低，Q_2 将随之减少，此时灯丝所产生的热量将相对增加，灯丝的温度上升，电阻增大。因此利用压强和灯丝电阻间的关系，通过测量灯丝的电阻值可间接地确定压强。

电阻真空计的测量范围是 $10^{-2} \sim 10^5$ Pa，且所测压强与气体的成分有关，其校准曲线都是针对干燥的氮气或空气的，所以如果被测气体成分变化较大时，则应对测量结果作一定的修正。另外还应注意，电阻真空计长期工作后，热丝可能会因氧化而发生零点漂移，因此使用时要避免长时间接触大气或在低真空度环境下工作，而且往往需要调节电流来校准零点位置。

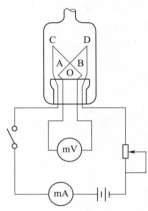

图 3.10　热电偶真空计原理

（2）热电偶真空计

热电偶真空计的结构如图 3.10 所示。热电偶真空计的规管主要由加热灯丝 C、D（铂丝）和用于测量热丝温度的热电偶 A 和 B（铂铑或康铜）组成。热电偶热端接热丝，冷端接仪器中的毫伏计，从毫伏计中可以测出热电偶的电动势。

测量时，热电偶规管接入被测真空系统，热丝通以恒定的电流，与电阻真空计不同的是，此时灯丝所产生的热量有一部分将随灯丝温度的升高而增大，热电偶冷端的温差电动势也将增大，当规管中气体压强下降时，热电偶的温差电动势会增大。

热电偶真空计对不同气体的测量结果是不同的，这是由于各种气体分子的热传导性能不同，因此在测量不同的气体时，需进行一定的修正。一些常见气体的修正系数如表 3.3 所示。

表 3.3　常见气体的修正系数

气体	修正系数	气体	修正系数
空气、氮	1.00	氦	2.30
氢	0.60	一氧化碳	0.97
氖	1.12	二氧化碳	0.94
氖	1.31	甲烷	0.61
氩	1.56	己烯	0.86

热电偶真空计的测量范围大致为 $10^{-1} \sim 10^2$ Pa，测量的压强不允许过低，否则可能会因为气体分子热传导逸去的热量过少而导致较大的误差。此外，与电阻真空计一样，热电偶真空计长期使用后，热丝会因氧化而发生零点漂移，应及时校正。还需要注意的是，热电偶真空计具有热惯性，压强变化时，热丝温度的改变常滞后一段时间，所以数据的读取也会滞后一段时间。

（3）电离真空计

电离真空计是利用气体分子电离的原理进行测量的。最常用的热阴极电离真空计规管的结构如图 3.11 所示。

热阴极（零电位）发射电子，栅极带正电位，用来加速并收集电子，圆筒形板极带负电位，用来收集正离子，称为离子收集极。从阴极发出的电子在加速电极电场作用下，飞向栅极，并获得足够大的能量。大部分电子穿过栅极飞向板极，被带负电位的板极斥回，又飞回栅极。其中一部分被栅极截住，但仍有一部分电子再次飞向板极。电子在板极与栅极之间振荡若干次，直到被栅极吸收为止。电子在来回振荡的过程中，与管内存在的气体分子发生碰撞，产生电离。离子被板极收集，形成离子流 I_i，电子被栅极收集，形成电子流 I_e。

实验证明，当规管内压强 $p \leqslant 10^{-1}$ Pa 时，I_i 与电子流 I_e、压强 p 有如下的线性关系：

$$I_i = k I_e p \tag{3.3}$$

式中，k 为电离真空规的灵敏度，单位为 Pa^{-1}，在规管结构尺寸、各电极电压、气体种类一定时，k 为一个常数。

若电子流 I_e 维持不变，则离子流 I_i 的大小将和压强成正比，因此测量离子流的大小，便可相应地得到真空度的大小。离子流与压强的关系如图 3.12 所示。

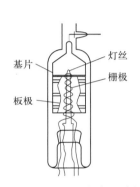

图 3.11　热阴极电离真空计规管

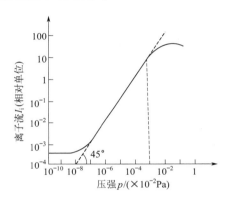

图 3.12　电离真空规校准曲线

由图 3.12 可见，热阴极电离真空计的测量范围为 $1.33 \times 10^{-6} \sim 1.33 \times 10^{-3}$ Pa，高于或低于此测量极限均会使 I_i 与 p 之间失去线性关系。特别是当压强高于 10^{-1} Pa 时，电子和分子发生碰撞的概率也大大增加，而且碰撞后新产生的电子也将参加电离过程，引起电子的繁流现象，此时电子流和压强呈指数关系。而测量的下限值主要受到软 X 射线的影响。高速电子打在栅极上将产生软 X 射线，照射到面积较大的收集极上将引起光电反射，电子的发射相当于离子的入射，因而在离子收集极电路中有一定的光电流通过，且与压强无关。光电流的数值与在 10^{-6} Pa 压强下的离子流的数值相当，所以校正曲线出现饱和。

使用电离真空计时应注意以下几点。

① 电离规管要垂直安装，以免阴极加热或栅极加热除气时引起变形从而影响测量的准确性；

② 压强高于 10^{-1} Pa 时，阴极灯丝容易烧毁，因此应尽量避免在高压强下使用电离计；

③ 电离规管在使用时有吸气作用，影响测量的准确度，原因是正离子飞到板极，放电后吸附在电极表面，高温灯丝将气体分子分解成原子状态，活性较大，当它们飞行到规管壁时，就会黏附在管壁上，起到吸气作用。为了减少这方面的影响，电离计规管的导管一般都做得很短，而且比较粗。

3.3 真空蒸镀

3.3.1 真空蒸镀原理

（1）真空蒸镀

真空蒸镀（vacuum evaporation）是将工件放入真空室中，并且使用一定的方法加热，使得镀膜材料（简称膜料）蒸发或者升华，最终在工件表面沉积凝聚成膜。真空蒸镀的物理过程一般来说可以分为三个步骤：蒸发源材料由凝聚相转变成气相；蒸发粒子在蒸发源与基材之间传输；蒸发粒子到达基材后凝聚、形核、长大、成膜。镀膜在高真空的环境中形成，首先可以防止工件和薄膜本身的氧化和污染，便于得到洁净致密的膜层，其次可以减少对环境的污染。

一般说来，蒸发粒子与基材碰撞后，一部分被反弹，另一部分被吸附。吸附原子在基材表面发生表面扩散，沉积原子之间产生两维碰撞，形成簇团，有的在表面停留一段时间后再蒸发。原子簇团与扩散原子相碰撞，或吸附单原子，或放出单原子，这种过程反复进行。当原子数超过某一临界时就变成稳定核，再不断吸附其他化合物的原子而逐步长大，最后与邻近稳定核合并，进而变成连续膜。

真空蒸镀设备包括三大部分：前处理设备、蒸发镀膜机和后处理设备三部分。蒸发镀膜机是主机，通常是由真空室、真空（排气）系统、蒸发系统和电器设备等组成。真空室内除工件架外，有加热（烘烤）、离子轰击或离子源装置。为提高镀膜厚度均匀性，工件架有转动机构。连续镀膜机还有卷板和传动装置。排气系统一般由机械泵、罗茨泵和扩散泵组成。蒸发系统包括蒸发源及电气设备。连续镀膜机还有加料装置等。电器设备用于测量真空度、膜层厚度及控制台等。通常情况下，真空蒸镀工艺是根据产品要求来确定的，一般非连续镀膜的工艺流程是：镀前准备→抽真空→离子轰击→烘烤→预热→蒸发→取件→镀后处理→检测成品。真空蒸镀设备的简易结构如图3.13所示。

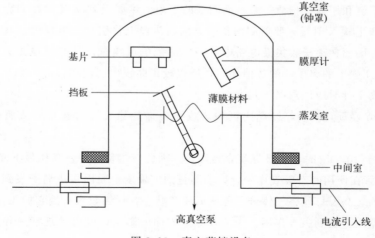

图 3.13　真空蒸镀设备

（2）蒸发热力学

液相或固相的镀料原子或分子要从其表面逃逸出来，必须获得足够的热能，有足够的热运动。当其垂直表面的速度分量的动能足以克服原子或者分子间相互吸引的能量时，才可能逸出表面，完成蒸发或者升华。加热温度越高，分子动能越大，蒸发或升华的粒子量就越多。蒸发过程不断地消耗镀料的内能，要持续蒸发，就需要不断地给镀料补充热能。显然，在蒸发过程中，镀料气化的量（表现为镀料上方的蒸气压）与镀料受热（温升）有着密切的关系。因此，镀层的生长速度与镀料的蒸发速度密切相关。而单位时间内膜料单位面积上蒸发出来的材料质量称为蒸发速率。理想的最高蒸发速率 G_m ［kg/（m^2·s）］为

$$G_m = 4.38 \times 10^{-3} P_s \sqrt{(A_r/T)} \tag{3.4}$$

式中，T 为蒸发表面的热力学温度（k）；P_s 为温度 T 时材料的饱和蒸气压（Pa）；A_r 为膜料的相对原子质量或者相对分子质量。

蒸镀时一般要求膜料的蒸气压在 $10^{-1} \sim 10^{-2}$ Pa 量级。材料的蒸发速率 G_m 通常处在 $10^{-4} \sim 10^{-1}$ kg/（m^2·s）量级范围，因此可以估算出已知蒸发材料的所需加热温度。膜料的蒸发温度最终要根据膜料的熔点和饱和蒸气压等参数来确定。一般来说，金属及其热稳定化合物在真空中只要加热到能使饱和如蒸气压达到 1Pa 以上，均能迅速蒸发。在金属中，除了锑以分子形式蒸发外，其他金属原子均以单原子进入气相。部分元素及其化合物的蒸发特性如表 3.4 和表 3.5 所示。

表 3.4　部分元素的蒸发特性（饱和蒸气压 1.33Pa）

元素	熔点/℃	蒸发温度/℃	蒸发源材料	
			丝、片	坩埚
Ag	961	1030	Ta、Mo、W	Mo、C
Al	659	1220	W	BN、TiC/C、YiB$_2$-BN
Au	1063	1400	W、Mo	Mo、C
Cr	1857	1400	W	C
Cu	1084	1260	Mo、Ta、Nb、W	Mo、C、Al$_2$O$_3$
Fe	1536	1480	W	BeO、Al$_2$O$_3$、ZrO$_2$
Mg	650	440	W、Ta、Mo、Ni、Fe	Fe、C、Al$_2$O$_3$
Ni	1450	1530	W	Al$_2$O$_3$、BeO
Ti	1700	1750	W、Ta	C、ThO$_2$
Pd	1550	1460	W（镀 Al$_2$O$_3$）	Al$_2$O$_3$
Zn	420	345	W、Ta、Mo	Al$_2$O$_3$、Fe、C、Mo
Pt	1770	2100	W	ThO$_2$、ZrO$_2$
Te	450	375	W、Ta、Mo	Mo、Ta、C、Al$_2$O$_3$
Rh	1966	2040	W	ThO$_2$、ZrO$_2$
Y	1477	1649	W	ThO$_2$、ZrO$_2$
Sb	630	530	铬镍合金、Ta、Ni	Al$_2$O$_3$、BN、金属
Zr	1850	2400	W	—
Se	217	240	Mo、Fe、铬镍合金	金属、Al$_2$O$_3$
Si	1410	1350	—	Be、ZrO$_2$、ThO$_2$、C
Sn	232	1250	铬镍合金、Mo、Ta	Al$_2$O$_3$、C

表 3.5　部分化合物的蒸发特性（饱和蒸气压为 1.33Pa）

化合物	熔点/℃	蒸发温度/℃	蒸发源材料	观察到的蒸发种
Al_2O_3	2030	1800	W、Mo	Al、O、AlO、O_2
Bi_2O_3	817	1840	Pt	—
CeO	1950	—	W	CeO、CeO_2
MoO_3	795	610	Mo、Pt	$(MoO_3)_3$、$(MoO_3)_{4,5}$
NiO	2090	1586	Al_2O_3	Ni、O_2、NiO、O
SiO	1650	1025	Ta、Mo	SiO
SiO_2	1730	1250	Al_2O_3、Ta、Mo	SiO、O_2
TiO_2	1840	—	—	TiO、Ti、TiO_2、O_2
WO_3	1473	1140	Pt、W	$(WO_3)_3$、WO_3
ZnS	1830	1000	Mo、Ta	—
MgF_2	1263	1130	Pt、Mo	MgF_2、$(MgF_2)_2$、$(MgF_2)_3$
AgCl	455	690	Mo	AgCl、$(AgCl)_3$

（3）蒸发动力学

当密闭容器内存在某种物质的凝聚相和气相时，气相蒸气压 P 通常是温度的函数。当凝聚相和气相之间处于动平衡状态时，从凝聚相表面不断向气相蒸发分子，同时也会有相当数量的气相分子返回到凝聚相表面。根据气体动理论，单位时间内气相分子与单位面积器壁碰撞的分子数，即气相分子的流量 J 可以表示为

$$J = \frac{1}{4}n\overline{V} = P(\pi mKT)^{-\frac{1}{2}} = \frac{AP}{(2\pi MRT)^{\frac{1}{2}}} = 4.68 \times \frac{10^{24}2P}{\sqrt{MT}}(cm^2 \cdot s) \tag{3.5}$$

式中，n 为气体分子的密度；$\overline{V}$ 为分子的最概然速率；m 为气体分子的质量；K 为玻尔兹曼常数；A 为阿伏伽德罗常数；R 为普适常数；M 为相对分子质量；T 为气体温度；P 为气体压器。

由于气相分子不断沉积于器壁与基片上，为保持热平衡，凝聚相不断向气相蒸发，若蒸发元素的分子质量为 m，则蒸发速率可用下式计算：

$$\Gamma = mJ \approx 7.75 \frac{M^{\frac{1}{2}}}{T} P[kg/(m^2 \cdot s)] \tag{3.6}$$

从蒸发源蒸发出来的分子在向基片沉积的过程中，不断与真空中残留的气体分子相碰撞，使蒸发分子失去定向运动的动能而不能沉积于基片。真空中残留气体分子越多，即真空度越低，则沉积于基片上的分子越少。从蒸发源发出的分子是否能全部达到基片，与真空中的残留气体有关。为了保证 80%～90% 的蒸发元素到达基片，一般要求残留气体的平均自由程是蒸发源至基片距离的 5～10 倍。

（4）蒸发粒子的空间分布

蒸气粒子的空间分布显著地影响蒸发粒子在基体上的沉积速率以及在基体上的膜厚分布。蒸发源一般来说需要达到以下三个条件：能加热到平衡蒸气压（1.33×10^{-2}～1.33Pa）的蒸发温度；要求坩埚材料具有很好的化学稳定性；能够承载一定量的待蒸镀原料。蒸发源一般

有三种形式，分别是克努曾盒型（kundson cell）、自由挥发型和坩埚型，如图 3.14 所示。

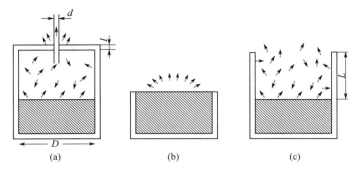

图 3.14　蒸发源
（a）克努曾盒型；（b）自由挥发型；（c）坩埚型

最简单的理想蒸发源有点和微平面两种类型。在点源的情况下，以源为中心的球面上就可得到膜厚相同的镀膜。如果是微平面蒸发源，则发射具有方向性。

若某段时间内蒸发源的全部质量为 M_0，则在某规定方向的立体角 $\mathrm{d}\omega$ 内，物质蒸发的质量为

$$\mathrm{d}m_\mathrm{d} = \frac{M_0\,\mathrm{d}\omega}{4\pi} \tag{3.7}$$

若基片离蒸发源的距离为 r，蒸发分子的运动方向与基片表面法向的夹角为 θ，则基片上单位面积附着量 m_d 可表示为

$$m_\mathrm{d} = S\frac{M_0\,\mathrm{d}\omega}{4\pi r^2} \tag{3.8}$$

式中，S 为附着系数，它表示蒸发后冲撞到基片上的分子中，不被反射而遗留于基片上的比率，即吸附比率。

克努曾盒蒸发源可以看作是微面源，此时蒸发分子从盒子表面的小孔飞出，如图 3.15 所示。

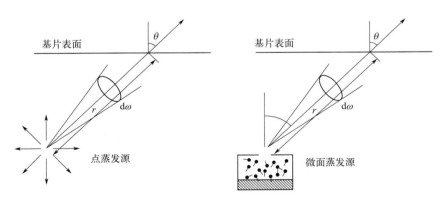

图 3.15　点源和微面源蒸发

将此小孔看作平面，设在规定时间内从小孔蒸发的全部质量为 M_0，则在与小孔所在平面的法线构成角方向的立体角 φ 中，物质蒸发的质量 d_m 为

$$d_m = \frac{M_0 \cos\varphi \, \mathrm{d}\omega}{\pi} \tag{3.9}$$

设基片离蒸发源的距离为 r，蒸发分子的运动方向与基片表面的法线夹角为 θ，则基片单位面积上附着的物质 m_c，由式给出

$$m_c = S \frac{m_0 \cos\varphi \cos\theta}{\pi r^2} \tag{3.10}$$

显然，欲实现在大基片上蒸镀，薄膜的厚度就要随位置而变化。例如，把若干个小基片放置在蒸发源的周围，一次性蒸镀多片薄膜，就可以知道附着量随着位置的不同而变化。对于微小点源，其等厚膜是以点源为圆心的等距球面，所有方向都均匀蒸发；而对于微面源，只是平面蒸发，并非所有方向上均匀蒸发。即在垂直于小孔平面的上方蒸发量最大时，在其他方向蒸发量只有此方向的 $\cos\varphi$ 倍。

若基片与蒸发源距离为 h，基片中心处的膜厚为 t_0，则距中心为 δ 距离的膜厚 t

点源：
$$\frac{t}{t_0} = \left[1 + \left(\frac{\delta}{h}\right)^2\right]^{-\frac{3}{2}} \tag{3.11}$$

微面源：
$$\frac{t}{t_0} = \left[1 + \left(\frac{\delta}{h}\right)^2\right]^{-2} \tag{3.12}$$

3.3.2　真空蒸镀技术

真空蒸镀技术主要有电阻加热蒸发、电子束加热蒸发、高频加热蒸发和电弧加热蒸发等多种形式，其中用的最为普遍的为电阻加热蒸发方式。

（1）电阻加热蒸发

由于处理简单，复杂度小，电阻加热蒸发源至今仍是常用的蒸发源。这种技术最主要的优势是装置简单，成本低，功率密度小，并且容易实现薄膜沉积过程的自动化。但是，电阻加热蒸发技术不能用于直接蒸发难熔金属和高温介质材料，这是由于加热丝与膜料直接接触，造成膜层污染。目前市面上有许多尺寸和形式的蒸发源，如图 3.16 所示，它们通常由高熔点的材料制成，如 W、Mo 或 Ta，用于蒸发温度低的涂层材料，如铝（Al）、银（Ag）、金（Au）、硫化锌（ZnS）、氟化镁（MgF$_2$）、三氧化二铬（Cr$_2$O$_3$）。

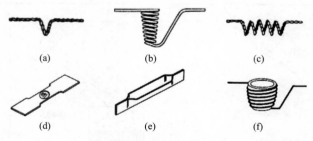

图 3.16　各种形状的蒸发源
（a）丝状；（b）筐篮形；（c）螺旋状；（d）、（e）舟形；（f）坩埚

对于蒸发源材料的基本要求是：高的熔点，低的蒸气压，在蒸发温度下不会与膜料发生化学反应或者是互溶，具有一定的机械强度。除此之外，电阻加热方式还要求蒸发源材料与

膜料容易润湿，以保证蒸发状态的稳定。典型的电阻性发热材料有 W、Ta、Mo、C 和 BN/TiB$_2$ 导电复合陶瓷。电阻加热通常是通过低压（10V）和大电流（数百安培）交流变压器供电。夹具中的接触电阻是电源设计中的一个重要因素。而电阻蒸发源的形状是根据蒸发的要求和特性来确定的，一般来说，加工成丝状或者舟状。

化合物在真空加热蒸发时，一般会发生分解。可以根据分解的难易程度，采用以下两类不同的办法。

① 对于难分解或者是沉积后又能重新结合成原膜料组分配比的化合物（前者如 SiO、B$_2$O$_3$、MgF$_2$、NaCl、AgCl 等，后者如 ZnS、PbS、CdTe、CdSe 等），可采用一般的蒸镀法。

② 对于极易分解的化合物如 In$_2$O$_3$、MoO$_3$、MgO、Al$_2$O$_3$ 等，必须采用恰当的蒸发源材料、加热方式、气氛，并且在较低的蒸发温度下进行。例如蒸镀 Al$_2$O$_3$ 时得到缺氧的 Al$_2$O$_3$-X 膜，为避免这种情况，蒸镀时可以加入适当的氧气。

氧化物、碳化物、氮化物等材料的熔点通常很高，而且要制取高纯度的化合物费用很昂贵，因此常采用反应蒸镀法来制备此类材料的薄膜。具体的做法是在膜料蒸发的同时充入相应的气体，使两者反应化合沉积成膜，如 Al$_2$O$_3$、Cr$_2$O$_3$、SiO$_2$、Ta$_2$O$_5$、AlN、ZrN、SiC、TiC 等。如果在蒸发源和基板之间形成等离子体，则有可能提高反应气体分子的能量、离化率和相互间的化学反应程度，这称为活性反应蒸镀。

（2）电子束加热蒸发

电子束加热蒸发是采用加速电子轰击膜料，将电子的动能转化为热能，从而使膜料加热蒸发。这种技术所采用的蒸发源一般可以分为直射式电子束和弯曲电子束两种，如图 3.17 所示。

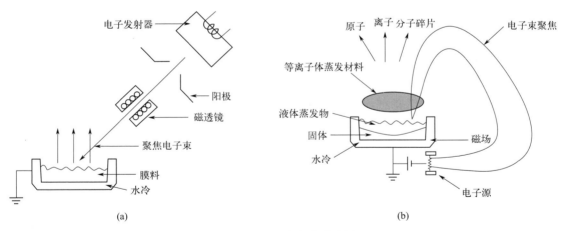

图 3.17　电子束加热蒸发源
（a）直射式电子束加热源；（b）弯曲电子束加热源

高能电子束可以加热蒸发高熔点材料，如陶瓷、玻璃、碳和难熔金属。这种电子束加热也适用于蒸发大量的材料。传统电子束蒸发方法的一个严重问题是高能量杂散电子和低能杂散电子同时发射，有可能会导致以下结果：①受电子刺激的薄膜脱附会导致薄膜污染；②膜损伤；③干扰现有的测量仪器，如电离计、质谱计和电子衍射仪器。

在偏转的电子枪中，高能量电子束是通过热发光灯丝产生电子、高压（10～20kV）加速电子、电场或磁场聚焦并偏转电子束到将要蒸发的材料表面上而形成。电子束蒸发枪一般工作功率为 10～50kW，也有高达 150kW 的。使用高功率电子束源，沉积速率高达 $50\mu m/s$，可以使材料以 10～15kg/h 的速度气化。

在许多设计中，电子束也有被磁场偏转到 180°，以避免蒸发材料沉积在灯丝绝缘子上。电子束聚焦在一个水冷铜坩埚内的源材料上，这样可以避免坩埚容器材料蒸发以及膜料与容器材料之间相互反应。电子束可以在表面上光栅化以产生大面积的加热。

电子使部分被气化的物质电离，这些离子或受激原子的发射可用于监测蒸发率。如果它们不被去除，次级电子就会在电绝缘的衬底上产生静电电荷。如果夹具接地，静电电荷可能在基板表面发生变化，特别是在表面很大的情况下，影响沉积模式和沉积膜的性质。

电介质材料的电子束沉积可产生绝缘表面，该表面可积聚电荷，使得在沉积系统中电弧和微粒形成。随着铍等材料的电子束蒸发，会产生大量的离子，这些离子会被加速到衬底，引起自溅射，并用于修饰薄膜的微观结构。源材料的高能电子轰击会产生 X 射线，这对敏感半导体器件是有害的。

（3）高频加热蒸发

高频加热蒸发是指在高频感应线圈中放入氧化铝或者石墨坩埚对膜材料进行感应加热。感应线圈通常是采用纯铜管制造。此法主要适用于铝的大量蒸发。其优点是蒸发速率大，在铝膜厚度为 40nm 时，卷绕速率可达 270r/min（高频加热卷绕式高真空镀膜机），比电阻加热蒸发速率大 10 倍左右；蒸发源温度均匀稳定，不易产生铝滴飞溅的现象，成品率较高；温控容易，操作简单；对膜料的纯度要求略宽，可以降低生产成本。

（4）激光加热蒸发

激光加热蒸发沉积是利用高功率的激光束作为热源，照射在膜料表面，使其加热蒸发，最终实现薄膜的沉积，是高温超导薄膜、高温超导电子器件及铁电薄膜制备的一项重要工艺。由于不同的材料吸收激光的波段是不同的，因而需要选择相应的激光器。例如 SiO、ZnS、MgF_2、TiO_2、Al_2O_3、Si_3N_4 等膜料，宜采用二氧化碳连续激光（波长 $10.6\mu m$、$9.6\mu m$）。

激光加热蒸发的特点：表面局部加热，无来自支撑物的污染；聚焦可获得高功率，可沉积陶瓷等高熔点材料以及复杂成分材料（瞬间蒸发）；光束集中，激光装置可远距离放置，可安全沉积一些特殊材料薄膜（如高放射性材料）；很高的蒸发速率；薄膜有很高的附着力；膜厚控制困难；可引起化合物过热分解和喷溅；费用比较高。

（5）电弧加热蒸发

电弧加热蒸发技术是将膜料制成电极，在真空室中通电后依靠调节电极间距的方法来点燃电弧，瞬间的高温电弧会使电弧端部产生蒸发，从而实现镀膜。控制电弧的点燃次数或者时间就可沉积出一定厚度薄膜。电弧加热技术的优点在于有较高的加热温度，可以适用于熔点高和具有导电性的难熔金属以及石墨等的蒸发，同时电弧加热技术的装置较为简单，价格也比较低廉。除此之外，电弧加热技术可以避免电阻加热材料或者坩埚材料的污染。但是电弧加热蒸发技术的不足之处在于电弧放电过程中容易产生微米量级大小的电极颗粒，从而影响膜层的质量。

以上几种主要真空蒸发沉积技术的特点对比如表3.6所示。

表 3.6　几种主要真空蒸发沉积技术的特点对比

技术名称	电阻加热蒸发沉积	电子束蒸发沉积	高频感应加热蒸发沉积	激光蒸发沉积
热能来源	高熔点金属	高能束电子	高频感应加热	激光能量
功率密度/(W/cm^2)	小	10^4	10^3	10^6
特点	简单成本低	金属化合物	蒸发速率大	纯度高，不分馏

3.3.3　真空蒸镀的应用

真空蒸镀的设备简单，工艺容易操作，应用十分广泛。塑料金属化蒸镀铝膜是最大的应用领域。在塑料件上蒸镀铝成金属质光亮表面再染色，应用范围涉及玩具、灯饰、饰品、工艺品、家具、日用品、化妆品容器、纽扣、钟表等。另外的应用就是卷绕式柔性塑料薄膜、纸张蒸镀铝及包装材料，用于食品、香烟、礼品及服装的包装。另外，纺织物中闪光的彩色丝也是镀铝变色的塑料丝。

3.4　溅射镀膜

3.4.1　溅射镀膜的原理

用粒子轰击靶材表面，靶材的原子被轰击出来的现象称为溅射。溅射过程包括靶的溅射、逸出粒子的形态、溅射粒子向基片迁移和在基片上成膜的过程。这种现象是130多年前由格洛夫（Grove）发现的，今天它已广泛地应用于薄膜制备，包括金属、合金、半导体、氟化物、氧化物、硫化物、硒化物、硅化物等化合物薄膜。溅射产生的原子沉积在基体表面成膜称为溅射镀膜。通常是利用气体放电产生气体电离，其正离子在电场的作用下高速轰击阴极靶体，击出阴极靶体原子或者分子，飞向被镀基体表面沉积成薄膜。溅射可以用于刻蚀、成分分析（二次离子质谱以及镀膜等）。而溅射出的原子具有一定的能量，因而可以重新凝聚在另一固体表面形成薄膜，这称为真空溅射镀膜。

被高能粒子轰击的材料称为靶。高能粒子产生的方法有两种：①阴极辉光放电产生等离子体，由于离子易在电磁中加速或偏转，所以高能粒子一般为离子，这种溅射称为离子溅射；②高能离子束从独立的离子源引出，轰击置于高真空中的靶，产生溅射和薄膜沉积，这种溅射称为离子束溅射。

入射一个离子所溅射出的原子个数为溅射产额，单位通常为原子个数/离子，即溅射产额是指在特定的能量下，每一次入射高能离子所激发出的表面原子或分子数。溅射产额的绝对值很难测量，因为这些值取决于表面成分和污染、表面形貌以及粒子能量谱。由于测量的阴极电流密度是入射离子通量和离开被轰击表面的二次电子通量的电荷总和，因此通常很难确定到达一个表面的高能离子通量是多少。溅射率越大，生成膜的速度就越高。影响溅射率的因素很多，大致分为以下 3 个方面。

① 与入射离子有关，包括入射离子的能量、入射角、靶原子质量与入射离子质量之比、入射离子的种类等。入射离子的能量降低时，溅射率就会迅速下降，当低于某个值时，溅射率为零，即溅射存在一个离子能量阈值，低于该阈值，无论离子通量多少，都不会发生溅射，这个能量称为溅射的阈值能量。在 1912 年之前，这个阈值能量的值是人们讨论最多的话题，495eV 的值被反复提及。后来的研究表明，溅射的阈值通常与辐射原子位移的阈值大致相同。对于大多数金属，溅射阈值在 20～40eV 范围。当入射离子能量增至 150eV，溅射率与其平方成正比；增至 150～400eV，溅射率与其成正比；增至 400～5000eV，溅射率与其平方根成正比，增至数万电子伏，溅射率开始降低，离子注入数量增多。

② 与靶有关，包括靶原子的原子序数（即相对原子质量 m 及在周期表中所处的位置）、靶表面原子的结合状态、结晶取向以及靶材所用材料。溅射率随靶材原子序数的变化表现出某种周期性，随靶材原子 d 壳层电子填满程度的增加，溅射率变大，即 Cu、Ag、Au 等最高，而 Ti、Zr、Nb、Mo、Hf、Ta、W 等最低。

③ 与温度有关，一般认为溅射率在和升华能密切相关的某一温度范围内，溅射率几乎不随温度变化而变化；当温度超过这一范围时，溅射率有迅速增长的趋向。

溅射率的量级一般为 10^{-1}～10 个原子/离子。溅射出来的粒子动能通常在 10eV 以下，大部分为中性原子和少量分子，溅射得到离子（二次离子）一般在 10% 以下。在实际应用中，从溅射产物考虑也是重要的一环，包括有哪些溅射产物，状态如何，这些产物是如何产生的，其中有哪些可供利用的产物和信息，还有原子和二次离子的溅射率、能量分布和角分布等。

对溅射理论曾有过两种解释：一种是热学理论，即靶被离子轰击局部瞬时加热而蒸发。但是人们在实验中发现：靶并无放射热电，溅射阀与靶的升华热没有对应关系，溅射离子的能量比热蒸发高 10 倍以上，而且，溅射率明显取决于晶格方位。于是提出了另一种所谓动量理论，即离子撞击在靶上，把一部分动量传递给靶原子，如果原子获得的动能大于升华热，那么它就能脱离点阵而射出。目前，后者已被普遍接受。

溅射是一个复杂的过程，伴随着离子碰撞的各种现象如图 3.18 所示。

固体表面在入射离子的高速碰撞下，放射出中性原子或分子，这就是薄膜沉积的基本条件。放射出的二次电子是溅射中维持辉光放电的基本粒子，并使基板升温，其能量与靶的电位相等。正二次离子在表面分析中的应用是二次离子质谱术（SIMS），它对溅射过程是不重要的。如果溅射表面是纯金属，工作气体是惰性气体，则不会产生负离子，但是在溅射化合物或反应溅射时，负离子的作用不如二次电子。光子也常用于表面分析，但它对光导层或特种塑料会带来不利影响，因为这些材料对光很敏感。除此之外，还伴随着气体解吸、加热、扩散、结晶变化和离子注入等现象。在溅射过程中大约 95% 的离子能量作为热量而被损耗，只有 5% 的能量传递给二次发射的粒子。在 1keV 的离子能量下，溅射的中性粒子、二次电子和二次离子之比约为 100∶10∶1，溅射过程是建立在气体辉光放电的基础上的。

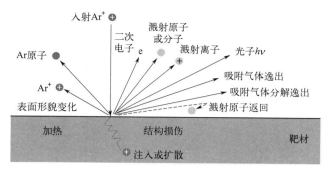

图 3.18　伴随离子碰撞的各种现象

气体放电时，两电极之间的电压和电流的关系不能用简单的欧姆定律来描述，而是用如图 3.19 所示的变化曲线来描述。

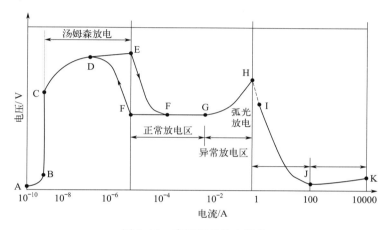

图 3.19　直流辉光放电特性

开始加电压时电流很小，BC 区域为暗光放电；随电压增加，有足够的能量作用于荷能粒子上，它们与电极碰撞产生更多的带电荷粒子，大量电荷使电流稳定增加，而电源的输出阻抗限制着电压，CE 区域称汤姆森放电；在 E 点以后，电流突然增大，而两极间电压迅速降低，EF 区域为过渡区，在 F 之后，电流与电压无关，两极间产生辉光，此时增加电源电压或改变电阻来增大电流时，两极间电压几乎维持不变，F 至 G 之间区域为辉光放电；在 G 点之后再增加电压，两极间的电流随电压增大而增大，GH 区域称非正常放电；在 H 点之后，两极间电压降至一很小的数值，电流的大小几乎是由外电阻的大小来决定的，而且电流越大，极间电压越小，HJ 区域叫作弧光放电。具体过程如下。

当两电极上加上一个直流电压时，由于产生的游离离子和电子是有限的，因此开始只有很小的电流。随着电压升高，带电离子和电子获得了足够的能量，与中性气体分子碰撞产生电离，使电流平稳提高，但是电压却受到电源的高输出阻抗限制而呈一常数，这一区域称为"汤姆森放电"。

CD 部分为过渡区，离子轰击阴极，释放出二次电子，二次电子与中性气体分子碰撞，产生更多的离子，这些离子再轰击阴极，又产生新的更多的二次电子。一旦产生了足够多的离子和电子后，放电达到自持，气体开始起辉，出现了电压降，进而增大电源功率，电压维持不变，电流平稳增加，这就是"正常辉光放电区"。

当离子轰击覆盖整个阴极表面后，继续增加电源功率，可同时提高放电区内的电压和电流密度，形成均匀稳定的"异常辉光放电"，这个放电区就是溅射区域。溅射电压 U、电流密度 j 和气压 P 遵守以下关系

$$U = E + \frac{Fj}{P} \tag{3.13}$$

式中，E 和 F 为取决于电极材料、几何尺寸和气体成分的常数。

在达到异常辉光放电区后，继续增大电压，一方面因更多的正离子轰击阴极而产生大量的电子发射，另一方面因阴极强电场使暗区收缩，这由下式可知

$$Pd_c = A + \frac{BF}{U-E} \tag{3.14}$$

式中，d_c 为暗区厚度；A、B 均为常数。

当电流密度达到 $0.1A/m^2$ 时，电压开始急剧降低，出现低压大电流弧光放电，这在溅射中应避免。在溅射过程中，气压太低或距离太小，均会使辉光放电熄灭，这是因为没有足够的气体分子碰撞产生离子和二次电子。气压太高，二次电子因多次被碰撞而得不到加速，也不能产生辉光放电。

正常辉光放电有以下的特点。

① 电子和正离子是来源于电子的碰撞和正离子的轰击，即使自然游离源不存在，导电也将继续下去。

② 维持辉光放电的电压较低且不变。

③ 电流的增大与电压无关，只与阴极板上产生辉光的表面积有关。

④ 正常辉光放电的电流密度与阴极材料和气体的种类有关。

因此，正常辉光放电的电流密度与阴极物质、气体种类、气体压力、阴极形状等有关，但其值总体来说较小，所以在溅射和其他辉光放电作业均在正常辉光放电区。

当气体放电进入辉光放电阶段即进入稳定的自持放电过程，由于电离系数较高，产生较强的激发、电离过程，因此可以看到辉光。但仔细观察则可发现辉光从阴极到阳极的分布是不均匀的。可分为如图 3.20 所示的八个区，自阴极起分别为：阿斯顿暗区、阴极辉光区、克鲁克斯暗区（以上三个区总称为阴极位降区，辉光放电的基本过程都在这里完成）、负辉光区、法拉第暗区、正离子光柱区、阳极暗区。各区域随真空度、电流、极间距等改变而变化。

由于冷阴极发射的电子大约只有 1eV 的能量，故在阴极附近形成阿斯顿暗区。紧靠阿斯顿暗区的是阴极辉光区，它是在加速电子碰撞气体分子后，激发态的气体分子衰变和进入该区的离子复合而生成中性原子所造成的。随着电子继续加速而离开阴极，就会使气体分子电离，产生大量离子和低速电子，形成几乎不发光的克鲁克斯暗区，其宽度与电子平均自由程（即气压）有关。在这个区域会产生溅射所需的高密度正离子，并被加速向阴极运动，同时低速电子向阳极加速，形成气压降和高空间电荷密度区域。克鲁克斯暗区的低速电子在电场作用下，使气体分子激发面产生负辉光区。在负辉光区和阳极之间是法拉第暗区和阳极光柱，

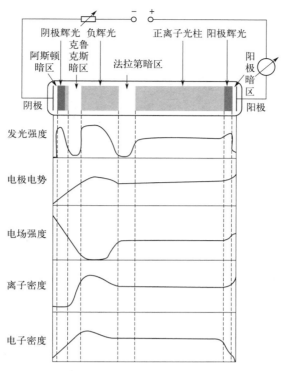

图 3.20　直流辉光放电现象及其特性和光强分布

这些区域几乎没有电压降，唯一的作用是连接负辉光区和阳极。在溅射中，基板（阳极）常位于负辉光区。但是阴极和基板之间的距离至少应是克鲁克斯暗区宽度的 3～4 倍。

3.4.2　溅射类型

现有的溅射主要有阴极溅射、三极溅射、高频溅射、磁控溅射和反应溅射等。具体介绍如下。

（1）阴极溅射

阴极溅射是最早应用的溅射。它由阴极和阳极两个电极所组成，所以又称二极溅射或直流（DC）溅射。在真空室抽真空至 10^{-3}～10^{-4}Pa 后，充入惰性气体（如 Ar）至 1～10^{-1}Pa，并在阳极上加上数千伏的负高压，这样便出现辉光放电，建立了等离子区。离子向靶加速，通过动量传递，靶材原子被打出而沉积在基板上。阴极溅射的原理如图 3.21 所示。

阴极溅射结构简单，在大面积的工件表面上可以制取均匀的薄膜。缺点是：不能溅射绝缘介质材料，溅射速率低，而且基板表面因受到电子的轰击而具有较高的温度，对不能承受高温的基板应用受到限制。

（2）三极（或四极）溅射

在三极（或四极）溅射系统中，等离子区由热阴极和一个与靶无关的阳极来维持。而靶偏压是独立的，这样便可大大降低靶电压，并在较低的气压下（如 10^{-1}Pa）进行放电。如果

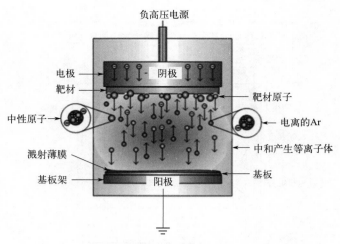

图 3.21　阴极溅射原理

引入一个定向磁场，把等离子体聚成一定的形伏，则电离效率将显著提高，从而使溅射速率从阴极溅射的 80nm/min 提高至 2000nm/min。此外，由于引起基板发热的二次电子被磁场捕获，避免了基板温升。三级（四级）溅射原理如图 3.22 所示。

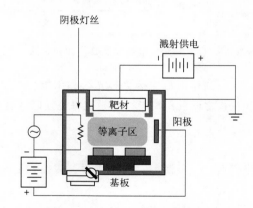

图 3.22　三级（四级）溅射原理

三级或者四级溅射的特点在于可以实现低气压、低电压溅射，放电电流和轰击靶的离子能量可以独立调节控制，可以自动控制靶的电流，也可以进行射频溅射。

（3）高频溅射

高频溅射又称射频溅射，其主要的工作原理是在靶上加射频电压，电子在被阳极收集之前，能在阴、阳极之间来回振荡，有更多的机会可以与气体分子产生磁撞电离，使射频可以在低气压（$1 \sim 10^{-1}$ Pa）下进行。另外，当靶电极通过电容耦合加上射频电压后，靶上便形成负偏压，使溅射速率提高，并能沉积绝缘体薄膜。高频溅射系统原理如图 3.23 所示。

高频交流电场对靶交替地由离子和电子进行轰击，看来这似乎会使溅射速率减小一半，其实它的溅射速率却高于阴极溅射。为了说明这一点，假设等离子体电位为零电位，靶材料的电压为 U_T，金属电极的交流电压为 U_M。电极在正半周时，因为电子很容易运动，U_T 和 U_M 电极

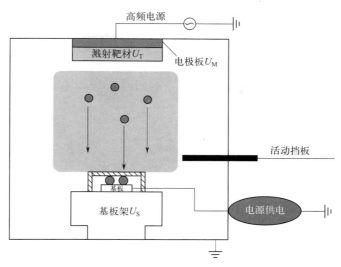

图 3.23　高频溅射系统原理

很快充电，在负半周时离子运动相对于电子要慢很多，故被电子充电的电容器开始慢慢放电。若使基板为正电位时到达基板的电子数等于基板为负电位时到达基板的离子数，则靶材料有好长一段时间呈负性，或者说相当于靶自动地加了一个负偏压 U_{b}，于是靶材料能在正离子轰击下进行溅射。电子在高频电场中的震荡增加了电离概率。由于这两个原因，使溅射速率提高。

射频电场的频率选择依据如下，电容 C（U_{T} 和 U_{M}，电极相当于一个电容）、电压和蓄电量 Q 之间的关系为

$$U = \frac{Q}{C} \tag{3.15}$$

若在时间 Δt 内，电压变化 ΔU，电量变化 ΔQ，则

$$\frac{\Delta U}{\Delta t} = \frac{1}{C}\frac{\Delta Q}{\Delta t} = \frac{\bar{I}}{C} \tag{3.16}$$

式中，$\bar{I}$ 为 Δt 流过电极的平均电流。

对一般情况而言，ΔU 约为 $10^{3}\mathrm{V}$，$\bar{I} = 10^{-2} \sim 10^{-3}\mathrm{A}$，$C = 10^{-11} \sim 10^{-12}\mathrm{F}$。于是得 $\Delta t = 10^{-5} \sim 10^{-7}\mathrm{s}$，即对应的频率为 $100\mathrm{kHz} \sim 10\mathrm{MHz}$，这就是说，在 $10^{3}\mathrm{V}$ 时，要使正离子能打中靶，电场频率必须大于此值。

高频溅射可以用于溅射绝缘介质材料。但是，如果在靶电极接线端上串联一只 $100 \sim 300$ PF 的电容器，则同样可溅射金属。即高频溅射既可以沉积绝缘体薄膜，也能够沉积金属膜。

（4）磁控溅射

前面所述的溅射系统，主要缺点是溅射速率较低，特别是阴极溅射，因为它在放电过程中只有 $0.3\% \sim 0.5\%$ 的气体分子被电离。为了在低气压下进行高速溅射，必须有效地提高气体的离化率。磁控溅射由于引入了正交电磁场，使离化率提高到 $5\% \sim 6\%$，于是溅射速率比三极溅射提高 10 倍左右。对许多材料溅射速率达到了电子束的蒸发速率。磁控溅射主要有三种形式：平面磁控溅射、圆柱形磁控溅射和 S 枪磁控溅射。平面磁控溅射的结构原理如图 3.24 所示。

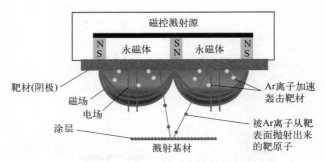

图 3.24　平面磁控溅射结构原理

永久磁铁在靶表面形成 $2\times10^{-2}\sim3\times10^{-2}\mathrm{T}$（200～300Gs）的磁场，它同靶与基板之间的高压电场构成正交电磁场。靶表面的电子进入空间后就受到了正交磁场的作用（即洛伦兹力）而沿着电磁场的旋度方向作平行于靶面的摆线运动，从而产生浓度很高的等离子体。

在薄膜制备中，S枪可以方便地安装在现有的镀膜机上代替电子枪。S枪实质上是一个同轴二极管，内圆柱为阳极，外圆柱为阴极。在阳极与阴极之间加一个径向电场，同时在阴、阳极空间加上一个轴向磁场，引成正交磁场。S枪的结构原理如图 3.25 所示。

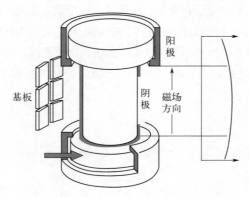

图 3.25　S枪的结构原理

溅射时，电流 I 与电压 V 之间的基本关系遵循下面的公式

$$I=KV^n \tag{3.17}$$

式中，K 和 n 均为与气压、靶材料、磁场和电场相关的常数。

气压高，阻抗小，伏安特性曲线较陡，溅射功率 P_e 的变化可以表示成

$$\mathrm{d}P_e=\mathrm{d}(IU)=I\mathrm{d}U+U\mathrm{d}I=I\mathrm{d}U+nI\mathrm{d}U \tag{3.18}$$

显然，电流引起的功率变化（$nI\mathrm{d}U$）是电压引起（$I\mathrm{d}U$）的 n 倍，所以要使溅射速率恒定，不仅要稳压，更重要的是要稳流，或者说是必须稳定功率。在气压和靶材料等因素确定之后，如果功率不太大，则溅射速率基本上与功率成线性关系。但是功率太大，可能出现饱和现象。

磁控溅射不仅可以得到很高的溅射速率，而且在溅射金属时还可以避免二次电子轰击而使基板保持接近冷态，这对单晶和塑料基板具有重要的意义。磁控溅射可用 DC（直流磁控溅射）和 RF（射频磁控溅射）放电工作，故能制备金属膜和绝缘膜。但是磁控溅射存在三个问

题：①不能实现强磁性材料的低温溅射，因为几乎所有磁通都通过磁性靶材，所以在靶面附近不能外加强磁场；②绝缘靶会使基板温度升高；③靶材的利用率低（30%），这是由于靶材侵蚀不均匀造成的。

（5）反应溅射

应用溅射技术制备绝缘介质膜通常有两种方法：一种是前面所称的高频溅射；另一种是反应溅射，特别是磁控反应溅射。反应溅射的原理简单一点来说就是，在通入的气体中掺入易与靶材发生反应的气体，因而能够沉积靶材的化合物薄膜。例如利用 O_2 产生反应而获得氧化物，利用 O_2+N_2 混合气体得到氮氧化物，利用 C_2H_2 或 CH_4 得到碳化物和由 HF 或 CF_4 得到氟化物等。

反应物之间产生反应的必要条件是，反应物分子必须有足够高的能量以克服分子间的势垒。如同热蒸发一样，反应过程基本上发生在基板表面，气相反应几乎可以忽略。另外，溅射时靶面的反应是不可忽视的，这是因为离子轰击使靶面金属原子变得非常活泼，加上靶面升温，使得靶面的反应速度大大增加。这时，靶面同时进行着溅射和反应生成化合物两种过程。如果溅射速率大于化合物生成速率，则靶就可能处于金属溅射态，反之，反应气体压强增加或金属溅射速率减小，靶就可能突然发生化合物形成的速率超过溅射除去的速度而停止溅射。这一机理有三种可能：①在靶面形成了溅射速率比金属低很多的化合物；②化合物的二次电子发射要比对应的金属大得多，更多的离子能量用于产生和加速二次电子；③反应气体离子的溅射率比惰性 Ar 离子低。为了解决这一困难，常将反应气体和溅射气体分别送到基板和靶附近，以形成压强梯度。

为了保证反应充分，必须控制入射在基板上的金属原子与反应气体分子的速率。在一定的反应气压下，溅射功率越大，反应可能越不完全。通过调节功率得到较小的薄膜吸收，这种方法称调节功率法。另一种控制方法是保持溅射功率恒定，调节反应气体压强，以获得低吸收薄膜。

应用反应溅射技术容易制备 Ti、Ta、Zn 和 Sn 等金属的氧化物薄膜。Al 很容易氧化，靶面形成的 Al_2O_3 会使溅射停止，虽然升高电压可突然起溅，但由于速率失控而导致膜层吸收增加。Si 则由于反应度低，很难获得无吸收的 SiO_2 膜。总地说来，反应溅射比较易于控制膜层的结构和成分。在某些情况下，由此制备的绝缘介质膜性能优于传统的热蒸发所获得的薄膜。

3.4.3 溅射镀膜的应用

溅射镀膜技术凭借着其操作简单、工艺重复性好、镀膜种类丰富、膜层质量高以及容易实现精确控制和自动化生产等优点，广泛应用于各种薄膜的制备。

（1）溅射镀纯金属膜

溅射镀膜的能量为 $1\sim10eV$，溅射镀膜的质量普遍较高。比如在镀制铝镜时，溅射铝的晶粒细，密度高，镜面反射率和表面平滑性优于蒸发镀铝。又如在集成电路制作中，溅射铝膜的附着力强，晶粒细，台阶覆盖好，电阻率低，焊接性好，性能优于蒸发铝膜。

（2）溅射镀合金膜

溅射法适合于镀制合金膜。采用两个或者更多的纯金属靶同时对工件进行溅射的多靶溅射法，可以通过调节各靶的电流来控制膜层的合金成分，获得成分连续的合金膜。另一种方法就是合金靶溅射法，它是按照要求的比例来制成合金靶。还有一种就是镶嵌靶溅射法，是将两种或多种纯金属按设定的面积比例镶嵌一块靶材，同时进行溅射。镶嵌靶的设计是按照膜层成分的要求，考虑各种元素的溅射产额，来计算每种金属所占靶面积的份额。

3.5　离子镀

1964年，桑迪亚国家实验室的 Donald M. Mattox 在文献中首次描述了离子镀工艺（ion plating，IP）。

离子镀最初用于增强和提高薄膜附着力与表面覆盖率。后来发现，通过控制轰击可以改变薄膜的密度、形貌、折射率和残余应力等性能。最近，离子束轰击被用于增强反应和准反应沉积过程中的化学反应。

3.5.1　离子镀的基本原理

离子镀是一种原子真空镀膜工艺，利用气体放电使气体或被蒸发物部分离子化，在气体离子或被蒸发物离子的轰击作用下，把蒸发物或其反应物质沉积在基材衬底上（见图3.26）。在该工艺中，沉积薄膜受到原子大小的惰性或反应性离子连续或周期性轰击，影响薄膜的生长和性能。同时在真空沉积过程中，高能离子的连续轰击起到溅射清洁和加热衬底表面的作用，影响沉积涂层的成核和界面形成，并控制沉积涂层的性质，例如应力、密度、形态、晶体结构、纹理、成分和表面覆盖率。离子镀装置如图3.26所示。

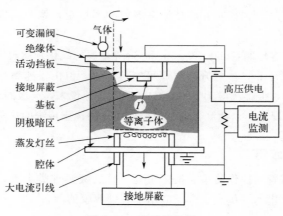

图 3.26　离子镀装置

离子镀工艺是真空蒸发和溅射技术的结合。通过在真空室（$10^{-3}\sim10^{-4}$Pa）中充入惰性气体（例如 Ar）并在待镀物体和蒸发源之间施加电势（$2\sim5$kV），在阴极（待镀物体）和阳极（蒸发源）之间建立直流气体放电。在低压（$15\sim40\mu$mHg，1μmHg＝0.133Pa）下，电离的惰性 Ar 气体会形成辉光放电。这些带正电荷的气态等离子体 Ar 离子包围着阴极，阴极轰击（溅射）基底产生了原子级清洁的基底表面，这也称为沉积之前对基板的辉光放电清洁。

然后将镀层材料加热并蒸发到正辉光区域，在该区域将其电离并以高速度向基材加速，从而形成薄膜。由于基材衬底上存在负电势，因此在薄膜沉积过程中会受到等离子体的轰击。沉积过程中的轰击用于改变沉积材料的性能。等离子溅射过程的离子轰击清洁了衬底表面，在沉积薄膜的同时离子溅射继续使薄膜/衬底的界面保持无污染。离子镀工艺系统的装置如图3.27所示。

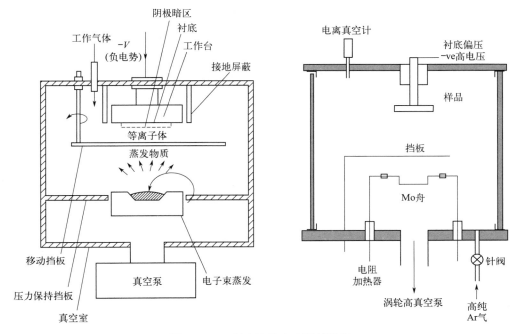

图3.27 二极直流放电离子镀装置

离子镀技术必须具备三个条件：①有一个气体放电空间，工作气体部分的电离产生等离子体；②将镀料原子或反应气体引进放电空间，在其中进行电荷交换和能量交换，使之部分离化，产生镀料物质或反应气体的等离子体；③在基片上部施加负电位，形成对离子加速电场。

3.5.2 离子束溅射清洗与轰击加热

在离子镀工艺过程中，离子束起到了溅射清洗和轰击加热的复合作用，这是离子镀工艺区别于其他薄膜制备技术的特点。

（1）溅射清洗

1955年，H. Farnsworth等人报道了在超高真空系统中使用溅射清洗和退火来制备用于低能电子衍射（LEED）研究的超洁净表面。在这过程中反映出溅射清洗有一些潜在的问题，如过热、表面区域的气体夹杂、表面区域的轰击损伤和表面粗糙。

在溅射清洗过程中有一个"纯净"的等离子体源以避免表面再污染很重要。洁净的离子束溅射清洗可用于清洗液态金属表面存在的表层污染物。溅射清洗过程中的气体混入会导致薄膜和衬底之间的黏附问题。沉积过程开始时，溅射材料在蒸气源或溅射靶材上的沉积将可能导致污染物在衬底上的再沉积。在离子镀过程中，沉积材料在较高的压力下被溅射也可能产生衬底上再沉积的问题。同时，化合物或合金材料的表面溅射可能导致表面成分的改变。通常质量最小或蒸气压力最高的物质优先被从表面溅射出来。一般情况下，反应气体如 H_2、Cl_2、F_2 或 I_2 可用作挥发性反应产物的轰击物质。但需要注意的是用 H_2 轰击碳化物表面会导致脱碳。

（2）轰击加热

离子镀溅射清洗阶段的加热对形核、界面形成和表面化学反应是很重要的。对衬底的离子轰击增加了表面局部区域的热能，这使得材料表面受热区域和主体之间产生了剧烈的热梯度，增加了反应沉积过程中沉积膜材料和共沉积或吸附材料之间的化学反应活性，有利于沉积薄膜工艺的实现。

3.5.3　离子轰击效应

离子镀中离子参与了沉积成膜的全过程，最大特色就是离子轰击衬底引起的各种效应。其中包括：离子轰击衬底表面，离子轰击膜/基界面，以及离子轰击生长中的膜层所发生的物理化学效应。具体介绍如下。

离子对衬底表面的轰击效应：①离子溅射清洗，清除衬底表面吸附气体和氧化物的污染；②产生缺陷，促使衬底晶格原子离位和迁移而形成空位和间隙原子点缺陷；③结晶学破坏，破坏衬底表面结晶结构或非晶化；④改变表面形貌，使衬底表面粗糙化；⑤气体渗入，使气体渗入沉积的膜中；⑥衬底表面温度升高，大部分轰击离子的能量转成表面加热；⑦衬底表面成分变化，溅射和扩散作用使表面成分有异于整体材料成分。

离子轰击对膜/基界面的效应：①物理混合，反冲注入与级联碰撞，引起近表面区的非扩散型混合，形成"伪扩散层"界面，即膜/基之间厚达几微米的过滤层，其中甚至会出现新相，大大提高膜基附着强度；②增强扩散，高缺陷浓度与温升提高了扩散速率，增强沉积原子与衬底原子之间的相互扩散；③改善形核模式，使原来属于非反应性成核模式的情况，经离子轰击表面产生更多缺陷，增加了形核密度，从而更有利于向扩散—反应型形核模式转变；④减少了松散结合原子，优先去除结合松散的原子；⑤改善薄膜在衬底表面的覆盖度，绕镀性增强。

离子轰击在薄膜生长中的效应：①有利于化合物镀层的形成，镀料离子与反应气体激活反应活性提高，在较低温度下形成化合物；②消除柱状晶提高膜层密度，轰击和溅射破坏了柱状晶生长条件，转变成稠密的各向异性结构；③对膜层内应力的影响，使原子处于非平衡位置而增加应力或增强扩散和再结晶等松弛应力；④改变生长动力学，提高沉积粒子的激活能，甚至出现新亚稳相等，改变膜的组织结构和性能；⑤提高材料的疲劳寿命，基体表面产生的压应力起到基体表面强化作用。

3.5.4　离子镀膜的优势

与真空蒸发和溅射镀膜技术相比，离子镀膜有以下几个主要优势。

（1）膜层附着力好

在离子镀膜过程中，辉光放电所产生的大量高能离子对基片表面吸附的气体和污物进行了溅射清洗，而且在整个镀膜过程中随时进行，使离子镀膜层具有良好的附着力。而且在镀膜初期，因溅射与沉积两种现象共存，在膜/基界面形成组分过渡层，也有效地改善膜层的附着性能。

（2）绕镀性能优良

因为离子镀的工作电极为阴极且带负高压，工件的正反表面及其孔、槽等内表面都处于电场之中。其中部分膜材被离子化成正离子后，它们将沿着电场的电力线方向运动，只要有电力线分布，膜材离子均能到达，可以覆盖工件的所有表面。另外，由于膜材是在压强较高情况下被电离，气体分子的平均自由程小于源/基之间的距离，所以离子或分子在到达基片的过程中将与惰性气体分子、电子及蒸气原子之间发生多次碰撞产生非定向的气体散射，使膜材离子散射在整个工件的表面上。

（3）可镀衬底材料范围广

利用离子镀技术可以在金属或非金属表面上，涂覆具有不同性能的单一镀层、化合物镀层、合金镀层及各种复合镀层；采用不同的镀料、不同的放电气体及不同的工艺参数，能获得表面强化的耐磨镀层、表面致密的耐蚀镀层、润滑镀层、各种颜色的装饰镀层以及电子学、光学、能源科学所需的特殊功能镀层。

（4）沉积速率快

离子镀的沉积速率通常为 $1\sim500\mu m/min$。离子镀的独特之处在于溅射和离子沉积的同时进行。在镀膜过程中等离子体的活性有利于降低化合物的合成温度，离子轰击又可提高膜的致密性和膜/基结合力，并改善了膜的组织结构。

3.5.5 衬底负电势的实现

在上文中论述了对衬底施加负偏压是实现离子镀工艺的必要条件。在一些情况下，衬底支架是固定的，可以容易地进行电绝缘处理并对其施加偏置电势。而在其他情况下，衬底支架会在离子镀过程中发生移动，使偏置衬底电势变得困难。真空沉积技术中使用的一些夹具类型如图 3.28 所示。

图 3.29（a）展示了一个"滚桶"离子镀的夹具，该夹具允许在高电压下对滚桶内翻滚的小零件进行涂层沉积。这项技术被用于航空航天工业的铝涂层紧固件，用来防止电偶腐蚀。图 3.29（b）展示了一种使用电子发射源和磁约束来偏置绝缘膜或浮动衬底支架以形成等离子体并在电浮动或绝缘表面上感应高负电位的技术。

有多种类型的电压波形可用于偏置衬底的电势，包括连续直流、低频（50Hz）交流、脉冲直流、双极脉冲功率、中频（20～250kHz）交流、射频、高脉冲功率等。

如同绝缘化合物的反应溅射沉积一样，在沉积的绝缘材料上使用脉冲直流、中频交流和双极脉冲交流或射频偏压来防止电弧放电。脉冲偏压可以与溅射频率处于相同或不同的频率。

在脉冲直流作为电压波形作用于离子镀工艺中时，由于电路中的电感，当脉冲被关闭时，会有很大的正过冲，这提高了等离子体电势，导致高能离子轰击衬底。等离子体中的电子温度决定了绝缘表面或与等离子体接触的具有浮动电势（不接地）的表面上的自偏压。自偏压可以从几伏到几百伏。

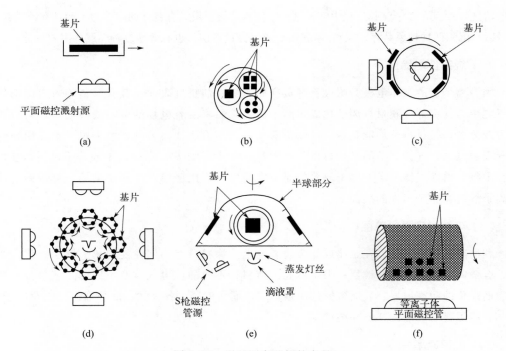

图 3.28　用于固定基板的夹具

（a）单盘式（侧面图）；（b）多盘式（俯视图）；（c）卧式或立式滚筒（俯视图）；（d）卧式或立式双轴
滚筒（俯视图）；（e）圆顶式；（f）筒式或笼式

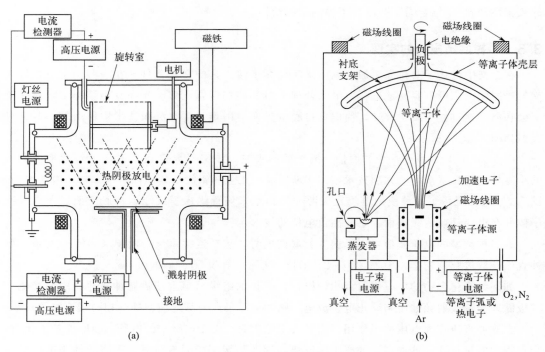

图 3.29　特殊夹具

（a）滚镀离子镀配置；（b）电子发射源和磁约束偏置浮动衬底支架实现绝缘体表面高负电位技术

3.5.6 离子镀控制因素

（1）镀膜室总气压

对于真空离子镀，镀膜室总气压就是工作气体（如 Ar）的气压；对于反应离子镀，镀膜室总气压是指工作气体分压和反应气体分压之和。镀膜室的总气压是决定气体放电和维持稳定放电的条件，它对蒸发镀料的粒子的碰撞电离至关重要。所以，镀膜室总气压是建立等离子体、调控等离子体浓度和各种粒子离子到达基片的数量的重要参数之一，它影响着沉积速率。气压还会影响成膜的渗气量。另外，镀料粒子在飞越放电空间时会受到气体粒子的散射。由于被离化的蒸发镀料粒子的趋极性（即奔向阴极基片）和粒子散射效应，随着工作气压的增加，散射也增加，可提高沉积粒子的绕镀性，使工件正反面的涂层趋于均匀，有利于镀层的均匀性。当然，过大的散射会使沉积速率下降。所以气压对沉积速度的影响是有极值的曲线。气体工作压力对沉积速率的影响如图 3.30 所示。

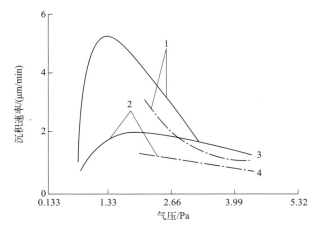

图 3.30　气体工作压力与薄膜沉积速率之间的关系曲线
1—正面；2—背面；3—金属膜；4—不锈钢镀膜

（2）反应气体的分压

在反应离子镀中，往往通入工作气体和反应气体的混合气体。比如，要沉积 TiN，除蒸发镀料 Ti 外，会通入 $Ar+N_2$ 混合气体，以工作气体 Ar 稳定放电，以 N_2 与 Ti 进行反应生成 TiN。除控制 $Ar+N_2$ 总气压外，还应调节 Ar 与 N_2 的比例。在恒定压力控制时，只调节 N_2 的分压，在恒流量控制时，调节 Ar 和 N_2 的流量比例。N_2 的分压（或流量）高低会影响合成反应产物的化学计量配比，它们可以生成 TiN、TiN_2、Ti_2N 或 Ti_xN_y，也会影响生成各种不同反应产物的比例，最终影响膜的硬度和颜色。特别是对于反应离子镀合成多元化合物，反应气体会涉及 N_2、O_2、CH_4 等，它们的分压（流量）都必须有精确和灵敏的调控，同时还要配合合理的均匀布气系统，才能获得良好的镀膜效果。

（3）蒸发源和基体之间的距离

蒸发源和基体之间的最佳距离对不同的离子镀技术和装置不同，它实际是最佳镀膜区域划定，涉及最有效的等离子体区、蒸发源蒸发粒子浓度、几何分布、蒸发源的热辐射效应以及膜层的沉积速率和均匀性要求等。一般来说，平面靶磁控溅射离子镀的靶—基距为70mm，圆靶阴极电弧离子镀的靶-基距在150～200mm，在此区域内有较高的沉积速率和膜层品质。增加靶-基距可改善基片的正、背面涂层厚度比的均匀性，但沉积速率会下降，离子能量也许会损失。从基体正背面涂层厚度比与蒸发源和基体间距离得知，当蒸发源与基体之间的距离增加到一定时，基体正面与背面的膜厚之比达到1。

（4）蒸发源功率

蒸发源功率提高，则镀料蒸发率增加，一般而言，膜的沉积速度也相应增加。蒸发源功率对蒸发速率的影响比较直接，但蒸发粒子达到基片之前需飞越放电空间，要受到空间气体粒子的碰撞、散射，受到空间电场的吸引和排斥，到达基片后会受到反溅和反应，成膜过程又会受到界面应力、膜生长应力、热应力的影响。因此，蒸发源的功率对沉积速率的影响不那么直接。

调控蒸发源功率最主要的目的是以最快速度得到最好品质的沉积薄膜。品质好的膜层可能要在适当的形核生长速度下成膜，所以要调控合适的蒸发功率进行离子镀过程。

（5）衬底的负偏压

衬底的负偏压促使镀料粒子电离并加速，赋予离子轰击衬底的能量，镀料粒子在沉积的同时还具有轰击作用。负偏压增加，轰击能量加大，膜由粗大的柱状结构向细晶结构变化。细晶结构稳定、致密、附着性能好。但过高的负偏压会使反溅增大，沉积速率下降，甚至轰击造成大的缺陷，损伤膜层。负偏压一般取$-200～-50V$。高的衬底偏压（大于600V）用于轰击清洁衬底的表面，溅出附着在表面的污染物、氧化物等，获得清洁的活性表面。

（6）衬底温度

不同的基体温度可以生长出晶粒形状、大小、结构完全不同的薄膜涂层，涂层表面的粗糙度也完全不同。离子镀膜过程中，在各种条件保持不变的情况下，涂层组织结构随衬底温度的变化而变化。衬底温度升高，吸附原子表面迁移率加大，结构形貌开始由紧密堆积的纤维状晶粒转变为等轴晶形貌。衬底温度低，涂层表面粗糙，温度高时，涂层表面平滑，在离子镀过程中，衬底表面温度一般在室温至400℃范围内。

表面温度的高低，主要取决于要求得到何种膜层组织结构。同时要考虑在镀膜过程中离子轰击引起的温升，特别在轰击清洗阶段。因为离子轰击在工件表面进行能量交换，要考虑工件材料的热导率、热容量，特别是工件尖角、薄刃受轰击的局部温升是否导致退火，还要考虑蒸发源辐射热的影响。

3.5.7 离子镀应用

3.5.7.1 活性反应离子镀

活性反应离子镀（activated reactive evaporation，ARE）又称活性反应蒸镀，是离子镀的一种，通过引入活化的反应气体形成化合物薄膜。在放电空间增加一个具有正电位的探测极（活化极），目的是提高蒸发粒子的离化率，有利于化合物的形成。活化极电流随一次电子束束流的增大而提高，也随放电气压的增加而增加。活化极与蒸发源之间由于电子密度和蒸气粒子密度很高，即使真空度为 10^{-2} Pa，也能维持放电。为提高化合物涂层与基体的附着力，基体还必须附加负偏压 0～3kV，活性反应离子镀的装置如图 3.31 所示。

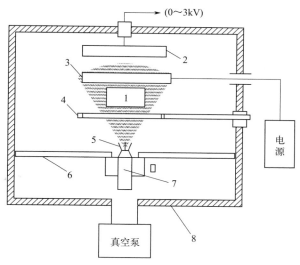

图 3.31　活性反应离子镀装置
1—等离子体；2—基体；3—活化极；4—反应气体导入；5—正气流束；
6—差压板；7—电子束蒸发源；8—真空室

活化极又叫探测极，带正电位。探测极用 Mo 丝绕成，呈环状或网状，具有两个用途。

① 将熔池（坩埚）上的初次电子和二次电子吸引到反应区域中来，促进电子与蒸发出来的金属原子（如 Ti 原子）和反应气（如 N_2）相碰撞而离化。

② 促使反应物激活，如果没有探测极，因激活作用差，尽管也通入反应气体（如 C_2H_2），但并不能得到 TiC 的沉积物，而只能得到 Ti 的沉积物。一般探测极电流设定为 150mA，电压范围在 25～40V 之间。

活性反应离子镀有如下的特点。

① 衬底温度低。在较低的温度下可获得硬度高、附着性良好的镀层，即使对要求附着强度很高的高速钢刀具、模具等的涂层，如制备 TiN、TiC 涂层时，也只需要加热到 550℃，故可安排在淬火和回火精密加工之后进行。对于高熔点金属化合物涂层也可以在低的基体温度下进行合成与沉积。

② 可在任何基体上进行涂层沉积，不仅在金属上，在非金属（玻璃、塑料、陶瓷等）上均能沉积性能良好的涂层，并可获得多种化合物薄膜。

③ 沉积速率高且可控。通过改变蒸发源功率及改变蒸发源与工件之间的距离，都可以对镀层生成速度进行控制。ARE 法沉积速率至少比普通溅射沉积速率高一个数量级，沉积速率可达 3～12μm/min，因此可沉积厚膜。

④ 化合物的生成反应和沉积物的生长是分开的，而且可分别独立控制。反应主要在活化

极和蒸发源之间的等离子区进行，因而基体温度在一定范围内可调。

⑤ 沉积过程清洁无害，安全可靠。由于在工艺中不使用有害物质，反应生成物也不是有害物质，因此是无公害的。由于不使用氢气，因此不用担心氢气爆炸。

3.5.7.2 空心阴极离子镀

空心阴极放电（hollow cathode discharge，HCD）离子镀又称空心阴极离子镀，是在空心热阴极弧光放电和离子镀金属的基础上发展起来的一种沉积薄膜的技术。1972 年 Moley 等人最先将空心热阴极放电技术用于薄膜沉积。

空心阴极离子镀装置有 90°和 45°偏转型 HCD 电子枪离子镀两种，如图 3.32 所示。

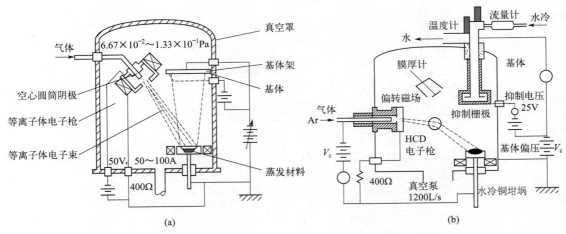

图 3.32　45°和 90°偏转型 HCD 电子枪离子镀
(a) 45°；(b) 90°

90°偏转型可以减少金属蒸气的污染，加大沉积面积。90°偏转型 HCD 离子镀装置由水平放置的 HCD 枪、水冷铜坩埚、基板和真空系统组成 HCD 枪产生低电压大电流电子束。空心阴极是一个钽管。氩气经过空心阴极和辅助阳极流进真空室时能维持管内的压强在几百帕，而真空室的压强在 1.33Pa 左右。工作时，在阴极和辅助阳极之间加上数百伏的直流电压引燃电弧，产生辉光放电。中性的低压 Ar 气在阴极内不断被电离，Ar 离子又不断地轰击阴极表面，当阴极温度上升到 2300～2400K 时，空心阴极表面发射出大量的热电子，辉光放电转变成弧光放电。此时，电压降至 30～60V，电流上升至一定值维持弧光放电。

弧光放电产生的等离子体主要集中在空心阴极管口，等离子体的电子经辅助阳极初步聚焦后，在偏转磁场的作用下偏转 90°，再在坩埚聚焦磁场作用下，束直径收缩而聚焦在坩埚上。等离子电子束的聚焦和偏转磁场感应强度为 10^{-3}～2×10^{-2}T。HCD 枪的使用功率一般为 5～10kW，电子束功率密度可达 0.1MW/cm^2，仅次于高压电子枪能量密度（0.1～1MW/cm^2），可蒸发熔点在 2000℃以下的高熔点金属。但由于工作气压高，这种蒸发源的热辐射严重，热效率低。

等离子体的电子束集中飞向作为阳极的坩埚中的镀料，使其熔化、蒸发。电子在行程中不断使 Ar 和镀料原子电离，当在基板上施加几十至几百伏负偏压时，即有大量离子和中性粒子轰击基板沉积成膜。

空心阴极离子镀的特点如下。

① 离化率高，高能中性粒子密度大。HCD 电子枪产生的等离子体电子束既是镀料气化的热源，又是蒸气粒子的离子源。其束流具有数百安、几十电子伏能量，比其他离子镀方法高 100 倍。因此 HCD 的离化率可高达 20%～40%，离子密度可达（1～9）×10^5 离子/（cm^2·s），比其他离子镀高 1～2 个数量级。这是由空心阴极低电压、大电流的弧光放电特性所决定的。大量的电子与金属蒸气原子发生频繁的碰撞，产生出大量的金属离子和高速的中性粒子。同时，高荷能离子轰击也促进了基-膜原子间的结合力和扩散，以及膜层间原子的扩散迁移，因而提高了膜层的附着力和致密度。将衬底置于负偏压下，被蒸发物质的离子将造成对衬底的高强度轰击，形成致密牢固的薄膜涂层。

② 绕镀性好。由于 HCD 离子镀工作气压在 1.33～0.133Pa，蒸发原子受气体分子的散射效应大，同时金属原子的离化率高，大量金属离子受基板负电位的吸引作用，因此具有较好的绕镀性。

HCD 离子镀已广泛用于装饰、刀具、模具、精密耐磨件的镀膜。装饰镀制的 TiN 膜层色泽比较鲜艳，这与 HCD 的离化率高有关。此外，HCD 离子镀还可沉积 Ag、Cu、Cr、CrN、CrC、TiN、TiC 等优质膜和多种复合膜、多层膜。

3.5.7.3　热阴极强流电弧离子镀

热阴极强流电弧离子镀是一种别具特色的离子镀技术，热阴极强流电弧离子镀装置如图 3.33 所示。

在离子镀膜室的顶部安装热阴极低压电弧放电室，热阴极用钽丝制成，通电加热至发射热电子，是外热式热电子发射极。低压电弧放电室通入 Ar，热电子与 Ar 分子碰撞，发生弧光放电，在放电室内产生高密度的等离子体。在放电室的下部有一气阻挡孔与离子镀膜室相通，放电室与镀膜室之间形成气压差。同时，在热阴极与镀膜室下部的辅助阳极之间施加电压，热阴极接负极，辅助阳极接正极。通过这个过程，放电室内等离子体中的电子被阳极吸引，从枪室下部的气阻孔引出，射向阳极，从而在沉积室空间内形成稳定的、高密度的低能电子束，起到蒸发源和离化源的作用。沉积室外上下分别设置一个聚焦线圈，见图 3.33 中部位，磁场强度约为 0.2T。上聚焦线圈的作用是使电子聚束，下聚焦线圈的作用是对电子束进行聚焦，提高电子束功率密度，从而达到提高蒸发速率的目的。双聚焦圈产生的轴向磁场有利于电子沿沉积室做圆周运动，提高带电粒子与金属蒸气粒子和反应气体分子间的碰撞概率。

这种技术的特点是一弧多用，热灯丝等离子枪既是蒸发源又是基体的加热源、轰击净化源和镀料粒子的离化源。它在镀膜室约为 1Pa 真空度时起弧，对镀膜室污染小。镀膜时先将沉积室抽真空至 1×10^{-3}Pa，向等离子枪内充入 Ar，此时基体接电源正极，电压为 50V。接通热灯丝，电子发射使 Ar 离化成等离子体，产生等离子体电子束，受基体吸引加速并轰击基体，使基体加热至 350℃，再将基体电源切断加到辅助阳极上，基体接－200V 偏压，放电在辅助阳极和阴极之间进行，基体吸引 Ar 离子，被 Ar 离子溅射净化。然后再将辅助阳极电源切断，再加到坩埚上，此时电子束被聚焦磁场汇聚到坩埚上，轰击加热镀料使之蒸发。若通

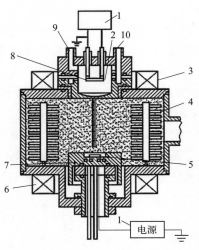

图 3.33　热阴极强流电弧离子镀装置

1—热灯丝电源；2—离化室；3—上聚焦线圈；4—基体；5—蒸发源；6—下聚焦线圈；
7—阳极（坩埚）；8—灯丝；9—氩气进气口；10—冷却水

入反应气体，则与镀料蒸气粒子一起被高密度的电子束碰撞电离或激发。此时，基体仍施加 $100\sim200V$ 的负偏压，故金属离子或反应气体离子被吸引到基体上，使基体继续升温，并沉积镀料和反应气体反应的化合物涂层。

下面介绍 TiN 的沉积工艺。把块状金属 Ti 放入坩埚中，装置抽成真空至 $10^{-2}Pa$，N_2 从进气口进入热阴极放电室，通过小孔再进入蒸发室，真空泵对蒸发室抽气，维持放电室 N_2 气压为 5Pa，而蒸发室的 N_2 气压为 0.52Pa。然后，接地热阴极以 1.5keV 加热，随后在阳极上加 +70V 电压，短时间把阳极电压加在热阴极放电室和蒸发室之间的隔离壁上，点燃低压电弧。116A 电流流过热阴极，131A 电流流过阳极，两者之差为 15A，显示电流有通过基片和炉壁的回路。电子流流过坩埚，在坩埚里的钛被熔化，并以 0.3g/min 的速度蒸发。由于热阴极和阳极之间的低压电弧放电引起 N_2 和蒸发的镀料粒子强烈离化效应，在基片上沉积上金黄色、硬度高、附着力强的 TiN 膜层，它有很好的耐磨性和装饰性。

由于高浓度电子束的轰击清洗和电子碰撞离化效应好，TiN 的镀层品质非常好。我国在 20 世纪 80 年代曾对用空心阴极离子镀、电弧离子镀、热阴极强流电弧离子镀镀制的麻花钻镀层作评比。结果表明，用热阴极强流电弧离子镀镀制的麻花钻头使用寿命最长。该技术用于工具镀层品质最具优势，采用多坩埚可镀合金膜和多层膜，缺点是可镀区域相对较小，均匀可镀区更小，现有的标准设备只有 350mm 高的均镀区，用于装饰镀生产不太适宜，但国外将设备改进后已用于高档表件沉积 TiN。

3.6　化学气相沉积

化学气相沉积（chemical vapor deposition，CVD），是一种化学沉积过程工艺，适用于制造涂料、粉末、纤维和整体式部件。

CVD 可以定义为这样一种技术：在一定的温度条件下，混合气体发生气相反应并与基材表面相互作用，在基体表面沉积固态薄膜。CVD 本质上是属于原子性的气相传输过程，即沉积物种是原子、分子或它们的组合。在此过程中，气相反应物会发生分解和/或化学反应，从而在活化（例如热、等离子体、光等）环境中形成稳定的固体产物。

采用 CVD 法制备薄膜是近年来半导体、大规模集成电路中应用比较成功的一种工艺方法，可以用于生长 Si、GaAs 材料，金属薄膜，表面绝缘层和硬化层。

3.6.1 CVD 工艺过程

化学气相沉积工艺基本的过程如图 3.34 所示。

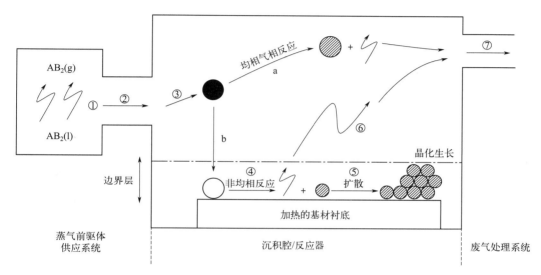

图 3.34 化学气相沉积工艺原理

化学气相沉积工艺具体步骤如下。

① 通过蒸发或升华产生气态反应物/前驱体。

② 将气态反应物输送到反应器中。

③ 气态反应物在反应区发生气相反应，生成反应中间体：

a. 在气相中足够高的温度下，中间体在气相中发生反应（均相反应），生成稳定的固体细粉和气态副产物；

b. 在低于中间相分解的温度下，中间物质穿过边界层发生扩散/对流，它们随后经历步骤 ④～⑦。

④ 反应物在加热的衬底表面上的吸附和气-固界面处的非均相化学反应，这使沉积物和副产物的形成。

⑤ 沉积物沿着加热的基底的表面扩散，以形成成核和结晶中心，并通过进一步的表面化学反应使薄膜生长。

⑥ 通过扩散和对流从边界层使气态副产物脱离表面。

⑦ 清除反应区中的副产物和未反应物质的剩余碎片。

3.6.2 CVD 的热力学/动力学/质量传输基础

如前所述，CVD 工艺涉及许多步骤。为了更好地控制工艺过程，理解热力学、化学动力学和质量传输现象是很重要的，在下面的章节中将进行讨论。

从热力学的角度来看，原则上对于任何要发生的反应，反应的吉布斯自由能必须满足 $\Delta G_r = \Delta G_f(生成物) - \Delta G_f(反应物) < 0$。化学气相沉积涉及过程中的化学反应，因此设计的反应体系必须满足 $\Delta G_r < 0$。

化学反应的自由能变化介绍如下。

一个化学反应总可以表达为

$$a\,A + b\,B \Longleftarrow c\,C$$

其自由能变化为

$$\Delta G = cG_C - aG_A - bG_B$$

式中，a、b、c 分别为反应物与产物的摩尔数；G 为每摩尔 i 物质的自由能。

由于每种反应物质自由能均可表示为

$$G_i = G_i^\ominus + RT\ln(a_i) \tag{3.19}$$

式中，$G_i^\ominus$ 为相应物质在标准状态下的自由能，一般是指 1.01×10^5 Pa 和温度 T 时纯物质的自由能；R 为比例系数；a_i 为物质的活度，它相当于有效浓度。

由上述二式可得

$$\Delta G = \Delta G^\ominus + RT\ln\frac{a_C^c}{a_A^a + a_B^b} \tag{3.20}$$

其中：

$$\Delta G^\ominus = cG_C^\ominus - aG_A^\ominus - bG_B^\ominus \tag{3.21}$$

当反应达到平衡时 $\Delta G = 0$，有

$$\Delta G^\ominus = -RT\ln K \quad 或 \quad K = \mathrm{e}^{-\frac{\Delta G^\ominus}{RT}} \tag{3.22}$$

K 为反应平衡常数，等于反应达到平衡时各物质活度的函数 $\dfrac{a_{C_0}^c}{a_{A_0}^a + a_{B_0}^b}$，其中活度下标"0"表示反应平衡时的活度值，则可得

$$\Delta G = RT\ln\frac{r_C^c}{r_A^a + r_B^b} \tag{3.23}$$

式中，$r_i = a_i/a_{i_0}$，为 i 物质实际活度与平衡活度比，它代表该物质实际的过饱和度。

当反应物过饱和，产物未饱和时，$\Delta G < 0$，即反应沿正向自引发进行。

许多情况下，实际活度 a 与标准活度 a_0 相差不大，此时 $\Delta G = \Delta G_0$，即反应可用 ΔG 判断反应进行方向。根据已收录的各种物质标准状态的标准热力学数据，可以计算出任意化学反应的 ΔG_0，如可对下列化学反应进行计算

$$\frac{4}{3}\mathrm{Al} + O_2 \longrightarrow \frac{2}{3}Al_2O_3$$

因为 Al_2O_3、Al 都是纯物质，其活度等于 1。同时 O_2 活度为其分压 p_0，令 p_0 为平衡分压，则

$$\Delta G^{\ominus} = -RT\ln p_0 \qquad (3.24)$$

由 1000℃ 时 Al_2O_3 的 $\Delta G^{\ominus} = -846kJ/mol$。由于实验尚不能获得如此高真空，因而可认为 Al 在 1000℃ 温度蒸发时将具有明显的氧化倾向。

通过热力学计算，可以判断化学反应的可能性，分析化学反应条件、方向和限度。但是，热力学分析存在一定的局限性，它不能预测反应速度，如有些化学反应从热力学上分析是可进行的，但化学反应速度很慢，因而实际上是不可进行的。另外，热力学的基础是化学平衡，但实际过程中往往是偏离平衡条件的。所以在用热力学分析化学反应问题的同时，往往还需要化学反应动力学的分析。

从动力学的角度来看，对于经过碰撞而活化的单分子分解反应，如 A→B+C…，其化学反应速度可用反应物浓度 c_A 随时间 t 的变化率来表示，即

$$v = -\frac{dc_A}{dt} = kc_A \qquad (3.25)$$

式中，k 为反应速率常数。

双分子反应可分为异类分子与同类分子间的反应，对于 A+B→C 和 A+A→C，其化学反应速度可分别表示为

$$v = -\frac{dc_A}{dt} = kc_A c_B \qquad (3.26)$$

$$v = -\frac{dc_A}{dt} = kc_A^2 \qquad (3.27)$$

依此类推，对于基元反应 aA$+b$B$+\cdots+l$L$+m$M 速度方程为

$$v = -\frac{dc_A}{dt} = kc_A^a c_B^b \qquad (3.28)$$

这就是质量作用定律，即基元反应的速度与各反应物浓度乘积成正比，其中各浓度的方次为反应方程中各组分的系数。对于非基元反应，可分解为几个基元反应，再运用质量作用定律。

应当注意，一个化学反应的具体进程和其中的限制步骤有关，如由 WF_6 沉积 W：

$$WF_6 + 3H_2 \longrightarrow W + 6HF$$

这个反应并不是由 3 个 H_2 与 1 个 WF_6 分子直接碰撞进行的，而是经过中间步骤，其中的限制步骤是在基片上吸附分解反应：$1/2H_2 \rightarrow H$。

因而总反应速度与氢浓度的 1/2 次方成正比。

如果在 CVD 反应过程中，系统自由能从 G_1 越过势垒 G^* 到 G_2。设 c_1 为反应物（状态 1），c_2 为反应产物（状态 2），则反应速度为

$$v = c_1 e^{-\frac{G^*}{RT}} - c_2 e^{-\frac{G^*+\Delta G}{RT}} \qquad (3.29)$$

式中，G^*、$G^*+\Delta G$ 相当于正向、逆向反应的激活能。

当化学平衡 $v=0$ 时，则

$$\frac{c_1}{c_2} = \frac{1}{K} = e^{-\frac{\Delta G}{RT}} \qquad (3.30)$$

式中，K 为此化学反应的平衡常数。

CVD 过程往往是一个非平衡过程，涉及气相或基材表面的化学反应过程。反应过程往往

需要热能或其他类型的能量，输入的外部能量对反应的发生至关重要。

由于热力学条件和动力学条件的限制，CVD 技术的实现必须满足特定要求：①必须达到要求的沉积温度；②在规定的沉积温度下，参与反应的各种气态物质必须具有足够的蒸气压力；③反应物在反应条件下必须是气相，沉积在基材表面的固相涂层需为反应生成物之一。

对于一般的 CVD 技术，在 1050～1450℃ 的工艺温度范围内，有两种不同的沉积机制。从 1050～1350℃，沉积速率随着工艺温度的升高以指数方式快速增加，表明速率限制的机制是依靠表面化学动力学，如化学吸附和/或化学反应、表面迁移。在大于 1350℃ 时，表面动力学过程变得很快，沉积过程主要受到活性气体物质向基材表面扩散的限制，即受到质量传输的限制，沉积速率对温度的依赖性减弱。

CVD 工艺中质量传输现象包括：①气体运输，即反应物从蒸气供应单元到反应器的流体流动、质量传递；②反应物接近衬底表面的质量传输、通过衬底边界层的扩散以及副产物自衬底的脱离。

在 CVD 过程中，气体运输是一个非常重要的环节，因为它直接影响气相内、气相与固相之间的化学反应进程，影响 CVD 过程中的沉积速率、沉积膜层的均匀性及反应物的利用率等。一般 CVD 过程是在相对高的气压中进行，我们只分析有关黏滞流状态下的气体流动问题。

（1）流动气体边界层及影响因素

气体流动情况如图 3.35 所示。

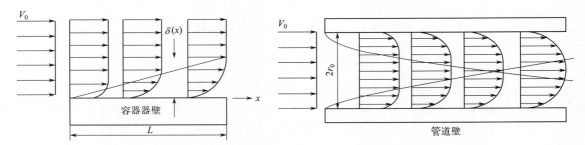

图 3.35　图管道内呈层流状态的气体的流速分布与边界层

气体在进入管道后，气体流速分布将由一常量 V 逐渐变化为具有一定分布：

① 靠近管壁处，气体分子被管壁造成黏滞作用拖曳，趋于静止不动。

② 越靠近管道中心处，气体流速越大。

若在管路不长的情况下，气体流动将受到管壁拖曳作用影响，其边界层厚度 δ 随气流进入管道的距离增加而增加。其表达式如下：

$$\delta(x) = \frac{5x}{\sqrt{Re(x)}} \tag{3.31}$$

式中，x 为沿管道长度方向的空间坐标；$Re(x)$ 为 Reynolds 数，即雷诺数，定义为

$$Re(x) = v_0 \frac{\rho x}{\eta} \tag{3.32}$$

式中，v_0、ρ、η 分别为气体初始流速、密度和黏滞系数。

雷诺数相当于流动气体的动量与容器壁形成的拖曳力之比。雷诺数（Re）与气体流动状

态的关系为：$Re > 2200$，湍流状态；$1200 < Re < 2200$，湍流或态层流态；$Re < 1200$，层流状态。流动速度慢，气体密度低，真空容器或管道尺寸越小，黏滞系数越大，则越利于层流形成。对于一般 CVD，希望气流状态为层流。在一般反应器尺寸内，当气体流速不高，如 10cm/s 时，气体的流动状态处于层流状态。

此时在整个管道长度 L 方向上的 δ 均值为

$$\bar{\delta} = \frac{1}{L} \int_0^L \delta(x) \mathrm{d}x = \frac{70L}{3\sqrt{Re(L)}} \tag{3.33}$$

这时的雷诺数为

$$Re = v_0 \rho L / \eta \tag{3.34}$$

由于在边界层内，气体处于流动性很低的状态，而 CVD 过程中的反应物和反应产物都需要由扩散通过边界层，因而边界层会影响 CVD 膜的沉积速率。由式（3.33）可知，提高 Re 可降低边界层厚度 δ，促进化学反应和提高沉积速率。但这需要相应提高气体流速和压力，降低黏滞系数 η。若 Re 过高，气流将变为湍流破坏 CVD 过程中的稳定性，会成沉积膜的缺陷和影响沉积膜的均匀性。

（2）扩散和对流

气体的输运方式有扩散和对流两种。下面就 CVD 过程中气体的扩散和对流对膜沉积的影响进行讨论。气体的扩散现象也可以用菲克定律来描述。理论推导认为，气相中组元的扩散系数应与气体温度和压力有关，扩散通量表达式为

$$J = -D \frac{\mathrm{d}c}{\mathrm{d}x} \tag{3.35}$$

式中，D 为扩散系数；c 为浓度。

扩散系数 D 可写成

$$D = D_0 \frac{p_0}{p} \left(\frac{T}{T_0} \right)^n \tag{3.36}$$

式中，D_0 为参数温度 T_0、参数压力 p_0 时的扩散系数（由实验确定 $n \approx 1.8$）。

由理想气体状态方程 $c_i = p_i / RT$，其中 c_i 为气体体积浓度，则上式可写为

$$J_i = -\frac{D_i}{RT} \frac{\mathrm{d}p_i}{\mathrm{d}x} \tag{3.37}$$

式中，x 为空间坐标；p_i 为对应气体分压。

对于厚度为 δ 的边界层，扩散通量为

$$J_i = -\frac{D_i}{RT\delta}(p_i - p_s) \tag{3.38}$$

式中，p_s 为衬底表面处相应的分压；p_i 为边界层外气体分压。

由上述式可知，降低工作压力 p（但保持反应气体分压力 p_i），虽然边界层厚度增大，但同时可提高气体扩散系数，因而可提高气体扩散通量，有利于加快反应速度。低压 CVD 即利用此原理，降低工作压力，有利于加快气体扩散，并促进化学反应。

对流是在重力、压力等外力推动下的宏观气体流动，对流也会对 CVD 进行的速度产生影响。例如，当 CVD 反应器中存在气体压力差时，系统中气体将会产生流动，气体会从密度高

的地方流向密度低的地方。又例如，在歧化反应 CVD 过程中，考虑到气体的对流作用，常将高温区放在反应器下部，低温区放在高温区之上，使气体形成自然对流，有利于反应进行，提高反应过程效率。

3.6.3 CVD 过程涉及的化学反应原理

CVD 工艺涉及广泛的材料，应用 CVD 方法原则上可以制备各种材料的薄膜，如单质、氧化膜、硅化物、氮化物等薄膜。根据要形成的薄膜，采用相应的化学反应，如热分解（热解）、还原、氧化、水解、氮化、合成等。附加适当的外界条件，如温度、气体浓度、压力等参数，即可制备各种薄膜。气相化学反应制备 $C_x H_y$ 薄膜流程如图 3.36 所示。

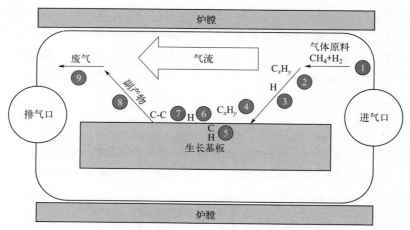

图 3.36　通过气相化学反应制备 $C_x H_y$ 薄膜的原理流程

（1）热分解反应法制备薄膜材料

典型的通过热分解反应制备的薄膜是外延生长多晶 Si 薄膜，如利用硅烷（SiH_4）在较低温度下分解，可以在基片上形成 Si 薄膜，同时还可以在 Si 膜中掺入其他元素，达成一定的表面改性，相应的反应为

$$SiH_4 \longrightarrow Si + 2H_2 (650℃)$$

Ni 薄膜也可以依靠 $Ni(CO)_4$ 的分解制备，即

$$Ni(CO)_4 \longrightarrow Ni + 4CO$$

（2）还原反应制备薄膜

还原反应制备外延层是一种重要的工艺方法，通过氢还原、金属还原和基材还原等方式，可制备金属薄膜，典型反应式如下：

氢还原：

$$WF_6 + 3H_2 \longrightarrow W + 6HF (300℃)$$

金属还原：

$$BeCl_2 + Zn \longrightarrow Be + ZnCl_2$$

基材还原：

$$2WF_6 + 3Si \longrightarrow 2W + 3SiF_4$$

材料表面与薄膜技术

（3）氧化反应制备氧化物薄膜

氧化反应主要用于使基片生长出氧化膜，作为氧化物薄膜有 SiO_2、Al_2O_3、TiO_2、ZnO 等。使用的原料主要有卤化物、氯酸盐、氧化物或有机化合物等，这些化合物能与各种氧化剂进行反应。

为了生成 SiO_2 薄膜，可以用 SiH_4 或 $SiCl_4$ 为气态原料与 O_2 反应，即

$$SiH_4 + O_2 \longrightarrow SiO_2 + 2H_2 \uparrow (450℃)$$

$$SiCl_4 + O_2 \longrightarrow SiO_2 + 2Cl_2 \uparrow$$

依靠同样的原理也可以利用氧化含 Zn 有机物合成 ZnO 薄膜：

$$Zn(C_2H_5)_2 + 7O_2 \longrightarrow ZnO + 5H_2O + 4CO_2 \uparrow$$

（4）氮化、水解等被覆化学反应制备薄膜材料

利用化学反应可以制得多种化合物覆盖层薄膜，相应的化学反应式为

氮化：

$$2TiCl_4 + 4H_2 + N_2 \longrightarrow 2TiN + 8HCl (1000\sim1200℃)$$

水解：

$$2AlCl_3 + 3H_2O \longrightarrow Al_2O_3 + 6HCl \uparrow$$

由于化学反应的途径可能是多种的，所以制备同一种薄膜材料可能会有几种不同的 CVD 反应。但根据以上介绍的反应类型，其共同特点为：

① CVD 反应式总可以写成：$a\,A(g) + b\,B(g) \longrightarrow c\,C(s) + d\,D(g)$。即有一反应物质需是气相，生成物必须是固相，副产物必须是气相。

② CVD 反应往往是可逆的，因而对 CVD 过程进行热力学分析很有意义。

以上分析了 CVD 的特点、分类和反应类型，但是要设计一个 CVD 反应体系必须使其满足如下条件：

① 在沉积温度下，反应物必须有足够的蒸气压，能以适当速度进入反应室。

② 反应主产物应是固体薄膜，副产物应是易挥发性气态物质。

③ 沉积的固体薄膜必须有足够低的蒸气压，基体材料在沉积温度下蒸气压也必须足够低。

总之，CVD 的反应条件是气相，生成物之一必须是固相。

3.6.4　现有 CVD 技术

现代 CVD 变体技术已经比任何其他沉积或涂覆技术更广泛地应用于工业或实验室材料的制备中。这些不同的 CVD 工艺被应用于制备分子水平上具有良好结构和组成的多功能高纯度材料，包括：超细粉末（0D）、纳米线/纳米管（1D）、纳米片（2D）、超薄/薄膜和厚涂层（2D），以及近净形状结构（3D）。化学气相沉积有多种类型，如图 3.37 所示。

根据沉积环境，CVD 方法可分为基于真空的方法和非基于真空的方法。

3.6.4.1　代表性的基于真空的 CVD 方法

（1）等离子增强化学气相沉积（plasma-enhanced CVD， PECVD）

传统热化学气相沉积工艺以热能作为能量来源激活化学反应。PECVD 工艺除了借助热能

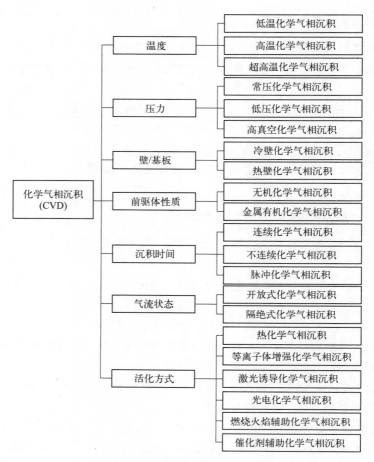

图 3.37　现有 CVD 工艺种类

外，还使用外加电场作用引起放电，使作为原料的气态反应物呈等离子体状态，变为化学上非常活泼的激发分子、原子、离子和原子团等，工艺如图 3.38 所示。

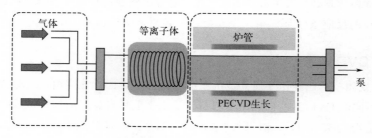

图 3.38　常规 PECVD 装置

　　由于等离子体是离子、电子、中性原子和分子的集合体，在宏观上呈电中性。在等离子体中，大量的能量存储在等离子体的内能之中。等离子体可分为非等温等离子体（或冷等离子体）和等温等离子体（或热等离子体）。冷等离子体通过减压电场产生，在热激活的情况下，自由电子被加速到对应几千千瓦时的能量。离子和中性物质要么不受磁场的影响，要么不能足够快地跟随变化的磁场，并且它们的温度保持较低。在该过程中，高能电子与中性气体分子碰撞，导致中性分子的解离，该过程仅在热平衡的情况下、非常高的温度下发生，因此非等温等离子体可以在比常规热化学气相沉积工艺更低的温度下制备材料。

PECVD 系统中是冷等离子体通过低压气体放电而形成。这种等离子体性质是：①电子和离子的无规则热运动超过了它们的定向运动；②它的电离过程主要是由快速电子与气体分子碰撞引起；③电子的平均热运动能量远比重粒子如分子、原子、离子和自由基等粒子的运动能量高 1～2 个数量级；④电子和重粒子碰撞后的能量损失可在两次碰撞之间从电场中补偿。

PECVD 与常规 CVD 主要区别是在于化学反应的热力学原理不同。在等离子体中气体分子的离解是非选择性的。所以，PECVD 沉积的膜层与常规的 CVD 完全不一样。PECVD 产生的相成分可能是非平衡的独特成分，它的形成已不再受平衡动力学的限制。最典型的膜层是非晶态。

早期的 PECVD 工艺可追溯到 1869 年，由法国著名合成化学家 Marcellin Berthelot 开发，用于分解 CH_4 气体，是现代 PECVD 的典型反应。在 1876 年，J. Ogier 报道了通过 PECVD 工艺分别由 SiH_4 和 $SiH_4 + N_2$ 前驱体生长 Si 和 SiN_x 薄膜。如今，PECVD 广泛应用于许多行业，例如生产 SiN_x 薄膜作为太阳能晶体电池的钝化和减反射层。

PECVD 工艺在过去几十年中逐渐应用于许多行业，包括在微电子中沉积介电膜（SiO_2、SiN_x），在晶体 Si 太阳能电池（作为钝化和减反射层）、六溴环十二烷（作为钝化层）工业及其作为液晶显示器背光照明的应用，以及液晶显示器和消费电子产品如电视、电脑屏幕和手机的 AMOLED 等显示设备的 Si 薄膜。

（2）微波辅助化学气相沉积（microwave-assisted CVD, MWCVD）

MWCVD 是一种基于微波等离子体激活化学反应的 CVD 工艺。该工艺的原理类似于 PECVD 工艺，利用 MWCVD 制备石墨烯薄膜的工艺如图 3.39 所示。

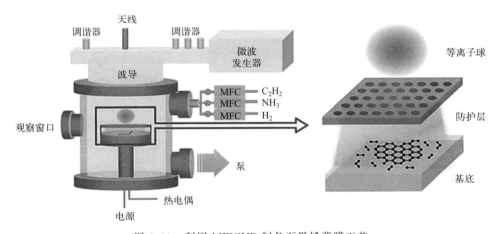

图 3.39　利用 MWCVD 制备石墨烯薄膜工艺

微波等离子体通常以 900MHz 或 2.45GHz 频率产生，耦合到发射天线，再经过模式转换器，最后在反应腔体中激发流经反应腔体的低压气体形成均匀的等离子体。微波放电带来更高的电离和解离率。在微波等离子体中，电子密度约为 $10^{13} cm^{-3}$，电离程度更高（10％及以上），通过刺激等离子体化学和光化学过程，从而影响薄膜的性质和生长速率。由于基于微波的等离子体比其他类型的等离子体能更有效地产生活性物质，提高了薄膜沉积的效率。由于微波放电非常稳定，从 10^{-3} Pa 至高达大气压的宽度范围内所产生的等离子体并不与反应容器壁接触，对制备沉积高品质的薄膜极为有利。然而，微波等离子体放电空间受限制，难以实现大面积均匀放电，对沉积大面积的均匀优质薄膜尚存在技术难度。

该技术具有以下优势：①可进一步降低材料温度，避免了因高温生长造成的位错缺陷、组分或杂质的互扩散；②避免了电极污染；③薄膜受等离子体的破坏小；④更适合于低熔点和高温下不稳定化合物薄膜的制备。

MWCVD 工艺已经在许多行业得到应用，包括微波化学气相沉积 TiO_2（$TiCl_4 + O_2$）/SiO_2（$C_6H_{18}OSi_2 + O_2$）薄膜，作为投影灯的冷光镜和节能灯的红外反射镜，用于生产金刚石薄膜（H_2-CH_4），太阳能电池板设备。基于微波等离子体的工艺现在已经被用来直接生产纳米级石墨烯片，使用 CH_4 作为碳源。

（3）金属有机化学气相沉积（metalorganic CVD, MOCVD）

当在化学气相沉积过程中使用金属有机化合物作为反应物时，该过程通常被称为金属有机化学气相沉积（MOCVD）。MOCVD 是一种利用金属有机化合物热分解反应进行气相外延生长的方法。

金属有机化合物是一类含有碳-金属键的物质。在 MOCVD 中使用的原料应具有易于合成和提纯，在室温下为液体并具有适当蒸气压、较低热分解温度，对沉积薄膜污染小等特点。目前常用的金属有机化合物（MO 源）主要是 Ⅱ～Ⅶ族的烷基衍生物，如表 3.7 所示。

表 3.7 常用的金属有机化合物

	Ⅱ族	Ⅲ族	Ⅳ族	Ⅴ族	Ⅶ族
MO 源气体	$(C_2H_5)_2Be$	$(C_2H_5)_3Al$	$(C_2H_5)_4Sn$	$(CH_3)_3N$	$(C_2H_5)_2Se$
	$(C_2H_5)_2Mg$	$(C_2H_5)_3Ga$	$(C_2H_5)_4Pb$	$(CH_3)_3P$	$(CH_3)_2Se$
	$(CH_3)_2Zn$	$(CH_3)_3Al$	$(CH_3)_4Ge$	$(CH_3)_3As$	$(C_2H_5)_2Te$
	$(C_2H_5)_2Zn$	$(C_2H_5)_3In$	$(CH_3)_4Sn$	$(C_2H_5)_3As$	$(CH_3)_2Te$

金属有机化学气相沉积的原理并不复杂，以Ⅲ～Ⅴ族化合物半导体沉积的 GaAs 薄膜为例，通常用金属有机化合物和氢化物 TMGa（三甲基镓）、TMAl（三甲基铝）、TMIn（三甲基铟）、TMAs（三甲基砷）、AsH_3（砷烷）、PH_3（磷烷），其典型的化学反应原理是：

$$(CH_3)_3Ga(g) + AsH_3(g) \longrightarrow GaAs(s) + 3CH_4(g)(600 \sim 800℃)$$

其化学反应虽不复杂，但其反应机理却比较复杂。一般认为 $(CH_3)_3Ga$ 与 AsH_3 可能先生成一种不稳定的金属有机（MO）前驱体 $(CH_3)_3GaAsH_3$，再生成聚合物，然后再逐步放出 CH_4。MOCVD 制备 GaAs 薄膜涂层的装置如图 3.40 所示。

MOCVD 工艺现已得到广泛应用，其中一个主要的方向是高亮度蓝光 LED，该器件基于 GaN 材料，可以在 $1000 \sim 1050℃$ 的温度范围内，分别用 $(C_2H_5)_3Ga$（TMG）和 NH_3 作为 Ga 源和 N 源进行 MOCVD 沉积。为了生长良好的高质量 GaN 材料，首先发现蓝宝石衬底上的缓冲层可以得到质量更好的 GaN 薄膜，诺贝尔奖获得者 Nakamura 的工作表明，GaN 层的低温（$450 \sim 600℃$）生长可以起到良好的缓冲层的作用，该突破性工作［沉积的 GaN 薄膜性

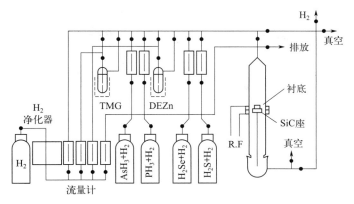

图 3.40 MOCVD 制备 GaAs 薄膜涂层的装置

能优异：300K 时的霍尔迁移率值为 $600cm^2/(V\cdot s)$，77K 时的霍尔迁移率值为 $1500cm^2/(V\cdot s)$]，被用于进一步开发蓝色 LED 器件，并于 2014 年获得诺贝尔物理学奖。

MOCVD 具有的优势是：①沉积温度低；②能够沉积单晶、多晶、非晶的多层和超薄层、原子层薄膜；③可以大规模、低成本地制备复杂组分的化合物半导体材料；④可以在不同基材表面沉积；⑤通过使用不同的 MO 源可以有效控制沉积薄膜的性质，工艺通用性较广。

（4）光/激光辅助化学气相沉积（photo/laser-induced CVD， LICVD）

这是一种在 CVD 过程中利用光/激光束的光子能量激发和促进化学反应的薄膜沉积方法。

激光相互作用和反应可分为两种类型：①激光加热衬底并在表面诱导沉积。这种热解、热化学或激光化学气相沉积反应类似于薄膜的热化学气相沉积，其中前驱体不吸收激光能量；②激光能量被前驱体吸收，前驱体最初被激发成非解离状态。在能量弛豫之后，反应气体会变得太热而不能分解并发生化学反应，如在传统的化学气相沉积工艺中，这也被归类为热解过程。在某些情况下，这两种类型的相互作用可能会发生。如果衬底对激光是透明的，并且激光能量被反应物直接吸收，但没有显著加热气体，该过程被称为光解或光化学沉积，或光沉积。由于热解反应类似于传统的化学气相沉积工艺，因此可以使用任何类型的前驱体。然而，对于光解沉积，需要反应物的离解吸收跃迁和可用的激光之间的良好匹配。因此，光解波长的选择是受限制的，通常仅限于紫外线。

LICVD 可以通过薄膜生长过程中同时发生的基本步骤的六步模型来描述：①激光与介质的相互作用；②将反应气体输送到激光相互作用区域；③初级分解；④二次分解并传质到薄膜；⑤将沉积原子结合到薄膜中；⑥从薄膜和激光相互作用区域输送产物气体。

与传统的化学气相沉积工艺相比，LICVD 工艺具有几个明显的优点，包括：①良好的空间分辨率和可控性；②有限的衬底变形；③由于被加热的面积小，膜洁净度高；④易与半导体器件的激光退火和扩散以及金属和合金的激光加工相结合的能力。

现阶段 LICVD 工艺已被用于在碳纤维上沉积涂层。

3.6.4.2 基于非真空的 CVD 方法

非真空化学气相沉积可以在大气压下进行，以便在空气中发生化学反应和/或沉积，用于合成氧化物和对氧环境不太敏感的材料，例如氧化物、Ⅱ～Ⅵ族半导体材料，或者在惰性气氛中用于氮化物、碳化物和金属合成。常用的非真空 CVD 工艺包含以下几种：①常压气相沉积（atmospheric pressure CVD）；②常压金属有机辅助气相沉积（atmospheric pressure MOCVD）；③气溶胶辅助气相沉积（aerosol-assisted CVD）；④静电喷雾辅助气相沉积（electrostatic spray-assisted CVD）；⑤火焰辅助化学气相沉积（flame-assisted CVD）

3.6.5　CVD 工艺控制因素

在使用 CVD 工艺沉积薄膜材料时，薄膜材料的性质很大程度上取决于它们的尺寸、形态、相、存在的界面等。这些特征可以通过合理的设计和微小调整来控制。因此，了解 CVD 工艺的一般生长机制是很重要的，通过控制诸如前驱体、衬底、压力和温度等参数，能够影响质量和热传输、界面反应并最终反映到薄膜材料的沉积生长上，具体如图 3.41 所示。

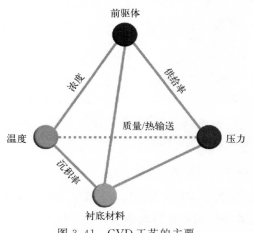

图 3.41　CVD 工艺的主要影响因素及其关系

（1）前驱体

前驱体在化学气相沉积过程中充当反应物，可以是固、液、气任意状态。通常要求室温下为气体，或选用具有较高蒸气压的液体或固体等材料作为前驱体。对于 CVD 工艺，通常需要高纯度的前驱体来避免产生有害的污染物和预期外的副反应。同时，由于固体材料的蒸气压对温度非常敏感，因此若前驱体是固体，需要对源区域进行非常精确地温度控制。

值得一提的是，对于同一类型的反应，不同的前驱体表现会不同，气态反应物的化学性质会对过程产生重要影响。例如，金属有机化学气相沉积（MOCVD）制备 $Pb(Zr,Ti)O_3$ 薄膜（PZT）的工艺，使用 $Zr(OiPr)_2(thd)_2$ 沉积的 PZT 中 Zr 的掺入效率比使用 $Zr(thd)_4$ 的更高。

因此，CVD 工艺中前驱体需要具备如下特点：①良好的储存和运输稳定性；②足够的挥发性，以便进行适当的传输和控制；③高的化学纯度；④合理的成本。

（2）压力

CVD 制膜可采用封管法、开管法和减压法三种。其中封管法是预先放置材料在石英或玻璃管内以便生成一定的薄膜；开管法是用气源气体向反应器内吹送，保持在一个大气压的条件下成膜，由于气源充足，薄膜成长速度较大，但缺点是成膜的均匀性较差；减压法又称为低压 CVD，在减压条件下，随着气体供给量的增加，薄膜的生长速率也增加。

化学气相沉积室中的压力可以在从几个大气压到几毫托甚至更低的范围内变化，并且压力对气体流动行为有巨大的影响。在低压下，根据理想气体方程 $pV=nRT$，对于相同的摩尔流量，前驱体浓度降低，体积流量和气体速度增加。这说明前驱体进料的低浓度和高速度可以使反应更加可控。

有研究表明对于特定的前驱体，其分压会影响薄膜材料生长的机制。在 MoS_2 的生长过程中，$Mo(CO)_6$ 的分压起着至关重要的作用。在低压下，第二层沉积材料的形核仅在第一层材料的晶界处发生，而在高压下，第二层沉积材料的形核过程在第一层材料的顶部随机发生。

（3）温度

温度是影响 CVD 的主要因素。一般来说，CVD 系统中的温度可能会影响载气的流量、气相中前驱体的化学反应以及产物在衬底上的沉积速率。这些特征表明温度可以决定薄膜产品的成分和均匀性。高质量的产品通常在相对较高的温度下获得，但代价是高能耗和可选择的基体材料种类有限。更重要的是，高温会导致气体流中的物质以 $10^5\,cm/s$ 的速度快速扩散，这比典型的化学气相沉积工艺中的通量速度高得多，会在固体表面附近形成浓度梯度，会产生一定的负面影响。但是，另一方面，相对较低的温度会导致传质受限的生长机制，因此合适的工艺温度是获得高品质薄膜材料的重要的因素。MOCVD 工艺在不同温度下沉积的 SnS 薄膜的 SEM 图像如图 3.42 所示，可以明显观察出温度对薄膜微观形貌的影响。

图 3.42　不同生长温度下通过 MOCVD 工艺沉积的 SnS 薄膜的 SEM 图像
（a）432℃；（b）472℃

目前有研究表明可以利用外界物理条件使反应气体活化，促进化学气相沉积过程，降低气相反应所需的温度。这种手段称为物理激励，主要方式有以下几种。

① 利用气体辉光放电将反应气体等离子化，使反应气体活化，降低反应温度。例如，制备 Si_3N_4 薄膜时，采用等离子体活化（PECVD）可使反应体系温度由 800℃ 降低至 300℃ 左右。

② 利用光激励反应光的辐射可以选择反应气体吸收波段，或者利用其他感光性物质激励反应气体（PCVD）。例如，对 SiH_4-O_2 反应体系，使用 Hg 蒸气为感光物质，用紫外线辐射，制备 SiO_2 薄膜的反应温度可降至 100℃ 左右；对于 SiH_4-NH_3 体系，同样用 Hg 蒸气作为感光材料，经紫外线辐照，制备 Si_3N_4 薄膜的反应温度可降至 200℃。

③ 激光激励（LICVD）同光激励的基本原理一致，通过激光活化气体，从而制备各类薄膜材料。

（4）衬底材料

衬底是指在化学气相沉积工艺中沉积材料的地方，但除此之外衬底还提供其他功能。催化活性 Ni 和 Cu 基底由于它们具有不同的碳溶解度和催化能力，通常用作多层和单层石墨烯沉积的基底和催化剂。惰性 Si/SiO₂、云母、聚酰亚胺常用的衬底材料有 Au 或 W 箔等金属。

衬底的微结构和晶格结构会显著影响沉积材料的生长。蓝宝石是一种非常特殊的衬底材料，由于蓝宝石的特定晶格取向和表面原子级平滑台阶的存在，在这种衬底上的薄膜材料生长表现出特定的取向偏好，与衬底的晶体对称性和表面台阶有关。此外，衬底的取向对于生长样品的微观形貌控制非常重要。在生长厚度 20μm 的 MoS₂ 连续膜的过程中需要在腔室内使用垂直放置的衬底而不是水平放置的衬底，在这种情况下，前驱体原料的均匀性能够得到显著改善。

（5）气体浓度

气体浓度是控制薄膜生长的因素之一。对于热解反应制备单质材料薄膜，气体的浓度控制关系到生长速度。例如，采用 SiH₄ 热分解反应制备多晶 Si，在 700℃ 时可获得最大的生长速度。加入稀释气体 O₂ 后可阻止热解反应，使最大生长速度的温度升高到 850℃ 左右。当制备氧化物和氮化物薄膜时，必须适当过量附加 O₂ 及 NH₃ 气体，才能保证反应进行。用氢还原的卤化物气体，由于反应的生成物中有强酸，其浓度控制不好，非但不能成膜，反而会出现腐蚀。

3.6.6 CVD 设备

物理气相沉积（PVD）工艺与化学气相沉积（CVD）工艺的不同之处在于，它仅涉及诸如蒸发、溅射和冷凝之类的物理沉积。而 CVD 设备因为过程需要额外的化学反应，设备也较之 PVD 更加复杂。制备碳纳米管（CNT）薄膜材料的设备示意图如图 3.43 所示。

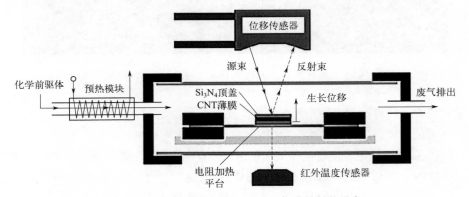

图 3.43　制备碳纳米管（CNT）薄膜材料的设备

通常，CVD 设备由以下三部分组成。

① 蒸气前驱体供应系统，用于生成蒸气前驱体，然后输送至反应器。

② CVD 反应器，主要功能是将衬底或环境加热到沉积温度。反应器由一个反应室组成，该反应室通常配备用于装载和放置衬底的负载闸、一个衬底支架以及具有温度控制的加热系统，用于沉积膜和涂层。CVD 基片的加热方法一般有四类，常用的加热方法是电阻加热和感应加热。其中感应加热一般是将基片放置在石墨架上，感应加热仅加热石墨，使基片保持与石墨同温度。红外辐射加热是近年来发展起来的一种加热方法，采用聚焦加热可以进一步强化热效应，使基片或托架局部迅速加热。激光加热是一种非常有特色的加热方法，其特点是保持在基片上微小的局部使温度迅速升高，通过移动束斑来实现连续扫描加热的目的。

③ 废气处理系统，该组件由废气的中和部件和真空系统组成，为沉积过程中在低压或高真空下执行的 CVD 工艺提供所需的减压。CVD 反应气体大多有毒性或强烈的腐蚀性，随着全球环境恶化，排气处理系统在先进 CVD 设备中已成为一个非常重要的组成部分。

3.6.7 CVD 技术的优势与不足

CVD 具有许多重要的优点，使其在许多情况下成为首选方法。这些优点可以总结如下。

① CVD 具有很高的投射力。较深的凹槽、孔和其他困难的三维结构通常可以相对容易地进行涂覆。

② CVD 的薄膜沉积速率高，可以很容易地获得厚涂层。

③ CVD 设备通常不需要超高真空氛围（UHV），并且通常可以适应多种工艺变化，其灵活性使得它可以在沉积过程中进行许多成分变化，并且可以轻松实现单元素或化合物的沉积。

然而传统的 CVD 技术并不是万能的，它存在几个缺点，一个主要的缺点是它在 600℃ 及以上的温度下效果最佳，然而许多基材在这些温度下不是热稳定的。等离子体 CVD 和金属有机 CVD 的发展部分弥补了这个问题。另一个缺点是化学气相沉积过程需要在化学反应前使前驱体具备高的蒸气压力，这通常是很危险的，有时甚至是有剧毒的。反应的副产物也有毒性和腐蚀性，必须进行附加处理，这会带来额外的操作成本。

3.7 分子束外延

外延指的是在合适的衬底上，沿衬底晶相生长晶体的过程。代表性的方法主要有液相外延和气相外延两种，而分子束外延（molecular beam epitaxy，MBE）是后来才发展起来的。分子束外延指在清洁的超高真空（UHV）环境下，使具有一定能量的一种或多种分子束喷射到晶体衬底，在衬底表面发生反应的过程，由于分子在喷射过程中几乎与环境气体无碰撞，以分子束的形式射向衬底，进行外延生长，因此称为分子束外延。

3.7.1 分子束外延的特点

分子束外延是在超高真空环境下完成单晶薄膜的生长，是真空蒸镀方法的进一步发展。分子束外延的优点是：①分子束外延生长是在超高真空环境下进行的干式工艺，因此残余气体等杂质混入很少，清洁度高，制备的材料纯度高，适用于生长活泼、易氧化元素的外延材料；②生长温度低（如 GaAs 在 500～600℃ 下生长，Si 在 500℃ 左右生长），可清除体扩散对组分和掺杂浓度分布的影响；③生长速率较慢（$1\sim10\mu m/h$），通过挡板的快速开关能够实现束流的快速切换从而达到外延生长层厚度、成分以及掺杂的精确调控；④分子束外延生长是在非平衡态下的生长，因此可以生长不受热力学机制控制的、外延技术无法生长的又处于互不相溶状态的多元材料；⑤分子束外延生长是动力学过程，生长机制受到动力学机制控制，对大多数衬底都可获得均匀光滑的表面；⑥可采用多种分析仪器对外延生长过程进行实时原位观察，随时提供有关生长速度、外延层表面形貌、组分等信息，便于进行生长过程和生长机理的研究。

分子束外延的缺点是：①生长时间较长，不适于大批量生产；②观察系统易受到蒸发分子的污染，此外观察系统本身也会成为残余气体的发生源；③表面缺陷的密度较大；④难以控制混晶系和四元化合物的组成。

3.7.2　分子束外延的原理

分子束外延是将加热的组元的原子束（或分子束）入射到衬底表面，并与衬底表面进行反应的过程。具体步骤主要包括：组元原子或分子吸附于衬底表面；吸附的分子在表面迁移和离解为原子；该原子与近衬底的原子结合成核并外延生长形成单晶薄膜；高温下部分吸附在衬底薄膜上的原子脱附。

以 GaAs 的外延生长过程为例，当采用 As 作为分子束源时，得到的通常是 As_4 分子束，若采用 GaAs 作为分子束源或在更高温度下分解 As_4，则可得到 As_2 分子束。As_2 和 As_4 入射到 GaAs 衬底表面的外延过程的原理图如图 3.44 所示。

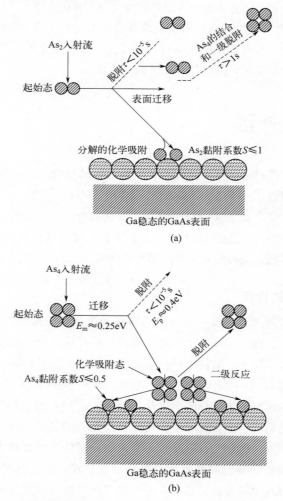

图 3.44　As 稳态条件下，As_2 和 As_4 入射到 GaAs 衬底表面的外延过程
（a）由 Ga 和 As_2 生长 GaAs 的模型；（b）由 Ga 和 As_4 生长 GaAs 的模型

当 As_2 束到达衬底表面时，通常先形成物理吸附，并以 As_2 的形式在表面上移动，当遇到 As 空位（即 Ga 原子）时，As_2 便分解成 As，产生 Ga—As 键，形成化学吸附；若没有 As 空位，则 As_2 不分解而发生脱附，或在 600K 的温度下生成 As_4 而脱附，如图 3.44（a）所示。当衬底温度为 775～800K 时，按 Ga：As = 1：10 的比例供给 Ga 束源和 As 束源，可得到 Ga：As 约为 1：1 的 GaAs。

当以 As_4 作为入射束时，当没有 Ga 束入射时，As_4 的黏附系数为 0。当有 Ga 束入射时，As_4 的黏附系数增大，若衬底温度为 300～450K，与表面形成化学吸附，但此时 As_4 不发生分解，因此不能形成化学计量的 GaAs。当衬底温度为 450～600K 时，主要与表面形成物理吸附并发生表面迁移。随后一部分转化为化学吸附，另一部分移动的 As_4 或 As_2 与被化学吸附的 As_4 相结合，有的分解生成 As 原子，有的生成新的 As_4 而脱附，如图 3.44（b）所示。这也是为什么 As_4 的黏附系数不超过 0.5 的原因。此温度范围内，由于产生了 As 原子，因此能够生成 Ga。

As：GaAs = 1：1，当温度超过 600K 时，其表面动力学过程与 450～600K 时相类似，这时应加入另一 Ga 分子束源，以提高 Ga 的表面浓度。而高温下 As_2 的脱附损失由 As_4 的入射来弥补，以便在稳定条件下进行 GaAs 的外延生长。因此，在一定的衬底温度下，只要供给足够的 As 束源，就能够生成 GaAs。这对于 GaAs 的外延生长是一个非常重要的结论。

根据蒸气压、温度的数据，依据相关公式，可分别计算出组元、掺杂剂原子到达衬底表面的速率以及外延层的生长速率。

（1）组元、掺杂剂原子到达衬底表面速率

假设在放置原料的坩埚内，加热组元的气相和固相处于近平衡状态，坩埚的喷射口面积为 A，每秒从坩埚喷射口逸出的原子或分子总数为 Γ，则

$$\Gamma = \frac{pAN_A}{\sqrt{2\pi MRT}} \tag{3.39}$$

式中，p 为温度 T 下坩埚内的蒸气压；N_A 为阿伏伽德罗常数；M 为坩埚内喷射组元的摩尔质量；R 为摩尔气体常数；T 为坩埚所处的热力学温度。

如果喷射口至衬底的距离为 l，且喷射方向垂直于衬底表面（即平行于衬底表面法线），则每秒黏附在衬底单位面积上的分子数 $N(0)$ 可表示为

$$N(0) = 0.324 \times 10^{-4} \frac{pAN_A}{l^2} \frac{1}{\sqrt{2\pi MRT}} \tag{3.40}$$

如果喷射方向与衬底表面法线成一角度 θ，则

$$N(\theta) = N(0)\cos^4\theta \tag{3.41}$$

以 Ga 到达 GaAs 衬底表面为例，当 $T = 12.5K$ 时，$p = 133.3 \times 10^{-3} \, Pa$，$M = 70 \, g/mol$，$A = 5cm^2$，$l = 12cm$，代入可得每秒黏附在单位面积 GaAs 衬底表面上的 Ga 原子数为 $N(0) = 1.336 \times 10^{16}/(cm^2 \cdot s)$。

对于 As 和其他掺杂原子，必须考虑它们在 GaAs 衬底表面上的黏附系数 S，以 As_2 为例，其黏附系数为

$$S = \frac{K\tau(1-\Phi)^2}{1 + K\tau(1-\Phi)^2} \tag{3.42}$$

式中，τ 为 As$_2$ 在 GaAs 衬底表面的寿命；K 为离解速率常数；Φ 为 As$_4$ 的脱附率。

As$_2$ 或 As$_4$ 的黏附系数 S 强烈地取决于 Ga 原子在表面的脱附率 Φ，在 Ga 稳态（富 Ga）条件下，$\Phi < 0.1$；而在 As 稳态条件下，$0.5 < \Phi < 0.6$。

与外延层组元相比，掺杂剂的蒸气压低得多，其掺杂浓度取决于它们的黏附系数。当 $S = 1$ 时为强吸附，$S \leqslant 1$ 时为弱吸附。在 GaAs 的 n 型掺杂剂中，$S \approx 1$ 的有 Si（580℃）、Sn（550℃）、Ge（550℃）、pbS（480～550℃）；$S \leqslant 1$ 的有 PbSe（>560℃）；$S = 0.01 \sim 1$ 的有 SnTe（581℃）。p 型掺杂剂中，$S \approx 1$ 的有 Be（600℃）、Mn（600℃）、Ge（560℃）；$S = 0.01$、0.03 的有 Zn 离子（500℃、600℃）；$S = 5 \times 10^{-7}$ 的有 Zn（500℃）；$S = 2 \times 10^{-4}$ 的有 Mg（500℃）。

（2）外延层的生长速率

生长速率取决于入射到衬底表面的分子（或原子）的吸附或脱附，即由入射分子（或原子）在衬底表面的寿命和黏附系数所决定。对于 GaAs，当衬底表面不存在 Ga 时，As$_2$ 的黏附系数为 0。当存在一个 Ga 的单原子层时，As$_2$ 的黏附系数为 1。对于 Ⅲ～Ⅴ 族化合物来说，外延层的生长速率主要取决于 Ⅲ 族元素，因此，GaAs 的生长速率 G 主要取决于 Ga 到达衬底表面的速率 F_{Ga}，即

$$G = \alpha F_{Ga} \tag{3.43}$$

式中，α 为 Ga 的黏附系数。

此外，测量外延层的厚度，除以生长时间也可得生长速率。若材料为含有两个 Ⅲ 族元素的三元系化合物，如 Al$_x$Ga$_{1-x}$As，其生长速率由 Al 和 Ga 到达衬底表面的速率所决定。其组分 x 与生长速率 G 存在如下关系：

$$x = \frac{G_1(\mathrm{Al}_x\mathrm{Ga}_{1-x}\mathrm{As}) - G_2(\mathrm{GaAs})}{G_1(\mathrm{Al}_x\mathrm{Ga}_{1-x}\mathrm{As})} \tag{3.44}$$

3.7.3 分子束外延设备

分子束外延设备主要由三个部分组成，分别是进样室、分析室及生长室。其中进样室是整个设备与外界联系的通道，主要用于换取样品；分析室通常可配备如反射高能电子衍射（RHEED）、X 射线光电子能谱（XPS）、二次离子质谱（SIMS）、俄歇电子能谱（AES）、扫描隧道显微镜（STM）等装置对样品进行表面成分、电子结构、杂质污染等分析；生长室用于样品的分子束外延生长。每个室都具有独立的抽气设备，各室之间用闸板阀隔开，这样即使某一个室和大气相通，其他室依然可以保持真空状态，从而保证生长室的超高真空和清洁环境，不会因为换取样品而受到污染。

生长室是分子束外延设备上最重要的一个部分，其结构示意图如图 3.45 所示。

生长室主要由以下三个部分组成。

① 束源炉及挡板。束源炉是 MBE 系统的主要部件，用于提供稳定、均匀、高纯度的分子束流，其是决定样品均匀性的关键。每个束源炉前都装有挡板，用于开启或停止束源的喷射。此外，束源炉的温度需要严格控制，0.5℃ 的变化，就可能造成分子束流 1% 量级的变化，通常要求在 1000℃ 下，温度精确控制的精度为 ±1℃ 以内，这样才可以使分子束流保持长时间的稳定。

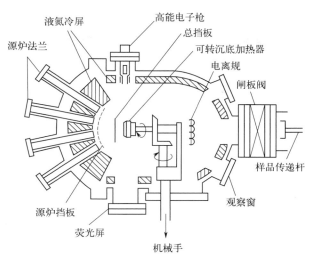

图 3.45　分子束外延生长室

② 液氮冷屏。一般环绕生长室内壁以及各束源法兰放置，主要用于将生长室内没有参与成膜的元素捕获，并阻止一些杂质元素的蒸发，同时还起到隔离不同喷射源的作用，使系统清洁度达到最佳。

③ 样品架。由样品加热器和步进电机组成，步进电机用于驱动样品台的旋转，以保证材料在衬底上的均匀性。

MBE 生长室为超高真空系统，可以集成一些重要的原位测量仪器，如采用反射高能电子衍射仪（RHEED）用来监控衬底表面氧化物的脱附情况、衬底表面的清洁度、外延层表面结构、确定外延层的生长成核状态和外延层平整度。采用四级质谱仪（QMS）测量每个组元入射束的束流强度，研究吸附和脱附力学，检测系统的剩余气体和捡漏。采用束源强度测试仪，检测组元的离子流，算出每个组元的束流强度比，从而控制多元系的组分，保证生长多元系材料的重复性。采用红外测温仪通过观察窗对衬底的表面温度进行测量。其他如椭圆偏振仪、反射差分光谱和激光干涉仪等，都可以根据需要选择性地与 MBE 集成在一起。

3.7.4　影响分子束外延的因素

（1）外延温度

为了引起外延，衬底的温度应达到某一温度值，即有必要加热到外延温度以上。温度低于外延温度时则不能引起外延。而且外延温度还与其他条件有关，不同条件下的外延温度是不同的。

（2）衬底结晶的劈开

在过去的常规研究中，衬底结晶是在大气下劈开机械折断产生结晶面后放入真空装置中来制取外延单晶膜。然而，新的结晶面表面能较高，会吸附各种气体，容易造成表面的污染。为了解决这一问题，人们研究了晶面一旦劈开就立刻进行制膜的方法。两种方法所处的环境不同，其外延温度也有所不同。

（3）压力/真空度

在 $10^{-3}\mathrm{Pa}$ 的真空度下，劈开产生的新表面，在 1s 内即可被残余气体的单原子层所覆盖，若在更高的真空条件下（$10^{-5}\sim10^{-7}\mathrm{Pa}$）劈开，则外延温度应当进一步降低，但实验结果显示并非如此。如 Ni 和 Al 在高真空下和超高真空下进行蒸镀，其结果并没有多少差别。然而，Cu、Ag、Au 在超高真空下，当其（001）面与衬底表面相平行时，便很难生成单晶膜，这说明对 Cu、Ag、Au 进行蒸镀时，要获得良好的外延层，衬底表面还需要进行适当的"污染"处理。

（4）残余气体

如前所述，一些金属在进行蒸镀时，需要进行适当的"污染"。在外延生长过程中通入不同的气体，对分子束外延生长的速度和质量是有很大影响的。

① 在 $10^{-8}\mathrm{Pa}$ 的真空条件下劈开 NaCl，若导入水蒸气，真空度达到 $8\times10^{-3}\mathrm{Pa}$ 进行 Au 的蒸镀，此时在 361℃下便可得到（001）方向上的单晶膜。

② 对于在 $10^{-6}\mathrm{Pa}$ 劈开的 NaCl，导入 N_2、O_2 和水蒸气使真空度达到 $10^{-3}\mathrm{Pa}$，再进行 Au 的蒸镀。结果表明只导入水蒸气时的生长效果更好。

由此可见，在 NaCl 上进行结晶外延的过程中，水蒸气有着十分重要的作用。

（5）蒸发速度

如果降低蒸发速度，外延温度也会降低。例如，在 NaCl 上面蒸镀 Au，在平行方位上蒸发速度越低，外延温度也越低，即在较低的外延温度下便能发生晶体的外延生长。

（6）衬底表面缺陷

衬底表面的缺陷主要是由电子束的照射所引起的。这些缺陷对分子束外延生长是有影响的。正如水蒸气吸附对于晶体外延起着很重要的作用一样，衬底表面上的杂质和缺陷对于外延生长也有着非常重要的影响。电子束的照射效果更为明显，由于电子束照射在表面上形成缺陷，对外延膜的成核有着十分重要的影响。如在 NaCl 上面，在 150℃的温度下蒸镀 Au 就不能引起晶体外延，但是，若采用数十个电子伏的电子束照射，则由生长初期开始，粒子就可以进行（001）方向的分配，即引起了晶体外延生长。因此，电子束照射对外延生长的作用是非常明显的。

（7）电场

在外延生长过程中，如果对衬底表面施加一个水平或垂直的电场，则该电场便能够促进粒子的聚变，使晶体的外延程度更好。

（8）膜厚

膜的厚度对外延生长具有一定的影响。通常情况下，当膜的厚度超过一定值时，则结晶生长的规则性就会逐渐减弱，最终倾向于形成不规则的分布而不生成单晶膜。

3.7.5 分子束外延的应用

（1）分子束外延生长Ⅲ-Ⅴ族半导体薄膜

Ⅲ-Ⅴ族化合物是指元素周期表上ⅢA族元素（如 Al、Ga、In）和ⅤA族元素（如 N、P、

As、Sb)之间形成的二元化合物（如 GaAs、InSb、GaN）或三元、四元合金化合物（如 AlGaAs、GaInAsP）。分子束外延技术、Ⅲ-Ⅴ族半导体材料、光电子技术三者之间存在着极其密切的关系。接下来对几种主要的Ⅲ-Ⅴ族化合物的分子束外延生长做一些介绍。

① GaAs。如前所述，在早期的同质外延生长研究中，外延层的生长速率取决于 Ga 原子到达衬底表面的速率。以在（001）面上生长为例，当生长速率为 $1\mu m/h$ 时，Ga 原子的到达率为 $10^{14} \sim 10^{15}$ 个/$cm^2 s$。而要想保持外延层中 Ga∶As 的组分比为 1∶1，则需要在富 As 的条件下生长。但在其他条件相同的情况下，采用 As_2 源和采用 As_4 源，外延层的生长速率具有非常大的不同。这主要是因为 As_4 分子需要经过两步裂解才能与 Ga 原子反应。此外，衬底的重构对外延生长也具有相当大的影响。（001）-c（2×4）表面（富 As 表面，最外层原子层包含两个 As 的二聚体和两个 As 的二聚体空位）初始生长时，生长速率与 Ga 原子的绝对束流速率关系不大，而主要和束源种类以及 As/Ga 的束流比相关；降低 As∶Ga 的束流比会使初始形成的二维岛的尺寸增加，密度降低。若使用 As_4 代替 As_2 源，岛的各向异性也显著增加。从实际生长 GaAs 的经验来看，在富 As 结构的衬底重构表面上生长比较适合，在适当的衬底温度下可实现二维的层状生长，获得高质量、平整的 GaAs（001）面。

② InAs/GaAs。InAs 在红外探测器、光电子器件方面的潜在应用十分广阔，受到研究者们的广泛关注。在这里主要介绍 InAs 在 GaAs 表面上的异质生长。对于 GaAs（110）面和（111）面的研究已经相当明确，InAs 以二维层状模型生长，通过形成失配位错释放应力。而（001）面的情况完全不同，在初始阶段，InAs 的生长也遵循二维生长机制，并保持平面晶格参数与 GaAs 衬底匹配。在形成一个完整的浸润层后便保持层状生长，当沉积覆盖度大于临界覆盖度时，层状生长转变为三维岛状生长。尽管 InAs 和 GaAs 衬底之间存在较大的晶格失配，在界面处会产生高密度位错，但 InAs 薄膜依然能够得到非常高的电子迁移率。此外，虽然 InAs 是窄禁带半导体，但制备出的霍尔器件却具有良好的温度特性和灵敏度。

③ GaN。Ⅲ族氮化物材料不仅在光电子领域得到了迅猛发展和应用，而且在制备高温大功率微波电子器件方面也展现出非常好的应用前景。GaN、AlN 及其三元合金材料具有禁带宽、电子漂移速度高、介电常数较小、击穿电场强、热导率高、不易热分解、耐腐蚀、抗辐照等特点。立方的 GaN 薄膜可以在立方（001）衬底上获得。早在 1989 年就有研究者通过分子束外延方法在 3C-SiC 上生长了 GaN 薄膜，之后便涌现了大量的研究。如利用两步生长法，采用电子回旋共振微波等离子辅助手段在 Si（001）上制备了具有良好单晶结晶性的 β-GaN。而六方 GaN 可在六方衬底如蓝宝石和 6H-SiC 上获得，也可以在立方（111）衬底如 Si 上获得。

（2）分子束外延生长Ⅱ～Ⅵ族半导体薄膜

Ⅱ～Ⅵ族化合物是指元素周期表上第Ⅱ副族的 Zn、Cd、Hg 和第Ⅵ族的 S、Sb、Te 之间所形成的二元、三元乃至四元化合物，它们通常具有闪锌矿结构。在化合物半导体家族中，由于具有特殊的光电子性质，Ⅱ～Ⅵ族化合物在激光、红外、紫外等光电子技术领域的重要性无可争议，具有非常广阔的发展前景。

① HgCdTe 材料。碲镉汞（$Hg_{1-x}Cd_xTe$）三元合金化合物半导体是一种重要的红外探测器材料。通过改变 x 值的大小，可以连续改变其禁带宽度（0～1.6eV），从而获得几乎覆盖整个红外区域的响应波长。现在，用碲镉汞制备的红外探测器在军事、民用等领域已经得到

了广泛的应用。与其他外延技术相比，分子束外延技术在薄膜的质量、组分厚度均匀性上具有独到的优势。用于外延生长碲镉汞的衬底材料主要有 Si、GaAs 和 ZnCdTe。Si 衬底由于具有廉价、大面积、机械强度好等特点，成了大面积碲镉汞分子束外延的首选衬底。但是由于 Si 与碲镉汞外延层间的晶格错配度较大（达到 19.3%），因此需要先引入缓冲层。由于 GaAs 的晶格常数介于 Si 和 HgCdTe 之间，因此可先在 Si 衬底上外延 GaAs，然后再外延 HgCdTe。然而 GaAs 的引入会导致生长过程的复杂化、杂质的污染和不必要的成本增加。随后又有研究者采用 ZnTe 取代 GaAs 作为缓冲层，再外延 CdTe 最后外延 HgCdTe，用这种方法成功地在 Si 衬底上实现碲镉汞材料外延。

② ZnSe、ZnTe。锌硫属化合物是宽禁带直接带隙材料，禁带宽度在 2.26～3.76eV 之间，具有高效的带间直接复合，可用于蓝绿光发光器件的制造。中国科学院上海光学精密机械研究所徐梁等人通过分子束外延在半绝缘的（100）GaAs 及（100）InP 衬底上生长非故意掺杂的 ZnSe、ZnTe 以及掺 Cl 的 ZnSe 薄膜，讨论了分子束流量和衬底温度对成膜的影响，结果显示当两种束源的束流强度相等时，薄膜的结晶性最好；此外，膜的生长速率随着衬底温度的升高而下降。

③ ZnO 薄膜材料。在 1996 年就有研究者采用分子束外延技术成功生长出了 ZnO 薄膜，随后这方面也受到人们越来越广泛地关注。衬底的制备是生长高质量 ZnO 薄膜的关键一环。早期分子束外延生长 ZnO 薄膜是作为生长 GaAs 的缓冲层。Johnsen 等人利用等离子源产生活性氧原子用于 ZnO 在 SiC 衬底的外延生长。RHEED 结果显示 ZnO 薄膜为层状生长模式，所得 ZnO 薄膜的 n 型载流子浓度为 $9 \times 10^{18} cm^{-3}$；电子迁移率为 $260 cm^2/(V \cdot s)$。

（3）分子束外延生长 Si

一般来说，Si 的分子束外延指的是与 Si 有关的分子束外延，它既包括在硅衬底上同质外延生长 Si 薄膜，同时也包括在硅衬底上异质外延生长其他系统（如 SiC、SiGe 等）的分子束外延技术。

Si 的分子束外延是在低温下进行的，其关键问题是找到一种合适的方法清洁 Si 的表面。只有在清洁、平整有序的衬底表面上 MBE 过程才能够有效发生。如果是原位清洁，在获得清洁的、原子级平整的 Si 表面后，只要系统的真空度足够好，衬底清洁可保持相当时间而不至于影响最终的外延薄膜质量。而对于非原位处理的 Si 表面，在清洁后不可避免地会形成一层氧化膜；此外，表面还会吸附碳氢化合物。对于后一种情况，在进行外延前，需要再次对表面做清洁处理，去除表面层，从而获得原子级清洁的表面，否则外延生长就难以进行。可行的 Si 表面清洁方法有以下几种。

① 溅射清洁处理，通过溅射、退火往复循环处理，可获得原子级的清洁表面。例如采用 1keV Ar 离子束轰击清洁硅表面，然后在 1120K 的温度下退火使表面重新有序排列并去除氩。这种方法的优点在于其对表面污染不敏感，能够有效去除各种表面层；但溅射引起的晶格残余损失不易恢复，想要获得非常平整的表面有点困难。

② 热处理，在超高真空环境中对硅进行高温退火处理，可获得清洁的表面。在前人的研究中，首先在 870K 温度下加热 5min，接着在 1170K 下加热 2min，然后进行轻度 Ar 离子溅射（1keV，$20\mu A/cm^2$），再在 1270～1520K 下退火 3min，最后以 100K/min 的速率冷却，可

重复获得高质量的清洁硅表面。对于不进行过多化学方法预处理的硅片，首先进行简单的去离子水清洗，烘干后放入真空腔内，在 550K 下充分除气，随后在 1000K 左右保温 30min，再迅速升温至 1450K 保温 1min，再快速降温至 1070K，最后以 100K/min 的速率冷却。需要注意的是在快速升温过程中，真空室的本底真空度要足够好（5×10^{-7}Pa），因此整个真空系统和样品架在加热前应充分烘烤、除气，以防止杂质 SiC 的形成。该法的缺点是难以实现对较大硅片的均匀加热。另外，还可以进行一定的化学预处理以降低表面热处理的温度，如在 Si 表面制备一层钝化层、在退火过程中通以小束流的 Si 束、臭氧表面处理、旋转腐蚀等。

③ 光学清洁处理，通过脉冲激光反复辐射，可得到原子级清洁的硅表面。如采用红宝石激光清洁硅表面。脉冲激光辐射的过程是将辐照束转化为热的热过程。激光辐照后的表面结构能够观察到很弱的低能电子衍射图。

在获得了清洁的表面之后，就要立即开始外延生长。硅的分子束外延生长是在非平衡态下进行的。其生长模型为二维生长模型，即通过台阶沿表面传播从而实现外延生长。一个清洁的表面实际上也不是绝对平整的，除了存在少量缺陷以外，还存在着台阶和扭折，如图 3.46 所示。

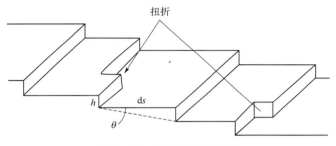

图 3.46　表面台阶及扭折

对于硅单晶衬底，在切片时只要晶向稍有偏离，就会暴露出高米勒指数的晶面。台阶和扭折的存在使得半导体膜的外延方式分为两种方式：①台阶流动方式；②台面上的二维成核方式。硅的外延生长属于第一种情况。入射的硅原子被吸附在硅片表面，它很容易向台阶的边缘扩散，而台阶上的扭折便会成为它们的理想陷阱，并形成台阶区域内原子的稳态分布。

硅的分子束外延的生长速率是由原子到达衬底表面的速率以及供给维持晶体生长的吸附原子的表面迁移率所决定的。如果表面有碳氢化合物的污染，那么便会形成台阶的钉扎，从而阻碍台阶的传输，影响外延质量。此外，高度较低的台阶很少发生台阶的聚集和钉扎，有利于生长低密度层错和其他位错的晶体薄膜。

分子束外延生长 Si 的另一个重要问题是生长温度的问题。通常情况下，Si 的分子束外延生长温度为 850～1100K，远低于化学气相沉积（CVD）（1250～1450K）。这主要是因为采用分子束外延生长时，Si 的表面扩散率比 CVD 生长时要高。此外，在不同的表面上进行外延生长，其外延生长温度也是不同的。如对于（100）Si 衬底，当生长速率为 0.1nm/s 时，生长温度可降至 470K，而对于（111）Si 衬底，生长温度一般在 700～800K。

3.8 离子束合成膜技术

离子束沉积法是利用离化的粒子作为镀膜物质,在较低的基材温度下形成具有优良特性的薄膜。这一技术一经问世就引起了研究者们的广泛关注。在光电子、微电子等领域的各种薄膜器件的制作中,要求各种不同类型的薄膜具有极好的控制性,因而对沉积技术提出了很高的要求。除了满足超大规模集成电路的特殊要求外,在材料加工、机械工业、金属材料等各个领域,对工件表面进行特殊的薄膜处理,可以大大提高制品的使用寿命和使用价值,因此离子束合成薄膜技术具有非常广泛的应用前景。

通过对参数的控制,可以方便地控制离子,从而不断改善薄膜的性质。这是离子束沉积的独特优点,所以离子束沉积是一种极具吸引力的薄膜形成法。离子束在薄膜合成中的应用大致可分为以下几种:①直接引出式离子束沉积;②质量分离式离子束沉积;③部分离化式离子束沉积,即离子镀;④簇团离子束沉积;⑤离子束溅射沉积;⑥离子束辅助沉积。

在离子束沉积技术中,可以变化和调节的参数包括:入射离子的种类、入射离子的能量、离子电流的大小、入射角、离子束的束径大小、沉积粒子中离子所占的比例、基材温度、沉积室的真空度等。如何制备出符合性能要求的薄膜,需要经过大量的实验,才能达到各个参数之间的优良配合。

离子束沉积是将镀膜材料在专门的设备上电离、加速,使其获得一定的能量,经过一系列控制系统使其沉积在基材上而形成薄膜。这些加速的离子撞击到基材上时,根据它们入射能量 E 的不同,一般来说会产生三种现象:①沉积现象 ($E \leqslant 500\text{eV}$);②溅射现象 ($E \geqslant 50\text{eV}$);③离子注入现象 ($E \geqslant 500\text{eV}$)。在本节中所讨论的沉积现象是指照射的金属离子附着在固体表面上的现象,离子的动能越小,附着的概率越大,获得的沉积速率也越高。随着入射离子能量的增大,在离子轰击的作用下,基材原子会被溅出而进入真空,即发生所谓的溅射现象,这时已经附着在基材表面上的部分金属原子受到入射离子的轰击作用也会进入真空室中。若入射离子能量进一步增大,离子还会进入表面原子层中,即发生离子注入现象。

因此,如果采用质量分离式离子束沉积,则只有选择特定的金属离子进行沉积,要求入射离子能量必须在某一临界值 E_c 以下,否则可能会导致溅射现象,导致薄膜不会生长。临界入射离子能量 E_c 定义为入射离子的自溅射产额为 1 时的能量。

图 3.47 是以 Si 为基体,采用不同能量的 Ge 离子照射之后,经一定剂量(5×10^{17} 个/cm^2)照射后,采用 XMA(X 射线显微分析)法对表面沉积的 Ge 量进行测定,得到的 Ge 离子沉积量与入射电子能量的关系曲线。如图 3.47 所示,当入射离子能量在 300eV 以下时,主要发生离子沉积现象,Ge 的沉积量较大。随着离子能量的提高,溅射现象越发显著,相对的 Ge 的沉积量呈下降趋势。当离子能量进一步提高时,Ge 的沉积量又呈上升趋势,此时发生了明显的离子注入现象。

表 3.8 列出了几种离子成膜的临界能量值。表中的离子是针对被沉积物质的粒子以完全被离化的状态下入射。然而在大多数情况下,入射离子中还包括未被离化的中性粒子,这种情况下有可能需要采用一些能量更高的离子入射。

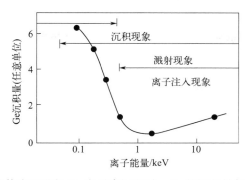

图 3.47 Si(111) 基体表面进行 Ge 离子束沉积时，Ge 的沉积量与入射离子能量的关系

表 3.8 离子束沉积中各离子成膜时的临界能量

离子种类	临界离子能量/keV	离子种类	临界离子能量/keV
Fe 离子	1.5～2.0	Zn 离子	0.3～0.4
Co 离子	1.0～1.5	Sn 离子	0.45～0.5
Ni 离子	0.8～1.0	Ge 离子	0.4～0.6
Cu 离子	0.3～0.4	Si 离子	0.7～1.0

3.8.1 直接引出式离子束沉积

直接引出式离子束沉积的首次提出是用于碳离子制取类金刚石碳膜。采用离子源来产生碳离子，阴极和阳极的主要部分都是由碳构成。把氩气引入放电室中，加上外部磁场，在低压条件下使其发生等离子体放电，依靠离子对电极的溅射作用产生碳离子。碳离子和等离子体中的氩离子同时被引到沉积室中，由于基材上施加负偏压，这些离子加速照射在基材上。实验结果显示，室温下用能量为 50～100eV 的碳离子，照射在 Si、NaCl、KCl、Ni 等基材上，能够制备透明的硬度高且化学性能稳定的类金刚石碳膜，电阻率高达 $10^{12}\,\Omega\cdot cm$，折射率大约为 2，不溶于无机酸和有机酸，电子衍射和 X 射线衍射结果表明该膜为单晶薄膜。

采用这种离子束沉积法制备的碳膜具有跟金刚石膜相类似的性质，现在通常把金刚石状的碳膜或由离子束沉积法制备的碳膜称为 i-碳膜。

3.8.2 质量分离式离子束沉积

这种方式类似于半导体器件制造中的离子注入，由于离子能量较小，只沉积在基材表面。从离子源引出离子束后，经质量分析，选择出单一种离子经过加速后对基材进行照射。与直接引出式离子束沉积相比，该法混入的杂质更少，适合于制取高纯度的薄膜。在薄膜形成过程中的基础性研究中多采用这种方式。

质量分离式离子束装置主要由离子源、质量分离器以及超高真空沉积室三个部分所组成。通常基材和沉积室处于接地电位，因此照射基材的沉积离子的动能由离子源上所加的正电位（0～3000V）来决定。另外，为了从离子源引出更多的离子电流，需要对质量分离器和离子束输运所必要的真空管路的一部分施加负高压（－30000～－10V）。此外，为了形成不含杂质的高纯度膜，应尽可能地减少沉积过程中残留气体在基体表面上的附着，使残留气体在成膜过程中进入膜层的量最少。质量分离式离子束沉积装置如图 3.48 所示。

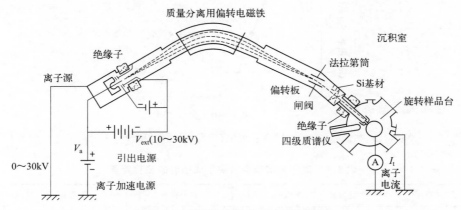

图 3.48　质量分离式离子束沉积装置

假设沉积过程中系统的真空度为 p（Torr），则与基体表面碰撞的残留气体的束流通量 Γ_n（$cm^{-2} \cdot s^{-1}$）可表示为

$$\Gamma_n = 5.3 \times 10^{22} p \tag{3.45}$$

另外，若已知入射离子束的电流密度 J_i（$\mu A/cm^2$），则入射离子束流通量 Γ_i（$cm^{-2} \cdot s^{-1}$）为

$$\Gamma_i = 6.25 \times 10^{12} J_i \tag{3.46}$$

因此，若分别设入射离子及残留气体对于基体的附着系数为 S_i 和 S_n，则要想保证膜层中不含有杂质而形成高纯度膜，必须要满足 $S_i \Gamma_i \gg S_n \Gamma_n$。为此必须尽量提高沉积室的真空度。对该装置而言，可采用多个真空泵进行差压排气，其中离子源部分采用两台油扩散泵，质量分离之后采用涡轮分子泵，沉积室采用离子泵，这样可以保证 1.3×10^{-8} Torr 的真空度条件，保证沉积过程中，离子束流通量为 $\Gamma_i \approx 10^{15}$ 个/（$cm^2 \cdot s$），残留气体的束流通量为 $\Gamma_n \approx 10^{12} \sim 10^{13}$ 个/（$cm^2 \cdot s$）。现假设 $S_n \approx S_i$，则 $S_i \Gamma_i \gg S_n \Gamma_n$ 成立，由此可以认为，在离子束沉积过程中，残留气体造成的影响是很小的。

利用单一离子进行离子束沉积的低温外延生长试验的例子如表 3.9 所示。

表 3.9　单一离子束低温外延生长实例

离子种类/基材	外延温度/℃	离子能量/eV
Ge 离子/Ge(111)	300	100
Ge 离子/Si(111)	300	100
Ge 离子/Si(100)	300	100
Si 离子/Si(100)	740	100~200
Ag 离子/Si(111)	室温	25~50
Ge 离子/Si(111)	230~350	25~300
Si 离子/Ge(100)	130	50
Si 离子/Si(100)	130	50
Si 离子/Si(111)	130	50

由表可见，依靠离子束沉积，即使在基材温度较低的情况下，也能形成各种各样物质的单晶薄膜，这一点与化学气相沉积（CVD）等方法形成了鲜明的对比。CVD主要是依靠热能来形成薄膜，如果基体的温度不够高，则不能形成单晶薄膜。离子束沉积造成低温外延生长的原因，可定性地认为是入射离子所具有的动量和动能传递给了基体表面上的原子，在促进表面清洁化的同时，也会促进表面原子的运动，从而使沉积原子较容易地运动到适合外延生长的位置上。

3.8.3　簇团离子束沉积

簇团离子束沉积是利用离子簇束（ion cluster beam，ICB）进行镀膜的方法。离子簇束的产生有多种方法。图3.49是一种常用的簇团离子束沉积装置。

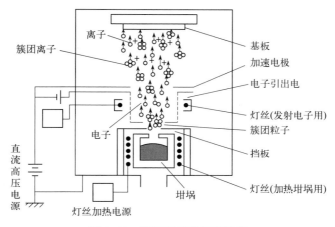

图3.49　簇团离子束沉积装置

被蒸镀物质放在带有喷嘴的密封坩埚中加热，坩埚中的蒸气压高在$1\sim100\mathrm{Pa}$范围内，而真空室处于高真空状态（$10^{-4}\sim10^{-2}\mathrm{Pa}$），所以被蒸镀物质就会以较高的速度由坩埚的喷嘴向高真空沉积室中喷射，利用绝热膨胀产生的过冷现象，形成由$5\times10^{2}\sim2\times10^{3}$个原子相互弱结合而形成的团块状原子集团（簇团）。当这些簇团状粒子经过离化区时，灯丝发射电子与它们发生碰撞，使其离化，每个集团中只要有一个原子电离，则此团块就带电，形成所谓的簇团离子。

在负电压的作用下，这些簇团被加速沉积在基体上。没有被离化的中性集团，也带有一定的动能，其大小与由喷嘴喷出时的速度相对应。因此，被电离加速的簇团离子和中性簇团粒子都可以沉积在基体表面层生长。

由于簇团离子的电荷/质量比小，即使进行高速率沉积也不会造成空间粒子的排斥作用或膜层表面的电荷累积效应。通过各自独立地调节蒸发速率、电离效率、加速电压等，可以在$1\sim100\mathrm{eV}$的范围内对每个沉积原子的平均能量进行调节，从而有可能对薄膜成长的基本过程进行控制，得到所需要特性的膜层。

ICB法可以制取金属、化合物、半导体等各种膜，也可采用多蒸发源直接制取复合膜，并且膜层性能可以控制，因而是一种具有实用意义的制膜技术。此外，ICB沉积技术还可以解决离子束沉积的沉积速率低以及离子对膜层容易造成损伤等问题。

采用ICB沉积技术制取薄膜的优点如下。

① 膜层致密，与基体的附着力强，薄膜的结晶性好，而且在低温下也容易控制。

② 与离子镀相比较，ICB 沉积过程中，平均每个入射原子的能量小，对基体和薄膜的损伤小，可用于半导体膜和磁性膜等功能膜的沉积。

③ 尽管平均每个入射原子的能量小，但由于不受空间电荷效应的制约，可以大流量输运沉积离子，因此沉积速率高。

④ 可独立调节蒸发速率、簇团离子束的尺寸、电离效果、加速电压、基体温度，便于对成膜过程和薄膜性能进行控制。

3.8.4　离子束溅射沉积

离子束溅射沉积与一般的溅射镀膜技术在原理和成膜机制上没有根本上的区别，仅仅是轰击靶的离子来源不同。普通溅射镀膜中的靶就是产生辉光放电等离子体的阴极，而在离子束溅射沉积中，轰击靶的离子来自独立的离子源。离子束溅射沉积镀膜装置结构如图 3.50 所示。

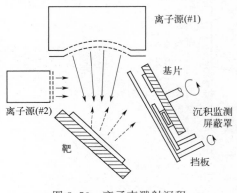

图 3.50　离子束溅射沉积
装置结构

其膜材粒子是靠大口径离子源（1 号源）引出的 Ar 离子撞击靶而溅射出，沉积在基体上形成薄膜。通常在沉积过程中，还要用第二个离子源（2 号源）产生的离子束对形成的膜进行轰击，以便在更广泛的范围内控制沉积膜的性质，故此法称为双离子束溅射沉积法。通常第一个离子源采用考夫曼源，为了提高沉积速率，利用 Ar 离子对靶进行溅射，同时为抑制来自靶边缘部位的污染物质，一般使用具有一定曲率的引出电极，使离子束聚焦，只对靶中央部位进行溅射。如果用绝缘物质的靶，一般要对离子源产生的离子束进行热电子中和，而且为了获得均匀的薄膜，通常在沉积过程中使基材旋转。

利用这种薄膜制备技术，只要对靶材进行恰当的选择，几乎能制取所有物质的薄膜，特别是对于蒸气压低的金属和化合物及高熔点物质的沉积，该法更显示出优越性。

采用离子束溅射沉积时应注意以下几个问题。

① 由靶发射的 Ar 离子会变成中性粒子，沉积膜中可能发生 Ar 离子的注入现象，也可能发生气体的混入。

② 若沉积过程中系统的真空度较低，沉积膜中易含氧。

③ 若采用多成分的靶制取合金或化合物膜，由于靶的选择溅射效果，沉积膜中各元素的成分比例和靶成分相比会发生相当大的变化。

虽然离子束溅射沉积涉及的现象比较复杂，但是，通过选择合适的靶及离子的能量、种类等，就能够比较容易地制取各种不同的金属、氧化物、氮化物及其他化合物薄膜。目前这一技术已经在磁性材料、超导材料以及其他电子材料的形成及制膜方面开始使用。

3.8.5　离子束辅助沉积

离子束辅助沉积（ion beam assisted deposition，IBAD），有时也称之为离子束增强沉积

（ion beam enhanced deposition，IBED），它于 1979 年首次被提出。IBED 是把离子束注入与气相沉积镀膜技术相结合的复合表面制备技术，是离子束表面优化的新技术。IBED 同时进行沉积和离子轰击，这对形成化合物膜非常有利，因为通过这种方式可以改善材料表面的结构和化学性能。在沉积之前进行离子轰击，可以清洗基体表面，在膜的生长初期同时用离子轰击，可使膜—基体界面上由离子注入引发的级联碰撞造成混合，产生过渡层从而提高膜的结合强度。如果轰击离子是反应元素（如 N、O 或 C），则为反应离子束辅助沉积（RIBAD），可制备化合物薄膜。RIBAD 用氧离子束改变显微组织和化学比，生产出高质量光学膜和介电膜，如 TiO_2、SiO_2、HfO_2、BeO、Ta_2O_5 和 ZrO_2。这些膜的特性是消光系数低，硬度高并且性能稳定。离子束辅助沉积工艺自 20 世纪 80 年代诞生以来，研究者们已经做了大量的研究，并在某些方面实现了工业应用，因此它是离子束改性技术的重要发展。

离子束辅助沉积的过程是离子注入过程中物理及化学效应同时作用的过程。其物理效应包括碰撞、能量沉积、迁移、增强扩散、成核、再结晶、溅射等；化学效应包括化学激活，新的化学键的形成等。

离子束辅助沉积膜的生成机制比较复杂，它包括离子注入和物理气相沉积等多种机制，膜生成的最终形貌取决于这些机制相互制约过程中的主导方面。它随着工艺参数，如离子能量、离子-沉积粒子的到达比、离子-膜-沉积基体的组合、沉积速率和靶温等工艺条件而变化。

因为 IBED 是在 $10^{-4} \sim 10^{-2}$ Pa 的真空条件下进行的，其粒子平均自由程 $\lambda > d$（d 为离子源或蒸发源与基片之间的距离），因此在工艺过程中基本无气相反应。在离子轰击下，高能离子（$10 \sim 10^5$ eV）和沉积原子（0.15eV 或 $1 \sim 20$ eV）同时到达基体表面，发生电荷交换或中和。沉积原子经离子轰击获得能量，提高了原子迁移率，使材料表面产生不同的晶体生长和晶体结构。离子轰击使离子能量得以释放，与电子发生非弹性碰撞，与原子发生弹性碰撞，原子就被撞击出原有的点阵位置。在入射离子束方向和其他方向上发生材料转移，即产生离子注入、反冲注入和溅射现象。其中某些能量较高的撞击原子又会产生二次碰撞，即级联碰撞。这种级联碰撞导致沿离子入射方向的剧烈的原子运动，形成了膜层原子与基体原子的界面过渡区。级联碰撞完成离子对膜层原子的能量传递，增大了膜原子的迁移能力及化学激活能力，有利于调整两相的原子点阵排列，形成合金相。级联碰撞也会发生在远离离子入射的方向上。当近表面区碰撞能足够高时，会使有些原子从表面原子区中逐出，形成反溅射，降低薄膜的生长速率。因组成元素的溅射产额不同，会使薄膜成分改变。高能离子束轰击会引起辐照损伤，产生点缺陷、间隙缺陷和缺陷聚集团。当入射离子沿生长薄膜的点阵面注入时，将会产生沟道效应。离子通过电子激活释放能量，而不发生原子碰撞引起的辐照损伤。IBED 所发生的各种微观过程如图 3.51 所示。

IBED 装置基本上是离子束辅助轰击和物理气相沉积的结合体。IBED 装置也在不断发展和更新，向工业化、实用化方向发展。美国 Eaton 公司生产的电子束蒸发与离子束轰击相结合的 Z-200 型 IBED 装置如图 3.52 所示。

图中下方为电子束蒸发装置，可使电子束加速到 10keV，轰击坩埚内材料使其熔化蒸发（升华），形成喷向靶台的粒子流。蒸发台上配有 4 个坩埚，可顺次转位，沉积四种不同的材料。沉积靶台与离子束及蒸发的粒子流成 45°，可绕台轴旋转转位。由弗里曼离子源引出的离子束，在靶台处呈矩形。通过离子源与引出电极系统同步摇摆，实现束流在靶台的机械扫描。

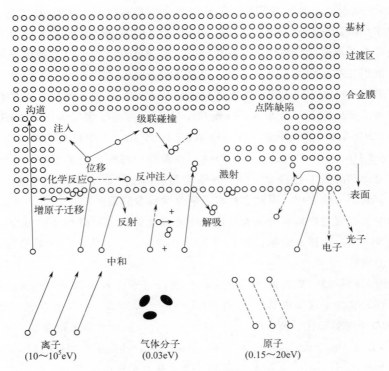

图 3.51 离子注入的微观过程

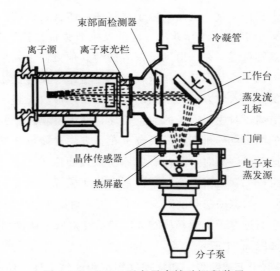

图 3.52 Z-200 型离子束辅助沉积装置

离子能量在 $20 \sim 100\text{keV}$ 范围可调，束流可达 6mA。工作室真空度可达 $6.5 \times 10^{-5}\text{Pa}$，靶台水冷。膜的沉积速率为 $0.1 \sim 10\text{nm/s}$。

IBED 的基本工艺参数是：离子-原子到达比 I/A、离子入射角和离子的能量。其中 I/A 是入射的离子数与沉积原子间的比率，表示离子束的能量和动量传送给薄膜的多少。离子入射角指入射离子束与生长薄膜表面所呈的角度。离子能量则由离子源的加速电压和离子的电荷态决定。这些主要的工艺参数可以在很宽的范围内互不干扰，独立控制，对膜层的质量控制和工艺的重复性是极其重要的。

IBED 的优点：①污染少。IBED 不需要在真空室中的气体放电产生等离子体实现镀膜，可以在小于 10^{-2}Pa 真空下镀膜；②膜层生长、组成、结构可调，工艺重复性好。IBED 基本工艺参数（离子束能量、离子束密度）为电参数，且相对独立，一般不需要控制气体流量等非电参数；③工作温度低。IBED 是一种在室温下控制非平衡过程，可在室温得到高温相、亚稳相、非晶态合金等一系列新型功能薄膜，比较适用于电子功能膜、冷加工模具、低温回火结构钢的表面处理。

IBED 的缺点：①一般设备的离子束具有直射特性，难以处理表面形状复杂的工件；②由于离子束流尺寸限制，难以处理大型的、大面积的工件；③离子束辅助沉积速率低（1nm/s 左右），适用于制备厚度较薄的膜层，不太适用于大批量产品的镀制。

离子束辅助沉积可用于各种薄膜的制备。如采用高能和低能离子束辅助沉积的方法可制备 TiN、SiC、BN、DLC 等硬质薄膜。制成的膜在性能和寿命上都显著高于其他离子镀膜方法。采用离子束辅助沉积方法制备的金属与合金薄膜，具有结合力强、膜层内应力小、结构致密等优点。采用 IBED 制备的功能薄膜，如在医用 NiTi 合金表面沉积的 TiO_2 薄膜，大大提高了基体抗模拟体液的腐蚀性。此外，IBED 还可用于制备梯度层薄膜来解决金属与陶瓷之间的结合强度问题。通过在基体和薄膜之间形成梯度过渡而形成牢固结合的界面，例如用 Ti 离子、Ar 离子或 N 离子束对蒸发沉积在 Si_3N_4、SiC、Al_2O_3 基体上的 Cu 膜或 Mo 膜进行辅助离子轰击，可使基体与薄膜间的结合强度和抗拉强度显著提高。

习 题

1. 试述薄膜的定义，并简述薄膜形成的物理过程。
2. 试述薄膜的附着类型及影响薄膜附着力的工艺因素。
3. 试述真空各区域的气体分子运动规律。
4. 试述工作气体压力对溅射镀膜过程的影响。
5. 试述等离子体的概念以及分类。
6. 试述离子镀的概念，并简述离子镀的优缺点。
7. 试述化学气相沉积的特点及必要条件。
8. 试述物理气相沉积与化学气相沉积的异同点。
9. 试述分子束外延生长的概念，并简述影响外延生长的主要因素。
10. 试述离子束有哪些类型，说明离子束合成膜技术的原理和特点。

参考文献

[1] 曹建章,徐平,李景镇.薄膜光学与薄膜技术基础[M].北京:科学出版社,2014.

[2] 李建芳,周言敏,王君.光学薄膜制备技术[M].北京:中国电力出版社,2013.

[3] 蔡珣,石玉龙,周建.现代薄膜材料与技术[M].北京:华东理工大学出版社,2007.

[4] 戴达煌.功能薄膜及其沉积制备技术[M].北京:冶金工业出版社,2013.

[5] Miton Ohring,奥林,刘卫国,等.薄膜材料科学[M].北京:国防工业出版社,2013.

[6] 王月花.薄膜光学与薄膜技术[M].北京:中国矿业大学出版社,2009.

[7] 顾培夫.薄膜技术[M].杭州:浙江大学出版社,1990.

[8] 严一心,林鸿海.薄膜技术[M].北京:兵器工业出版社,1994.

[9] 郦振声,杨明安,钱翰城,等.现代表面工程技术[M].北京:机械工业出版社,2007.

[10] 刘光明.表面处理技术概论[M].北京:化学工业出版社,2011.

[11] 钱苗根.现代表面技术[M].北京:机械工业出版社,2016.

[12] 严彪,唐人剑,王军.金属材料先进制备技术[M].北京:化学工业出版社,2006.

[13] 杨树人,丁墨元.外延生长技术[M].北京:国防工业出版社,1992.

[14] 戴达煌,周克崧,袁镇海.现代材料表面技术科学[M].北京:冶金工业出版社,2004.

[15] 陈宝清.离子镀及溅射技术[M].北京:国防工业出版社,1990.

[16] 孙承松.薄膜技术及应用[M].沈阳:东北大学出版社,1998.

[17] 田民波.薄膜技术与薄膜材料[M].北京:清华大学出版社,2006.

[18] Donald M Mattox. The Foundations of Vacuum Coating Technology II [M]. Berlin, Heidelberg: Springer,2018.

[19] Charles A Bishop. Vacuum Deposition onto Webs,Films and Foils[M]. New York, Elsevier Inc. 2016.

[20] Kiyotaka Wasa,Isaku Kanno, Hidetoshi Kotera. Handbook of Sputter Deposition Technology[M]. New York,Elsevier Inc. 2012.

[21] Zhang Y J,Dai J J,Bai G Z,et al. Microstructure and thermal conductivity of AlN coating on Cu substrate deposited by arc ion plating[J]. Materials Chemistry and Physics,2020,241:122374.

[22] K Iwata T,Sakemi. A,Yamada. P,et al. Growth and electrical properties of ZnO thin films deposited by novel ion plating method[J]. Thin Solid Films,2003,445:274-277.

[23] Jiang H,Zhang P,Wang X,et al. Synthesis of magnetic two-dimensional materials by chemical vapor deposition [J]. Nano Res,2020(14):1789-1801.

[24] Li M L,Liu D H,Wei D C,et al. Controllable Synthesis of Graphene by Plasma-Enhanced Chemical Vapor Deposition and Its Related Applications[J]. Advanced Science,2016(3):1600003.

[25] Saeed M,Alshammari Y,Majeed S A,et al. Chemical Vapor Deposition of Graphene-Synthesis, Characterization,and Applications:A Review[J]. Molecules,2020(25):3856.

[26] Zheng S,Zhong G F,Wu X Y,et al. Metal-catalyst-free growth of graphene on insulating substrates by ammonia-assisted microwave plasma-enhanced chemical vapor deposition[J]. RSC Advances, 2017(7):33185-33193.

[27] Kwang Leong Choy. Chemical Vapour Deposition(CVD):Advances,Technology and Applications [M]. CRC Press,2019.

[28] Roland Yingjie Tay. Chemical Vapor Deposition Growth and Characterization of Two-Dimensional Hexagonal Boron Nitride[M]. Singapore:Springer,2018.

表面改性技术

金属工件的失效主要有塑性变形、断裂、磨损、腐蚀等形式，其中磨损、疲劳和腐蚀引起的失效占80％以上，这些失效往往发生于金属材料的表面，例如火车的车轴、汽车的板簧等，随工作时间的增加，零件表面常常会产生疲劳裂纹，裂纹逐渐扩展最终导致零件的疲劳失效。值得注意的是，大部分工件失效前没有明显的变形，不易发现，这会导致重大安全事故的发生。因此，为提高机械产品的使用性能，延长工作寿命，节约材料、能源，开发应用于各种表面防护措施，延缓和控制表面的破坏、提高零件表面性能的技术势在必行。

表面改性是指采用机械、物理、化学等方法，改变材料的表面形貌、化学成分、相组成、微观结构、缺陷状态或应力状态，从而使材料表面获得高强度、耐蚀性、磁性能、光敏、压敏、气敏等特殊性能的工艺。表面改性技术可以在工件表面形成几微米到几毫米的功能薄层，使工件具有比基体材料更高的强度以及耐磨、耐腐蚀性能。

早在二十世纪五六十年代，人们已经意识到了表面改性的重要性，在一些极易磨损和腐蚀的零件表面应用渗碳、渗氮等表面改性方法，使得零件的强度和使用寿命得到极大的提高。自五十年代初期国外将喷丸工艺应用于飞机机翼壁板成形以来，喷丸工艺已经在航空工业中广泛应用；六十年代以来，航空航天及汽车等行业的发展对材料的性能提出了越来越高的要求，材料表面改性已经成为部分零件制造加工过程中必不可少的工艺之一；近30年来，利用激光束、电子束、离子束等高能束对零件表面进行改性或合金化的表面改性技术发展迅速，这些改性技术的共同特点是：能量密度高、非接触性加工、热影响区小、对工件基材的性能及尺寸影响小、工艺可控性强、便于实现自动控制等。

根据表面改性工艺特点的不同，可以将表面改性技术大致分为以下3类。

① 表面组织转化技术：不改变材料的表面成分，通过改变表面组织结构特征或应力状况来改善金属材料表面性能，如激光、电子束热处理技术及喷丸、滚压等表面加工硬化技术等。

② 表面合金化和掺杂技术：将原子渗入（或离子注入）基体材料的表面，形成成分不同于基材和添加材料的表面合金化层，从而提高金属材料表面的性能，如渗碳、氮化、离子注入、掺磷/硼、激光表面合金化技术等。

③ 表面涂镀技术：将液相涂料涂覆于材料表面或者将镀料原子沉积在材料表面，从而获得晶体结构、化学成分和性能都有别于基体材料的涂层或镀层，从而达到改善金属材料表面性能的目的。在此过程中，基材不参与或很少参与涂层的反应，主要包括热喷镀、磷化、电镀、喷漆、气相沉积等工艺。

目前，人们往往也会采用两种或多种表面工程技术的复合来弥补单一表面工程技术的不足，发挥多种表面工程技术的协同效应，从而使材料的表面性能、经济效益得到优化。

4.1 金属表面形变强化

金属表面形变强化是在不改变基体材料的成分和性能的条件下，通过机械手段在基体表面发生压缩变形，使材料表面形成一定深度的形变硬化层（0.5～1.5mm），并引入高残余压应力，从而大幅度提高表面层的强度和抗腐蚀能力的一种表面技术。该技术可以显著提高金属材料的抗疲劳断裂强度和抗应力腐蚀开裂能力。经表面形变强化后，工件的疲劳寿命可以提高一倍以上，已广泛用于齿轮、弹簧、链条、叶片、火车车轴等机械零件表面。常用的表面形变强化技术有滚压、喷丸、内孔挤压、摩擦强化及爆炸冲击强化等工艺。

4.1.1 滚压强化工艺

4.1.1.1 基本概述

滚压强化工艺，又被称为无屑加工，是利用金属材料在室温下的冷塑性特点，通过特制的滚压刀（通常由淬火钢、硬质合金以及红宝石等高硬度材料制成）在工件表面施加一定的压力，使工件表层金属发生塑性变形，从而获得形变强化的工艺。表面滚压可以显著提高工件的抗疲劳强度、耐磨性和耐腐蚀性，特别适用于形状简单的轴类、套筒类零件内外表面的强化处理，特别是尺寸突然发生变化的结构应力集中处，如火车轴的轴径等。

4.1.1.2 滚压强化工作原理

滚压强化的工作原理如图4.1所示，工件的滚压变形区可以分为滚压区域、塑性变形区域和弹性恢复区域三部分。A区域为滚压区域，在该区域滚柱与加工面接触后加压，在B塑性变形区域接触压力超过材料的屈服点，表面产生局部的塑性变形。随着滚柱逐渐离开加工

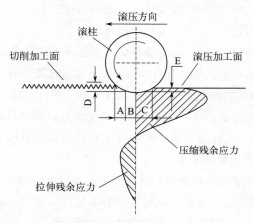

图 4.1　滚压强化的工作原理
A—滚压区域；B—塑性变形区域；C—弹性恢复区域；D—压下量；E—弹性回复量

表面，C区域开始恢复弹性形变。经多滚柱连续重复上述操作，工件表面粗糙度得以改善，屈服强度和极限强度得到大幅度提高。

表面滚压对金属零件的强化作用主要体现在改善表层组织结构、提高表层硬度、降低表面粗糙度和形成残余压应力几个方面：在滚压过程中，金属材料的表层发生剧烈的塑性变形，表层金属发生晶格畸变，位错密度增大，造成位错塞积，使表层金属抵抗变形的能力增大，屈服强度提高；滚压后，表层金属晶粒得到细化，晶界面积和晶粒取向增加，位错移动的阻力增加，变形分散在更多晶粒中进行，不易产生应力集中，表层金属的强度和韧性得到改善；通过光滑滚轮进行滚压，可以改善表面粗糙度，减少应力集中，削弱了几何缺口效应的影响；滚压产生的残余压应力可以抑制裂纹尖端的扩展，消除加工后残余的压应力，提高零件的抗疲劳能力，延长材料的使用寿命。

表面滚压强化技术可以显著改提高工件表层的强化极限强度、屈服强度、抗疲劳强度、耐磨和耐腐蚀性能；可以使金属工件表面的粗糙度在短时间内得到大幅度提高（如图 4.2 所示）；适用范围广，既可加工大型工件，也可应用于小孔的精整加工；成本较低，无需废渣处理，对环境友好。目前滚压强化工艺对于金属合金重复性较好，但对于聚合物和修复层，滚压效果重复性效果较差，因此该技术在工艺优化、性能提升和机理方面需要进行更深入的研究，以获得高效稳定的强化处理工艺。

图 4.2　车削和滚压加工试样的表面形貌对比
（a）车削；（b）滚压

4.1.1.3　未来发展趋势

滚压强化工艺作为一种高效低成本的绿色环保工艺，仍具有较大的发展空间，未来将着重强化以下研究工作：

① 实现定量定性强化，通过理论计算可以直接得到特定的材料表面变形层厚度需采用的滚压力、滚压速度以及滚压次数。

② 丰富工艺形式的多样性，目前的滚压技术一般只适用于回转体类和平面类零件，完善滚压技术使其能适应零件形式的多样性，提高其使用范围。

③ 实现更大程度的塑性变形，传统的滚压技术很难实现大变形，难以完全消除车削留下的刀痕。

④ 实现更大幅度的强度提升，目前国内企业采用曲轴滚压工艺强化技术较少，一般只能提高 30%～50% 的强度，当需要大幅度提高强度时，要继续优化滚压强化工艺。

4.1.2 喷丸强化工艺

4.1.2.1 基本概述

喷丸强化是一种冷加工表面强化处理工艺，利用弹丸高速撞击金属工件表面，使材料表面不断形成形变硬化层。在喷丸过程中，材料近表层晶粒发生细化，大量位错形成，残余奥氏体向马氏体转变，表层引入残余压应力，使材料喷丸层的力学性能得到显著提高。喷丸强化能耗低、耗时短、强化效果显著，在零件的截面变化处、圆角、沟槽、危险断面以及焊缝区等都可以进行。目前已广泛应用于弹簧、齿轮、链条、轴、叶片、火车轮等的加工，可以显著提高工件的抗弯曲疲劳、抗接触疲劳、抗应力腐蚀疲劳、耐点蚀能力的性能，极大地延长了工件的使用寿命。

4.1.2.2 喷丸强化工作原理

喷丸机将直径5～10mm的钢球加速到约100m/s的速度，向基材待处理表面进行喷射。喷丸的冲击使表层发生局部塑性变形，塑性变形区以下的基体层发生弹性变形，弹性变形区域往往会恢复原状，而塑性变形区则保持着被拉伸的状态。由于塑性变形区和弹性变形区层是紧密结合在一起的，弹性变形区受塑形变形区的拉长作用处于拉伸状态，而塑性变形区受弹性变形区的作用则处于压缩状态，从而在表面喷丸区产生残余压应力，在深处的弹性变形区产生残余拉应力。由于表面以下的残余拉应力的存在通常不会对疲劳寿命造成太大的损害，因此，通过喷丸强化工艺可以有效阻止表面裂纹的扩展，大幅度提高工件的抗疲劳强度。喷丸过程如图4.3所示。

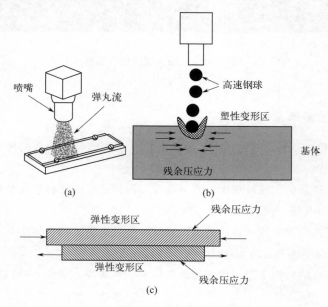

图 4.3　喷丸过程
（a）喷丸工艺过程；（b）由喷丸冲击引起的变形；（c）弹性、塑性变形和残余应力

4.1.2.3 喷丸工艺种类

最近几年，随着工业需求的不断增加，喷丸技术得到了极大的发展，应用范围不断扩大。目前，根据工艺特点的不同，可以将喷丸工艺分为机械喷丸、激光喷丸、高压水射流喷丸、微粒喷丸、超声/高能喷丸等。具体介绍如下。

（1）机械喷丸

机械喷丸强化是利用高速弹流撞击加工板材的表面，使喷丸区表层材料产生塑性变形，引入残余压应力，同时满足板材外形曲率要求的表面处理工艺。经过喷丸强化后的板材表层的材料组织发生变化，位错密度增大，产生晶格畸变，增强了抵抗变形的能力；弹丸冲击板材后，形成深浅不一的球面凹坑，使得喷丸区表面粗糙度发生变化；在表层材料引入压应力，阻碍裂纹扩展，提高耐磨性和抗疲劳能力。

影响机械喷丸强化工艺的参数主要有弹丸尺寸、喷射距离、喷射角度、喷射时间等。具体介绍如下。

① 喷射弹丸尺寸的影响。在其他参数不变的前提下，弹丸尺寸越大，留下的凹坑越深，形成的应变强化层也越深。当对零件进行高强度的喷丸后，深的弹坑不但增大表面粗糙度，还会形成较大的应力集中，严重削弱喷丸强化的效果。因此，对于表面有凹坑、凸台、划痕等缺陷的工件，通常选用粒径较大的弹丸，以获得较深的压应力层，减少应力集中，而对于表面较为光滑的工件，通常选用粒径较小的弹丸。

② 喷射距离的影响。弹流喷出后，弹丸受重力的作用在运动中相互碰撞，动能有所降低，因此距离过大时，喷丸强度会降低；但距离过小时，反弹回的弹流与入射流互相干扰，也会使入射弹丸能量降低。经试验表明，喷射距离在 $100 \sim 250 mm$ 之间时喷丸强度是稳定的。

③ 喷射角度的影响。弹流喷射角度是由喷丸机中喷管角度决定的，它决定着弹丸与工件表面的撞击方式，对被喷工件的应变层和残余应力的大小有影响。

④ 喷射时间的影响。在其他参数不变的前提下，喷丸得到的强化效果随着喷丸时间的延长而增强，当喷丸强化到一定时间后，达到强化的饱和平台，再继续喷丸，则会产生过大的表面粗糙度或在表面层中形成微裂纹，对于钛合金等材料，甚至还会产生循环软化，因此必须严格控制喷丸时间，达到最佳强化效果。

（2）激光喷丸

激光喷丸强化是利用激光诱导产生的冲击波压力在金属板材表面发生塑性变形得到形变硬化的工艺。其基本原理是高功率密度短脉冲激光束照射在金属表面的能量转换体（由对激光透明的约束层和吸收激光的能量吸收层组成），高能量的激光束透过约束层射到能量吸收层，吸收层吸收大量激光的能量后气化产生高温高压的等离子体，体积迅速膨胀的等离子体被限制在约束层和金属板材中间，对金属板材产生强烈的冲击，冲击波应力峰值超过板材的动态屈服强度极限，使金属板材发生塑性变形，进而在金属表面形成残余压应力场，激光喷丸强化过程如图 4.4 所示。

与机械喷丸工艺相比，激光喷丸工艺具有以下特点：①装备简单，准备周期短，形成的残余压应力层更深，稳定性更好；②脉冲参数和作用区域可以精确控制，可以实现同一零件

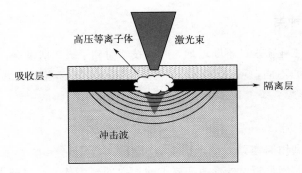

图 4.4　激光喷丸强化过程

上不同区域的分区强化；③可以与其他强化技术配合使用，进行补充强化，得到更好的强化效果。国内外研究均证明，激光喷丸强化对不锈钢、镍合金、钛合金、铸铁等具有良好的强化效果，在航空、汽车、医疗卫生、海洋运输等的器械生产领域具有极为广阔的应用前景。

激光喷丸的成形工艺更为复杂，影响强化效果的主要因素为激光能量及斑点大小、板材表面吸收层厚度、约束层厚度、喷射角度等。

① 激光能量及斑点大小的影响：激光辐照在基材表明产生的冲击波峰值应力应大于材料动态屈服强度才能起到强化效果。光斑直径较小时，冲击波以球形膨胀，直径较大时，冲击波以接近平面形状膨胀，衰减较小，冲击波传播得更远，形变层更厚。

② 板材表面涂层厚度的影响：激光喷丸处理时，板材表面会涂一层均匀的吸收层，以提高对激光能量的吸收并防止金属表面的熔化。经实践证明，有涂层的板材形变层更深，且板材不易被激光烧伤，提供了保护作用。

③ 约束层厚度的影响：约束层可以对等离子体的膨胀进行限制约束，不仅能大幅度提高激光冲击波的峰值压力，还能延长激光冲击波作用工件上的时间。有无约束层对板材的形变层厚度以及残余压应力有很大的影响。

④ 喷射角度的影响：不同的喷射角度，板材表面的残余压应力不同。

（3）高压水射流喷丸

高压水射流喷丸强化的基本工作原理是喷嘴垂直于材料表面，并在表面平行移动，将携带高能量的高压水以某种特定的方式高速喷射到金属材料表面上，使表层材料在再结晶温度下产生塑性变形，获得一定厚度的应变硬化层，从而达到提高工件疲劳强度的目的。高压水射流喷丸技术如图 4.5 所示。

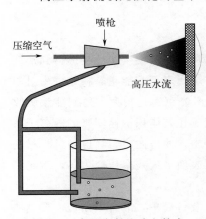

图 4.5　高压水射流喷丸技术

与机械喷丸强化相比，高压水射流喷丸具有以下特点：①喷丸区表面粗糙度变化不大，减少了应力集中，提高了强化效果；②可以对狭窄部位、深凹槽等细微部位进行强化；③无固体弹丸废弃物，绿色环保；④水介质和动力源来源广泛，价格低廉。根据已有的研究，对铝合金、硅锰合金和碳钢等材料进行高压水射流喷丸强化处理后，可以使工件的疲劳强度比未强化试件的疲劳强度提高 56%。

（4）微粒喷丸

微粒喷丸工艺使用的弹丸材料为直径 $0.04\sim0.2$mm 的高速钢丸或陶瓷粉，大量微粒子冲击材料的表面，短时间经受急冷和急热交替变换，急热的温度超过了材料金属组织发生变化的温度，温度的反复急剧变化使得材料受喷区的组织发生细化，同时产生锻造和热处理的效果，因此微粒子喷丸产生的表面硬度得到了显著的提升。此外，经过微粒子喷丸处理后，金属表面的弹坑可以存储机油，对减少摩擦和阻止油膜断裂具有很大的益处，适用于处理滑动表面。

与机械喷丸相比，微粒喷丸使用的喷丸粒径小（<0.2mm），冲击速度快，处理后得到的工件形变硬化层更深，既能在材料表面引入更高的残余压应力，又能有效地改善材料表面的粗糙度，进一步提高了材料表面疲劳强度，且满足了对表面光洁度要求高的抗疲劳构件的使用要求，被广泛应用于汽车螺纹、齿轮、螺杆、内燃机活塞、各种切削工具和模具的加工等领域，可以显著提高工件的使用寿命。

（5）超声/高能喷丸

超声喷丸过程中，撞针作上下振动冲击工件的表面，每次冲击工件的喷丸区发生一定的塑性变形，强化一段时间后，工件的表面将一定深度的应变硬化层。当设备的振动频率为 30kHz，弹丸的粒径较小（$0.1\sim1.8$mm），弹丸冲击速度为 120m/s 时，该工艺称为超声喷丸；当振动频率小于 30kHz、弹丸粒径较大时（约 10mm）、该工艺称为高能喷丸。超声/高能喷丸工作原理如图 4.6 所示。

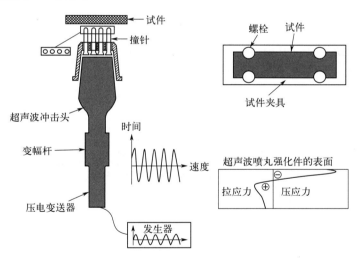

图 4.6　超声/高能喷丸原理

与机械喷丸相比，超声/高能喷丸可以获得更深的形变硬化层（厚度可达几十微米）和更大的残余压应力，可显著提高疲劳强度；强化处理过程中涉及的参数少，可精确控制；喷丸后材料表面易实现纳米化，可在铜、不锈钢、纯钛和低碳钢等表面制备纳米尺寸晶粒；超声喷丸可以降低渗碳渗氮温度，可以将渗碳、渗氮与喷丸复合起来实现复合表面强化技术。

（6）复合喷丸

单一表面强化技术因其设备和条件的限制都有其特定的适用范围，限制了实际应用范围。

如微粒子喷丸较传统喷丸在表面粗糙度上得到很大改善，但其表面硬化程度较低，残余应力层深度相对较浅，且不能实现材料表面的纳米化；激光喷丸各方面性能都比较好，但其投资金额偏高。目前既能达到高能、高重复率的工业需求又具有经济适用性的激光器还较少。复合喷丸强化技术通过协同效应可结合两种或者多种技术的优点，获得更优异的效果，如高能-微粒复合喷丸，既实现了材料表面纳米化又降低了表面的粗糙，激光-机械复合喷丸工艺则避免了激光喷丸的高成本。复合喷丸强化技术综合了各工艺的优点，但要使其作为一种成熟工艺得到更为广泛的应用，还需要对喷丸区强化过程进行更进一步的系统量化理论研究。

4.1.3 孔挤压强化工艺

4.1.3.1 概述

孔挤压强化是内孔精加工的方法之一，孔挤压是利用直径略大于孔径的棒、衬套、模具等，对零件孔或周边连续、缓慢、均匀地挤压，形成塑性变形的硬化层。塑性变形层内组织结构发生变化，引起形变强化，并产生残余压应力，降低了孔壁粗糙度，提高了材料疲劳强度和应力腐蚀能力。孔挤压工作效率高、工艺稳定、精度高，可有效降低表面粗糙度，还能起到校正孔形、改变孔径尺寸和强化表面的作用。目前，孔挤压加工的种类主要分为被挤压孔的形状是圆孔、椭圆孔、长圆孔、台阶孔、埋头窝孔和开口孔，孔挤压工艺可以应用于高强度钢、合金结构钢、铝合金、钛合金以及高温合金等的零件。

4.1.3.2 孔挤压强化工作原理

在孔挤压强化过程中，孔壁表层的金属材料受到挤压后发生径向塑性移动，从而在轴向和径向两个方向产生弹塑性变形，如图4.7所示。

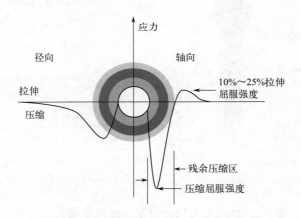

图 4.7   孔挤压强化产生的典型应力分布

孔挤压强化机理主要表现为以下三个方面。

① 在挤压过程中，孔壁表层金属发生塑性变形，更深层的金属发生弹性变形；挤压完成后，弹性变形区恢复，对产生塑性变形的孔壁层金属施加压力，在孔壁周围产生很高的残余压应力。当疲劳发生时，外在的交变载荷与表面的残余压应力相互作用，减小了外在的交变载荷

的拉应力峰值，平均应力降低，裂纹产生的时间被延长，因此孔的抗疲劳性能得到了提高。

② 在挤压时，孔壁金属发生挤压塑性变形导致晶体滑移，晶格发生畸变，位错数量增加，形成了紧密的位错网状结构——位错胞状结构。这些胞状结构使得材料在疲劳过程中，金属晶体的移动被限制，进而提高了材料的屈服强度，提高了流变应力，并相应地提高了疲劳性能。

③ 初加工的孔壁粗糙度很大，在挤压过程中，材料的凸起部分被碾压到凹处，使得孔壁表面粗糙度得到了降低，减少了微裂纹和应力集中，改善了孔壁表面质量。

4.1.3.3　孔挤压强化方法种类

孔挤压强化方法主要分为：球挤压强化、芯棒直接挤压强化和开缝衬套挤压强化、套管挤压强化等。

（1）球挤压强化

球挤压强化是利用直径略大的钢球对孔壁进行挤压强化，如图 4.8 所示。

在进行挤压强化时，钢球与孔壁的接触面积很小，因此摩擦力更小，适用于强化处理小直径大深度的高强度合金钢的连接孔处。但钢球挤压需要较大的功率，挤压量通常比较小，且在挤压过程中，容易在挤压端引入残余拉应力，影响强化效果。为解决该问题，正反双球挤压强化工艺得到了发展。该工艺是先用直径较大钢球穿过连接孔，再用一个直径更大的钢球从反方向通过连接孔，从而达到预期强化效果。

（2）芯棒直接挤压强化

芯棒直接挤压是用比孔直径稍大的锥形芯棒，通过待加工孔时对孔进行挤压强化，使孔周材料获得残余压应力，提高孔的疲劳强度，如图 4.9 所示。

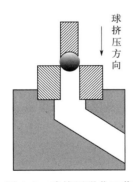

图 4.8　球挤压强化工作

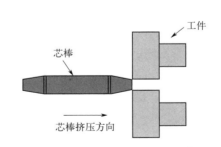

图 4.9　芯棒直接挤压强化工作

含孔工件的硬度应低于芯棒的硬度，芯棒应使用合适的润滑剂以防止孔壁被划伤。由于轴向力的存在，材料发生轴向流动后在孔挤出端容易形成材料堆积，需要后期用砂纸打磨。同时，对于钛合金、高强度合金钢等高硬度材料，采用芯棒直接挤压强化孔时，还没有合适的润滑剂，因此直接接触挤压很容易轴向划伤孔壁，形成潜在裂纹源，降低工件的疲劳寿命。目前直接芯棒挤压强化被广泛应用于低积压量的孔挤压强化工件之中，高积压量的挤压强化还难以实现。

（3）开缝衬套挤压强化

为了弥补芯棒直接挤压强化的不足，开缝衬套挤压强化在芯棒与孔壁之间增加一个沿轴向有开缝的衬套，衬套可以起润滑和传递轴向力的作用，芯棒与孔壁不再直接接触，可以有效防止孔壁被划伤。开缝衬套挤压强化工艺如图 4.10 所示。

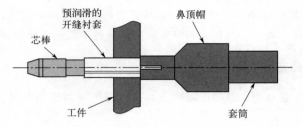

图 4.10　开缝衬套挤压强化工艺

先在孔壁和芯棒之间预置一个衬套，当芯棒挤过衬套时，衬套发生形变并向外扩张，挤压孔壁表层材料发生塑性变形。开缝衬套挤压过程比较均匀平缓，而且挤压力是由小到大匀速变化，金属塑性弹性变形比较充分，可以实现高挤压量强化，疲劳增寿效果明显。由于开缝衬套轴向开口的存在，开缝衬套挤压后会在孔壁形成一条轴向凸台，凸台处是挤压强化后最易发生疲劳失效的地方，因此需要后期增加铰削的工序，将凸台及可能的微裂纹源去除。铰削会损失部分残余压应力场，剩余的残余压应力可以在结构件受载时抵消部分拉应力，降低工作应力水平，并减小应力集中，达到延长结构件工作寿命的目的。与直接芯棒挤压相比，开缝衬套冷挤压能够单边操作，适应性好、生产效率高，且具有较高的干涉量，强化效果显著，但由于衬套大多为一次性消耗品，且制作难度高，造成工艺成本较高，目前只在航空业应用较为广泛。

（4）套管挤压强化

套管挤压强化，也被称为不开缝挤压强化工艺，与开缝挤压强化工艺类似，用不开缝套管代替了轴向开缝衬套，且挤压强化工艺后套管置留于孔内。套管挤压强化可以实现高积压量强化，同时还可以补偿孔径尺寸，但由于留在加工孔里的套管受载荷的作用下易松动，削弱了其承载能力。台阶式套管挤压强化是在套管挤压强化工艺的基础上发展起来的，可以实现叠层结构不同夹层材料的不同积压量的强化，一般来说，最软层材料的挤压变形量最大，最硬层材料变形最小。

4.1.3.4　孔挤压工艺影响因素

获得理想的工程可操作性和抗疲劳性能必须合理选择挤压的工艺参数，影响挤压强化效果的工艺参数包括挤压力和挤压过盈量、孔径/深、孔结构材料、挤压次数、挤压速度等。具体介绍如下。

（1）挤压力和挤压过盈量

挤压力是挤压加工中最重要的工艺参数，它不仅影响被挤压孔结构工件的表面粗糙度、残余压应力大小、加工效率等，还直接影响机床和挤压刀具的选择。挤压力的大小主要取决于挤压过盈量。挤压过盈量就是挤压刀具直径与被挤压孔的原始直径之差。过大的挤压过盈量容易导致多次挤压加工后孔表面产生裂纹，损伤孔壁表面完整性，影响强化效果。一般来说，钢件和表面质量要求较低或孔径较小的工件所要求的挤压过盈量较小，而有色金属、合金或表面质量要求较高或内孔直径较大的工件所需要的挤压过盈量较大。

（2）孔径/深

带孔材料与孔深相同时，挤压量会随着孔径的变化而变化；带孔材料与孔径一定时，随着孔深的增加，挤压量应适当减小。孔深过小时，孔挤压加工强化时可能会发生宏观的变形弯曲，影响强化效果，因此在加工孔深较小结构件时，通常会预置一个垫板，提高孔构件刚度。此外，孔深径比是加工完成后孔深度与直径的比值。加工孔的深径比越大，加工越困难。一般来说，孔挤压强化的孔径深径比不超过5。

（3）孔结构材料

通常来说，应变硬化材料都可以通过挤压处理获得残余压应力从而提高抗疲劳能力，但不同的应变材料形变得到的强化效果不同。材料挤压后的弹塑性变形量和微观结构的变化对加工效果有很大的影响。随着复合材料的大量使用，挤压加工技术也需要进一步的改善和优化。

（4）挤压次数

为提高生产效率，孔挤压加工次数应尽可能少。对大多数工件材料来说，增加挤压次数对孔结构的表面粗糙度影响不大，但对部分工件材料（如1Cr18Ni9Ti不锈钢），其表面粗糙度会随着挤压次数的增加而增大。因此，针对不同的工件，要合理选择挤压次数，达到生产效率与强化效果的平衡。

（5）挤压速度

经实验表明，随着挤压速度的提高，挤入端壁周残余压应力区域和峰值都随之增大，有利于抗疲劳能力的提高。且在实际生产加工过程中，挤压速度过慢会造成衬套褶皱、卡棒、断棒等情况。直接芯棒挤压时，挤压速度慢会造成挤出端材料堆积和孔壁材料回弹量增大，导致挤压强化的失败。

此外，挤压芯棒几何结构、孔初始几何结构、支撑垫板、孔间距、衬套、铰削、润滑剂、切削液等都对孔挤压加工强化的效果有影响。

4.2 表面热处理

表面热处理，也被称为表面淬火技术，是指对工件表面通过加热、保温和冷却的手段改变表层组织或成分的一种金属热加工工艺。通过不同的热源（火焰、电磁感应、激光、电子束等）对工件表面进行快速加热，使工件表层材料的温度达到相变临界温度以上，而工件芯部温度仍处于相变临界点以下，此时利用水、油等介质予以快速冷却，表层材料由细小的奥氏体组织转变为马氏体组织，而芯部材料仍保留原组织，从而使工件表层得到了淬硬组织，提高了零件表面的硬度和耐磨性，并保留了芯部的韧性和塑性。表面热处理具有工艺简单、强化效果显著、变形较小、易于工业化控制、污染少等优点，被广泛应用于齿轮、轴类等的表面强化。

根据加热方式的不同，表面热处理工艺可以分为火焰加热表面淬火、感应加热表面淬火、脉冲表面淬火、激光表面淬火、电子束表面淬火等。

4.2.1　传统表面热处理技术

（1）火焰加热表面淬火

火焰加热表面淬火是应用历史最长的表面淬火技术之一，它是利用可燃气体与氧气混合燃烧后产生的高温，将工件表面迅速加热至淬火温度，然后用水、油等介质急速冷却，使表面获得符合要求的硬度而芯部保留原有组织的淬火方式。火焰加热表面淬火的淬透层一般为2～6mm。其特点是设备简单，与普通热处理淬火相比，工序简单，节省能源；模具易于焊接修补，有利于复杂模具的制造及更换维修；不需要特殊设备，适用于单件或小批量生产。但其淬硬层深度不易控制，易产生过热和加热不均匀的现象，淬火质量不稳定。火焰加热表面淬火如图4.11所示。

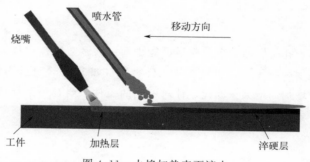

图4.11　火焰加热表面淬火

在实际生产中，火焰形状、火焰喷嘴与工件的表面距离和相对移动速度、冷却喷嘴与火焰之间的距离、冷却介质的温度都会影响工件表面淬火的质量。具体介绍如下。

① 火焰形状。火焰形状与喷嘴的结构有关。为了获得温度均匀的加热区，通常采用多头喷嘴。为了获得理想的淬火组织和性能，应严格控制可燃气体与氧气的比例。以乙炔为例，实际生产中，氧与乙炔的比例为1.12～1.25最为理想。

② 火焰喷嘴与工件的表面距离。由于火焰距焰心顶端2～4mm处温度最高，因此应合理选择喷嘴与工件的表面距离，一般距离应保持6～8mm，距离过大会导致加热温度不足，距离过小则会导致工件加热区过热。

③ 火焰喷嘴与工件的相对移动速度。喷嘴与工件的相对移动速度会影响工件表面硬化层的厚度。相对移动速度小，工件表面得到的硬化层较深，反之，则得到的硬化层较浅。当需要的硬化层深度为2～5mm时，喷嘴与工件之间的相对移动速度通常选择在80～200mm/min范围之间。

④ 冷却喷嘴与火焰间的距离。冷却喷嘴与火焰间的距离会影响淬火的效果，如果距离过

远，工件表面降温使工件淬火温度较低，需要延长加热时间来提高工件表面温度；如果距离较近，有可能会造成火焰熄灭，影响工件表面的加热效果。工业上通常采用 15～20mm 作为冷却喷嘴与火焰间的距离。

⑤ 冷却介质的温度。冷却介质的温度过高会导致淬硬效果的降低，温度过低可能会导致淬火裂纹的出现。

（2）感应加热表面淬火

感应加热表面淬火是向感应圈中通感应电流，产生交变磁场，从而使置于磁场之中的工件内部产生感应电流，利用感应电流通过工件所产生的集肤效应，使工件表面受到局部加热，并进行快速冷却的淬火工艺，如图 4.12 所示。

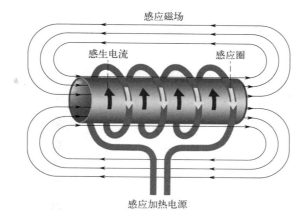

图 4.12　感应加热表面淬火

感应加热表面淬火可以大幅度提高工件的表面硬度、耐磨性和疲劳强度。其特点是加热速度快、表面氧化脱碳量小、零件变形小、生产效率高、淬透层易控制、容易实现机械化和自动化，适用于大批量生产。但设备较贵，形状复杂零件的感应器不易制造，不适用于单件生产，可用于零件外圆、内孔及平面的表面硬化。

感应加热表面淬火质量主要通过淬火工艺来控制，而淬火工艺又与感应器的设计、电流频率、加热方式、加热温度和时间、冷却方式等因素有关。具体介绍如下。

① 感应器的设计。感应圈的设计和制造，直接影响淬火层的质量。为获得均匀的硬化层，感应圈要有合理的高度和圈距，圈距过大会使淬硬层分布不均，过小容易造成短路。多圈或双圈适用于直径较小的零件，单圈适用于直径较大的零件。

② 电流频率。感应加热表面淬火前，要根据工件所需的淬硬层厚度来选择电流频率。一般来说，频率越高，加热时间越短，淬硬层厚度越浅。因此，对于大尺寸的工件，要获得较深的淬硬层，应采用低的电流频率；对于小工件，要获得较浅的淬硬层，应选用较高的电流频率。

③ 加热方式。感应加热表面淬火有连续加热法和同时加热法两种。连续加热法是通电后工件与感应器之间平稳的发生相对移动，适用于淬火面积很大但设备功率不足的情况；同时加热法是通电后将整个工件表面同时加热，操作简便，生产效率高，设备功率要求较高，适用于小尺寸零件或大尺寸小淬火面积的零件。

④ 加热温度和时间。随着加热速度的提高，要使金属工件表面尽快奥氏体化，淬火所需的加热温度也要随之提高，这样奥氏体晶粒才不会粗化，在淬火时才能得到细微的马氏体。需要注意的是，加热温度也不能过高，防止出现过热现象；也不能过低，否则容易出现马氏体的不均匀分布现象。

⑤ 冷却方式。冷却介质应根据工件的材料、形状大小以及所要求的淬硬层深度所决定。当选用水当作冷却介质时，水温应在 15～35℃ 为佳，水温过高会出使淬硬能力不足，过低容易出现淬裂的现象。

4.2.2　新型表面热处理技术

4.2.2.1　高频脉冲感应加热表面淬火

高频脉冲感应加热表面淬火由高频感应加热表面淬火发展而来。它是采用高频脉冲使工件表面迅速升温到相变临界温度，当热源移开后，仍处于低温状态的金属基体内部的热传导作用使表层温度迅速降低到马氏体相变温度以下，从而达到自淬火的效果。脉冲表面淬火的主要优点是工件变形量小，淬火后组织变细，硬度高，耐磨、抗疲劳性能显著提高。这种表面处理方法已在带锯锯刃的强化上得到了应用，使带锯的使用寿命大大提高。

高频脉冲感应淬火技术其能量密度介于激光、电子束与普通高频感应加热之间（1～10kW/cm²），加热速度一般大于 1000℃/s。高频脉冲感应淬火包括以 27.12MHz 振荡频率的超高频脉冲感应淬火和 300～1000kHz 振荡频率的大功率脉冲感应淬火两种方法。超高频脉冲感应淬火可以获得无过渡区的淬火组织，具有极高硬度、高耐磨性和抗蚀性；可以实现无变形或微变形热处理，工件无需再经过校直或精磨过程，可以有序简化工序，降低成本。大功率高频脉冲感应淬火多采用水冷与自冷相结合，过渡区窄，淬硬层组织介于普通高频感应加热表面淬火与超高频脉冲表面淬火之间。普通高频感应淬火、超高频脉冲感应淬火、大功率高频脉冲感应淬火的参数。如表 4.1 所示。

表 4.1　三种感应淬火技术参数对比

参数	普通高频	超高频脉冲	大功率高频脉冲
频率	200～300kHz	27.12MHz	500～1000kHz
功率密度	200W/cm²	10～30kW/cm²	1～10kW/cm²
最短淬火时间	0.1～5s	1～500ms	1～1000ms
淬硬层厚度	0.5～2.5mm	0.05～0.5mm	10.1～1.2mm
冷却方式	水冷	自冷	水冷或自冷
组织	普通马氏体	极细马氏体	细马氏体
变形	不可避免	极小	极小
淬火硬度	较高硬化	超常硬化	超常硬化
适用范围	大、中件	小、薄件	中、小件

4.2.2.2　激光表面淬火

激光淬火技术，也被称为激光相变硬化，是利用聚焦后的激光束照射在金属材料表面，使温度迅速升高到相变温度以上，当激光移开后，由于仍处于低温的内层材料的快速导热作用，使表层快速冷却到马氏体相变点以下而发生"自淬"，获得细小的马氏体组织。为了提高激光吸收率，工件进行激光淬火之前要作黑化处理，即在工件表面涂磷酸锌盐膜、磷酸锰盐膜、炭黑和氧化铁粉等吸光效率高的涂料。

激光淬火原理与感应加热淬火、火焰加热淬火技术类似，只是其所使用的能量密度更高，加热速度更快，热影响区和变形较小；加热层深度和加热轨迹易于控制，容易实现自动化；可以对复杂形状工件进行局部淬火，如拐角、窄槽、齿条、齿轮、深孔和盲孔等。

4.2.2.3 电子束表面淬火

电子束表面淬火是将工件置于低真空室中，用高能电子束轰击工件的局部表面，使轰击部位快速升温达到淬火温度，停止轰击后热量迅速传到周围冷的基体金属中，可以通过自激冷却实现自淬火，表面层转变为晶粒极细的马氏体。经电子束加热表面淬火后，工件表面层呈压应力状态，有助于提高疲劳强度，从而延长工件使用寿命。

由于电子束的射程长，局部淬火部分的形状可以不受限制，即使是深孔底部及狭小的沟槽内部也能实现淬火硬化；电子束热处理是在真空中进行的，所以无氧化脱碳的现象发生；电子束淬火后，表面几乎不发生变形，可直接装备使用。与激光淬火表面淬火相比，电子束热处理具有能量利用率高、淬硬层深、电子束对焦和束流偏转容易、无需黑化处理、操作控制方便、电子束输出功率大，运行成本低等优点。电子束表面淬火与激光表面淬火工艺对比如表 4.2 所示。

表 4.2　电子束表面淬火与激光表面淬火工艺比较

工艺	电子束表面淬火	激光表面淬火
加热效率	高，且能耗低	低，仅优于渗碳
气氛条件	真空	大气中进行，但需辅助气体
表面预处理	无需处理	黑化处理
对焦	通过控制聚束透镜的电流调节	透镜焦距固定，需要移动工作台
反射率	涂覆防止反射剂，反射效率 60% 左右	反射效率为 0，无需防止反射

电子束表面淬火的表面温度和淬透深度决定于电子束功率和轰击时间。功率密度增加，淬硬层的深度和硬度提高；在一定范围内，随着电子束轰击时间的增加，淬硬层深度增加，但轰击时间过长，会使金属基体变热，影响自激冷却效果甚至出现微熔。

4.3　金属表面化学热处理

许多金属表面都有形成较稳定氧化膜的倾向，氧化膜可以对金属内部起到一定的保护作用。金属表面转化膜技术是通过化学或电化学手段，使金属表面形成稳定的化合物膜层的强化方法。其作用机理是使金属与特定的腐蚀液相接触，在浓差极化或阴极极化等的作用下在金属表面形成一层致密、附着力良好、性质相对稳定的化合物膜。成膜的典型反应可以用下式表示：

$$mM + nA^{z-} \longrightarrow M_mA_n + nze \tag{4.1}$$

式中，M为残余反应的金属或镀层金属；A为腐蚀液中的阴离子。

转化膜有很多种类，根据成膜的形成机理，可分为化学转化膜和电化学转化膜；根据成膜时采用的介质，可以分为氧化物膜、磷酸盐膜、铬酸盐膜等。金属转化膜处理技术通常有两种方式：一种是处理液中不含重金属离子，如铅酸盐等，使工件表层金属直接与阴离子反应生成转化膜；另一种是处理液中含有重金属离子，如磷酸锰、磷酸锌等，主要依靠处理液中的重金属离子生成金属转化膜。

金属转化膜处理方法有喷淋法、刷涂法、浸渍法、阳极极化法、滚涂法、蒸气法、喷射法等，广泛应用于钢铁、铝、锌、铜、镁及其合金等金属材料工件，可以满足工件防锈、耐磨、涂装底层、装饰、塑性加工、绝缘等的需求。

4.3.1 氧化处理

氧化处理多用于钢铁件的处理，将钢铁工件置于含有氧化剂的溶液中进行处理，生成一层薄而致密的蓝黑色或深黑色膜层的过程，也被称为钢铁的"发蓝"或"发黑"。钢铁经发蓝处理后可以提高耐蚀性，但效果不如磷化处理，氧化后进行后处理（皂化处理、铬酸盐钝化处理、涂油脂等），可显著提高其耐蚀性和润滑性；膜层厚度在 $0.6 \sim 1.5 \mu m$ 之间，对工件的尺寸和精度影响很小；氧化过程中不会析氢，因此不会发生氢脆危险；再加上氧化处理成本较低、生产效率高，因此化学氧化处理可广泛用于机械、精密器械、兵器和日常用品的一般防护和装饰，一些对氢脆敏感的工件如弹簧钢、细铁丝和薄钢片也可以用化学氧化处理来进行防护。

根据处理温度的高低，钢铁的化学氧化处理可以分为常温化学氧化和高温化学氧化。这两种方法所用的处理液成分、膜的组成、成膜机理均不相同。

4.3.1.1 常温氧化法

钢铁的常温氧化也被称为常温发黑，是从 20 世纪 80 年代发展起来的强化工艺。传统氧化法存在碱浓度高、温度高、能耗大、污染严重、效率低等缺点，常温氧化法将氧化与磷化相结合来提高膜层结合力，该技术能耗低、效率高、操作简便、环境污染小，适用于不同的材质。但该技术目前发展仍不完善，主要存在以下几个问题：常温发黑膜为非晶态组织，致密度不高；常温发黑液不够稳定，久置溶液出现沉渣；膜层附着力差，容易剥落等，这些问题的存在限制了常温氧化的进一步推广和应用。

（1）常温氧化的基本原理

常温发黑剂主要由成膜剂、pH缓冲剂、配合剂、表面润湿剂等组成，以硫酸铜和亚硒酸为成膜剂为例，常温化学氧化的反应如下所示。

在酸性条件下，工件表面的金属铁置换出发黑剂里的铜，与基体形成微电池，加速成膜过程。

$$Fe + Cu^{2+} \longrightarrow Cu + Fe^{2+} \tag{4.2}$$

亚硒酸与铁和铜反应生成黑色沉积物。

$$3Fe + Cu^{2+} + SeO_3^{2-} + 6H^+ \longrightarrow 3Fe^{2+} + CuSe\downarrow + 3H_2O \tag{4.3}$$

$$3Fe + SeO_3^{2-} + 6H^+ \longrightarrow 2Fe^{2+} + FeSe\downarrow + 3H_2O \tag{4.4}$$

$$3Cu + 2SeO_3^{2-} + 12H^+ \longrightarrow Cu^{2+} + 2CuSe\downarrow + 6H_2O \tag{4.5}$$

当发黑剂中有磷酸盐和氧化剂存在时，还可能有 $FeHPO_4$ 和 $FePO_4$ 参与成膜，进一步提高膜层的耐蚀性。

（2）常温氧化处理工艺

常温氧化处理工艺一般流程为：脱脂→水洗→酸洗→水洗→发黑→空气氧化→脱水→浸油。

① 脱脂。脱脂是常温发黑的关键工序，它关系到发黑的成功与否。凡需发黑的零件，必须将其表面油污清除干净，否则不能成膜或成膜不均，影响发黑质量。常规除油方法多采用烘干除油法和常温表面活性剂除油法。

② 酸洗。对除油后的零件进行酸洗，以增加零件表面活性。酸洗时，视零件表面锈蚀情况，采用 30%～50% 盐酸水溶液进行处理，较高浓度用于淬火零件，较低浓度用于光坯零件。酸洗后用流水清洗表面酸液，条件允许时可在 3% Na_2CO_3 水溶液里进行 $10～12min$ 中和处理。

③ 发黑。常温发黑在聚氯乙烯、聚丙塑料或玻璃钢制品容器内进行。发黑时，将清洗无油、无锈斑的零件浸入发黑工作液中，浸液处理 8～10min，使工件与发黑液均匀接触。

④ 空气氧化。经发黑处理后，工件表面很快生成一层黑色网孔状氧化膜，其膜层较薄，需在空气中氧化 4～5min，使附着在工件表面的水膜与空气中的 CO_2 等酸性气体作用，使膜层中的金属盐形成更浓的电解质溶液，从而促进工件表面的氧化成膜过程。

⑤ 脱水浸油。发黑并经水洗后的零件表面呈微孔状，其防锈性能仍不理想，因此当成膜操作完成后，必须进行脱水油封处理。常用的方法是在特定的油内进行浸渍处理 1～2min，或在高于 90℃ 的肥皂液中浸泡 1min 进行浸皂处理，再涂上普通防锈油，以达到微孔封闭、提高抗蚀能力、增加色泽光亮的效果。

（3）影响钢铁常温氧化效果的因素

① 硫酸铜的含量对工艺及膜层质量有很大影响。在一定范围内，随着硫酸铜含量的增加，钢铁工件发黑的速度随之加快，但当硫酸铜含量超过一定值，会产生疏松多孔的发黑层，影响发黑效果。

② 亚硒酸的含量对发黑速度及成膜的质量有较大的影响。在其他条件不变的前提下，亚硒酸含量过少时，发黑速度减慢，难以形成完整致密发黑层；当亚硒酸含量过多时，发黑速度增快，但易形成疏松结构，使耐蚀性变差。

③ 常温发黑液中的络合剂主要用来络合溶液中的 Fe^{2+} 和 Cu^{2+}，对发黑速度和成膜质量有较大的影响。柠檬酸、抗坏血酸等络合剂可以络合 Fe^{2+}，防止 Fe^{2+} 被氧化而使发黑液浑浊失效，起到了稳定溶液的作用；柠檬酸、对苯二酚等络合剂能与 Cu^{2+} 形成络合物，降低了溶液中游离的 Cu^{2+} 的浓度，减慢成膜速度，从而形成致密、均匀、结合力强的发黑膜。

④ 槽液发黑速度对膜层质量有重要的影响。发黑速度越高，膜层越黑而疏松附着力及耐

蚀性均差；发黑速度越低，膜层黑度则越差，但结晶细致，耐蚀性则提高。通常发黑时间控制在 $3\sim8$min，达到均匀深黑色为宜。

⑤ 通常情况下，槽液 pH 值控制在 $1\sim3$ 之间为最佳。pH 值越低，发黑速度越快，膜层越黑，但组织越疏松。

4.3.1.2 高温氧化法

高温发蓝是传统的发黑方法，是将钢铁工件浸入高于 $100℃$ 的含有氧化剂的浓碱溶液中进行处理，氧化膜的主要成分是磁性四氧化三铁。高温氧化法工艺相对成熟，发黑质量稳定，耐蚀性好，结合力强，是目前钢铁发黑最主要的方法。高温发蓝的机理较为复杂，目前认为发蓝过程中存在化学反应和电化学反应两种机理。

（1）高温氧化的基本原理

① 化学反应机理。钢铁工件表面的金属铁在热碱溶液和氧化剂的作用下生成亚铁酸钠（Na_2FeO_2）

$$3Fe+NaNO_2+5NaOH \longrightarrow 3Na_2FeO_2+H_2O+NH_3\uparrow \tag{4.6}$$

亚铁酸钠（Na_2FeO_2）被氧化剂氧化产生铁酸钠（$Na_2Fe_2O_2$）

$$6Na_2FeO_2+NaNO_2+5H_2O \longrightarrow 3Na_2Fe_2O_4+7NaOH+NH_3\uparrow \tag{4.7}$$

铁酸钠（$Na_2Fe_2O_2$）与亚铁酸钠（Na_2FeO_2）反应生成磁性四氧化三铁（Fe_3O_4）

$$Na_2Fe_2O_4+Na_2FeO_2+2H_2O \longrightarrow Fe_3O_4+4NaOH \tag{4.8}$$

由于 Fe_3O_4 在溶液中的溶解度很小，因此很快便从溶液中析出，在工件表面形成晶核，并逐渐长大在工件表面形成连续致密的黑色氧化膜。

在黑化过程中，部分铁酸钠可能会发生水解而生成氧化物的水合物，这种水合物在较高温度下会失去部分水，生成红色沉淀物沉积在氧化膜表面，俗称"红霜"，红霜的存在会加速工件的腐蚀，因此应该尽量避免红霜的产生。

② 电化学反应机理。钢铁工件浸入电解质溶液中在表面形成无数的微电池，发生的电化学反应过程如下所示：

阳极反应：在微阳极（铁素体）上发生金属铁的溶解

$$Fe \longrightarrow Fe^{2+}+2e \tag{4.9}$$

在强碱溶液中，氧化剂的存在使 Fe^{2+} 转变为三价铁的羟基氧化物

$$2Fe^{2+}+4OH^-+NO_3^- \longrightarrow 2FeOOH+NO_2^-+H_2O \tag{4.10}$$

阴极反应：羟基氧化铁在金属工件表面的微阴极上被还原为 Fe_3O_4

$$FeOOH+e \longrightarrow HFeO_2^- \tag{4.11}$$

$$2FeOOH+HFeO_2^- \longrightarrow Fe_3O_4+OH^-+H_2O \tag{4.12}$$

或者 Fe^{2+} 与 OH^- 结合产生二价铁的氢氧化物，微阴极上的 $Fe(OH)_2$ 发生不完全氧化生成 Fe_3O_4

$$Fe^{2+}+2OH^- \longrightarrow Fe(OH)_2\downarrow \tag{4.13}$$

$$3Fe(OH)_2+\frac{1}{2}O_2 \longrightarrow Fe_3O_4+3H_2O \tag{4.14}$$

（2）高温氧化处理的工艺

高温氧化处理工艺有单槽类和双槽类两种。单槽法操作简单，使用更广泛；双槽法是工件在两个不同浓度的氧化液中进行双氧化处理，得到的氧化膜更厚，耐蚀性更好。

双槽法高温氧化工艺流程一般为：脱脂→水洗→酸洗→水洗→氧化→氧化→水洗→钝化→水洗→干燥→检验→浸油。

（3）影响硬化膜质量的因素

① 碱的浓度。随着碱的浓度升高，氧化膜的厚度随之增加，但更易出现疏松多孔的缺陷，甚至出现红霜；当碱的浓度过低时，产生的氧化膜的厚度较薄，易产生花斑，耐蚀性差。

② 氧化剂的浓度。提高氧化剂的浓度，氧化速度随之加快，产生致密、结合力强的氧化膜层；氧化剂浓度低时，氧化膜会产生疏松多孔的缺陷。

③ 氧化温度。溶液温度过高，生成的氧化膜层较薄，且易产生红霜，降低氧化膜的质量。

④ 钢铁含碳量。钢铁中含碳量过高，阴极表面增加，加速了工件表面金属铁的溶解，加快了氧化膜的形成，因此得到的氧化膜更薄。

⑤ 铁离子的浓度。当铁离子浓度过低时，无法得到致密且结合力好的膜层；浓度过高时，会影响成膜且易出现红霜。

（4）发黑质量检验

① 外观检验。浸油前后均进行外观检验，钢材成分不同，氧化膜的色泽会有差异，但都应均匀一致，不允许有花斑、未氧化的斑点及锈迹等的出现。

② 抗腐蚀检验。将氧化处理后的工件浸泡在 3％的中性硫酸铜水溶液中 30s 取出，用水冲洗，表面不能出现红色斑点，经检验不合格的膜层，酸洗后重新氧化处理。

③ 环保性要求。工件发黑后要无毒，无异味，环保。

4.3.1.3 常温氧化与高温氧化工艺比较

（1）膜层的成分、结构与质量

常温发黑膜的主要成分为 CuSe，发黑膜为多孔网结构，膜层致密度、结合力和耐磨性稍差，膜层厚度一般为几个微米，成膜后需封闭处理；高温发黑膜主要成分为具有反尖晶石结构的 Fe_3O_4，膜层致密、结合力好，膜层厚度一般为 $1\sim3\mu m$，成膜后也需封闭处理。

（2）槽液维护与分析

常温发黑槽液性质不稳定，静置一段时间后会产生沉渣，需不断补充新配好的溶液；高温发黑槽液配制简单，易于控制，不需更换。但当槽液表面出现大量红色氢氧化铁时，应及时打捞或加甘油处理。

（3）发黑的工艺设备与耗能

常温发黑槽可用塑料或耐腐蚀钢制备，不需加热，发黑时间快，相对生产效率较高；高温碱性发黑槽必须带有保温层和电加热系统，采用不锈钢材料或耐腐蚀钢制备的槽，生产环境较差，发黑时间长，能耗大，相对生产效率低。

4.3.1.4 钢铁余热发黑

钢铁余热发黑克服了高温发黑和常温发黑技术中的缺点。它是指存在余热的钢铁工件在与发黑液接触的瞬间，发黑液中的有机成膜物质凝聚并沉积在金属工件表面，从而形成一层含有着色物质和其他功能作用物质的有机高分子复合材料保护膜的技术。通过有机包覆膜的附着和封闭作用，起到对工件防腐蚀和装饰的效果。钢铁余热发黑利用工件自身的余热发黑，能耗低；余热发黑操作简便，质量稳定；无排放，绿色环保。但钢铁余热发黑的工件自身必须具有一定的温度，因而有些不能加热的工件就不能利用该工艺发黑。因此还需进一步研究余热发黑的反应机理，不断发展节能、环保、高效的发黑技术。

4.3.2 铝及铝合金的阳极氧化

金属的阳极氧化是指金属在适当的电解液中，被处理的金属工件作为阳极，耐蚀性导电材料作为阴极，在外电流的作用下，使工件表面形成一层致密氧化膜的过程。采用阳极氧化得到的氧化膜与化学氧化得到的膜层相比，膜层的致密度、厚度、硬度、耐磨耐腐蚀性和结合力都有显著的提高，因此阳极氧化得到了高速的发展。

阳极氧化的处理对象主要是有色轻金属材料，特别是铝及铝合金、镁合金、钛及钛合金等。铝及铝合金的阳极氧化液有酸洗液、碱性液和非水液三大类，酸性液在实际生产中应用最为广泛。酸性液可以被分为无机酸体系、有机酸体系和无机有机酸混合酸体系。工业生产中主要采用硫酸法、铬酸法、草酸法和混合酸法，其中硫酸法的推广和应用最为广泛。因此，本节主要对硫酸体系的阳极氧化法进行介绍。

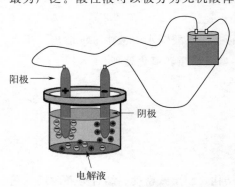

图 4.13 铝及铝合金阳极氧化基本原理

（1）铝及铝合金阳极氧化的机理

铝及铝合金的阳极氧化过程中，通常采用铅作为阴极，铝及铝合金工件作为阳极，电解液为一定浓度的硫酸溶液。阳极氧化膜的形成是由膜的生长和膜的溶解两部分共同作用形成，其基本原理如图 4.13 所示。

① 膜的生长

阴极反应：
$$2H^+ + 2e \longrightarrow H_2 \uparrow \tag{4.15}$$

阳极反应：
$$H_2O - 2e \longrightarrow [O] + 2H^+ \tag{4.16}$$

阳极反应产生的氧既可以作为氧气析出，也可以在阳极形成表面氧化层

$$2Al + 3[O] \longrightarrow Al_2O_3 \tag{4.17}$$

生成氧化膜薄膜的反应为放热反应，随着膜层的不断生长，厚度不断增加，电阻随之增大，生成膜的反应速度减缓直至停止生长。

② 膜的溶解。膜的溶解过程与膜的生成过程是同步发生的，膜的溶解使膜可以继续不断

地生长。初生的膜层并不均匀，膜层薄的地方就会溶解产生小孔，电解液可以进到小孔里面，不断生成氧化膜，并不断地溶解，最终形成氧化膜的小孔由表及里形成锥形结构。

$$2Al + 6H^+ \longrightarrow 2Al^{3+} + 3H_2 \uparrow \tag{4.18}$$

$$Al_2O_3 + 6H^+ \longrightarrow 2Al^{3+} + 3H_2O \tag{4.19}$$

（2）铝及铝合金阳极氧化的处理工艺

铝及其合金阳极氧化的处理工艺流程一般为：机械抛光→除油脂→清洗→碱蚀→清洗→阳极氧化→清洗→中和→清洗→（染色→清洗→）封闭处理→检验。

① 抛光。待处理的工件，需要根据所需表面粗糙度进行抛光。

② 碱蚀。铝表面形成的天然氧化膜在阳极氧化前必须清除干净，一般需在温度为 $50\sim60℃$ 的浓碱中浸泡 $2\sim5min$ 除去。

③ 着色。铝及铝合金工件经氧化处理后，表面生成多孔氧化膜，对其进行着色，可以获得不同的颜色，达到装饰目的。

④ 封闭处理。经过阳极氧化处理后的铝及铝合金具有很高的孔隙率，易遭到腐蚀，因此无论是否着色都要进行封闭后处理。在封闭过程中，膜层里的氧化物与水化合生成水合氧化铝，引起氧化膜体积膨胀和晶格改变，使膜封闭并产生光滑透明的表面。常用的封闭处理的方法有高温封闭法、常温封闭法和有机物封闭法。

对 1016 铝合金硫酸阳极氧化膜层采用国标 GB/T 8753.1—2017《铝及铝合金阳极氧化 氧化膜封孔质量的评价方法 第 1 部分：酸浸蚀失重法》中的硝酸预浸的磷-铬酸法，计算经过不同封闭液中封孔后试片失重数据如表 4.3 所示。

表 4.3 铝片在不同封闭液中封孔后磷铬酸失重数据

封孔剂	试验前质量/g	试验后质量/g	质量差/mg	平均质量差/(mg/dm²)
未封孔	2.7235	2.6534	70.1	280.4
HB 封闭剂	2.7345	2.7284	6.1	24.4
常温氟锆酸钾	2.7129	2.6850	27.9	111.6
中温氟锆酸钾	2.7495	2.7417	7.8	29.8
沸水	2.7177	2.6733	44.4	177.6

从表 4.3 可知，封闭效果：HB 封闭剂＞中温氟锆酸钾封闭＞常温氟锆酸钾封闭＞沸水封闭＞未封闭。中温氟锆酸钾封闭接近 HB 封闭效果，原因是氟锆酸钾与氧化膜在水溶液中经过一系列的反应，生成了 $Zr(OH)_2$ 和 $Zr(OH)_4$ 沉淀填充在氧化膜中，而 $Zr(OH)_2$ 和 $Zr(OH)_4$ 具备优良的耐蚀性，并且铝合金氧化膜在中温条件下生产拜尔体［三水氧化铝，阳极氧化膜在温度过低（低于 $80℃$）的水或蒸气中封闭时，由于膜的水合作用所生成的一种三水合铝氧化物］。铝合金氧化膜体积膨胀实现封闭。因此，中温氟锆酸钾封闭后阳极氧化膜显示出优异的耐蚀性。而在常温条件下采用氟锆酸钾进行封闭时，由于在室温条件下铝合金氧化膜不能够转换成拜尔体，并且可能由于温度低导致氟锆酸钾与氧化膜在水溶液中反应难以进行，产生沉淀较为困难，从而影响了封闭效果。

（3）影响铝及铝合金阳极氧化效果的因素

① 硫酸的浓度。提高硫酸溶液的浓度，氧化膜溶解速度增大，孔隙率增加，膜层薄而软；

降低硫酸溶液的浓度，氧化膜生长速度加快，孔隙率降低，氧化膜硬度较高，反光性良好。

②铝离子浓度。溶液中铝离子浓度过低，不能形成完整的氧化膜；铝离子浓度也不能过高，过高会导致游离硫酸浓度降低，降低膜层质量。当铝离子浓度过高时必须部分更新溶液或除去溶液中多余的铝离子。

③氧化温度。电解液的温度对氧化膜的质量有很大影响。温度过高会导致氧化膜结构疏松，厚度和硬度降低，着色不均匀；温度过低会使膜的质量明显下降，厚度增加，孔隙率降低，脆性增大。在阳极氧化过程中，由于阳极氧化反应放热，电解液内也会产生焦耳热，溶液温度会不断升高，因此要采取强制冷却办法来控制氧化温度。

④电流密度。电流密度过低，则氧化速度低，膜层疏松，硬度降低。适当提高电流密度会加快膜层的生长速度，生产效率明显提高，孔隙率也有所增加。但电流密度过高会使电解液升温加快，加速膜层的溶液甚至产生烧蚀现象。

⑤时间。阳极氧化时间可根据电解液的浓度、温度、电流密度和所需要的膜厚来确定。在相同条件下，随着阳极氧化时间的延长，氧化膜的厚度增加，孔隙增多，易于着色。但膜层达到一定厚度后，生长速度会降低直至不再增加。因此确定氧化时间时要权衡好生产效率和膜层质量的取舍问题。

⑥搅拌。搅拌可以促进溶液对流，使溶液温度均匀。

4.3.3 磷化处理

磷化处理是将金属工件放入含有锰、铁、锌的磷酸盐溶液中进行表面化学处理，使工件表层形成一层难溶于水的磷酸盐保护膜的表面强化方法。磷化膜为微孔结构，具有良好的吸附性、耐蚀性、润滑性、电绝缘性等，可以用于涂料的底层、电机硅钢片的绝缘层、金属冷加工时的润滑层、金属表面的耐蚀层等。磷化膜的厚度通常为 $1\sim50\mu m$，膜的颜色一般以浅灰、黑灰色为主，有时也可呈现彩虹色。磷化处理所需设备简单，操作方便成本低，生产效率高。

4.3.3.1 磷化膜的形成机理

磷化处理是在含锰、铁、锌的磷酸盐溶液中进行的，以锌的磷酸盐溶液为例，其磷化过程的反应机理如图 4.14 所示。

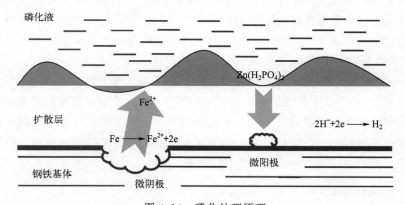

图 4.14 磷化处理原理

（1）金属基体的溶解过程

当金属工件浸入磷化液时，由于磷化液的酸性环境，金属基体先与磷化液中的磷酸作用，生成一代磷酸铁，并伴有大量的氢气产生。其化学反应为

$$Fe + 2H_3PO_4 \longrightarrow Fe(H_2PO_4)_2 + H_2 \uparrow \tag{4.20}$$

（2）促进剂的加速

金属被腐蚀释放出的氢气吸附在金属工件表面，阻碍磷化膜的形成。因此实际生产中会加入氧化型促进剂去除氢气。以 $NaNO_2$ 促进剂为例，其化学反应式为

$$3Zn(H_2PO_4)_2 + Fe + 2NaNO_2 \longrightarrow Zn_3(PO_4)_2 + 2FePO_4 + N_2 \uparrow + 2NaH_2PO_4 + 4H_2O \tag{4.21}$$

（3）水解反应与磷酸的三级解离

金属的磷酸二氢盐 $M(H_2PO_4)_2$ 在一定浓度及 pH 值下发生水解，产生游离磷酸

$$M(H_2PO_4)_2 \longrightarrow MHPO_4 \downarrow + H_3PO_4 \tag{4.22}$$

$$3MHPO_4 \longrightarrow M_3(PO_4)_2 \downarrow + H_3PO_4 \tag{4.23}$$

$$H_3PO_3 \longrightarrow H_2PO_4^- + H^+ \longrightarrow HPO_4^{2-} + 2H^+ \longrightarrow PO_4^{3-} + 3H^+ \tag{4.24}$$

由于金属工件表面金属的腐蚀，氢离子产生氢气析出，使溶液中的氢离子浓度急剧下降，使磷酸根各级解离平衡向右移动，最终成为磷酸根离子。

（4）磷化膜的形成

当金属表面离解出的三价磷酸根与工件表面或磷化槽液中的金属离子（如 Zn^{2+}、Ca^{2+}、Mn^{2+}、Fe^{2+}）达到饱和时，结晶沉积在金属工件表面上，晶粒持续增长，直至在金属工件表面上生成连续的不溶于水的结合牢固的磷化膜。

$$2Zn^{2+} + Fe^{2+} + 2PO_4^{3-} + 4H_2O \longrightarrow Zn_2Fe(PO_4)_2 \cdot 4H_2O \downarrow \tag{4.25}$$

$$3Zn^{2+} + 2PO_4^{2-} + 4H_2O \longrightarrow Zn_3(PO_4)_2 \cdot 4H_2O \tag{4.26}$$

4.3.3.2 磷化膜处理的分类

根据磷化处理温度来分，可以把磷化分为高温磷化、低温磷化和中温磷化，具体介绍如下。

① 高温磷化处理温度为 85~98℃，产生的磷化膜厚、耐磨耐蚀性能好、磷化速度快，但工作温度高、能耗比较大，且成分变化快、结晶粗细不均匀。

② 低温磷化处理温度为 20~30℃，工作温度低、能耗小、溶液稳定，但得到的磷化膜耐蚀性和结合力比较差、处理时间长、生产效率低。

③ 中温磷化结合了高温磷化和低温磷化的优点，溶液稳定、磷化膜耐蚀性好、磷化速度快，但仍存在溶液复杂、调整麻烦的缺点。

按照磷化膜中金属离子的来源，可以将其分为转化型磷化膜和伪转化型磷化膜，具体介绍如下。

① 转化型磷化膜主要由被溶液腐蚀后的金属基体提供阳离子，阳离子与溶液中的 PO_4^{3-}

结合形成无定型磷化膜，磷化液的主要成分是由钠、钾、铵的磷酸二氢盐及加速剂所组成。

② 伪转化型磷化膜中的阳离子主要来源于溶液，溶液中的重金属离子直接参与结晶型磷化膜的形成。如锰系磷化膜中的锰不是由基体而来的，而是由事先加到溶液中的 Mn $(H_2PO_4)_2$ 提供的。

4.3.3.3 磷化膜的处理工艺

现代磷化工艺流程一般为：脱脂→水洗→酸洗→水洗→中和→水洗→表调→磷化→水洗→钝化→烘干。

（1）脱脂

钢材及其零件在储运过程中要用防锈油脂保护，零件上的油脂不仅阻碍了磷化膜的形成，而且在磷化后进行涂装时会影响涂层的结合力、干燥性能、装饰性能和耐蚀性能。因此工业上通常采用有机溶剂或碱液等脱脂剂加以搅拌、擦拭、超声等手段实现金属工件表面的脱脂。

（2）酸洗

钢铁热加工时受氧化产生硬而脆的氧化皮，氧化皮的存在会加速钢铁的腐蚀速度，且磷化膜不能在锈层或氧化皮上生长。因此，工业上一般通过机械法或酸洗来除锈。酸洗是用 pH 值小于 1 的盐酸或硫酸溶液，在常温下酸洗 5～10min 除去工件表面锈蚀及氧化皮，使金属制品露出基体，更有效提高磷化处理效果。

（3）表调

表调又称为表面调整，通过加入表面调整剂，改善工件表面的微观状态，从而改善磷化膜外观，结晶细小、均匀、致密，进而提高涂膜性能，提高磷化速度。

（4）磷化

在磷化槽中加入磷化液和促进液，调整槽液 pH 值在 2.5～3.2 之间，温度在 30～40℃之间，磷化 5～10min，在工件表面形成均匀细致的磷化膜。

（5）钝化

控制槽液 pH 值在 7～8 之间，温度高于 60℃，用含铬的酸性水溶液对磷化后的工件表面进行进一步的防锈处理，提高磷化膜的耐蚀性。一方面使磷化膜空隙中暴露的金属形成铬化层，填充磷化膜间隙，另一方面通过酸性溶液处理，除掉磷化膜表层疏松结构及水溶性残留物，提高耐蚀性。

不同放大倍数下 DP950 双相钢表面磷化膜的形貌如图 4.15 所示。

从图 4.15 可见，DP590 双相钢经磷化处理后，板材表面形成了色泽一致的浅灰色膜层，并且无基体裸露与表面挂灰现象。低倍下发现由细小晶粒组成的连续致密膜层将基体完全覆盖，平均晶粒尺寸为 $2.0～4.5\mu m$，膜层中未出现大尺寸孔隙和基体裸露的情况。高倍镜下的膜层晶粒形状近似规则柱体，这种较均匀规则的形状令晶粒之间的空间位置排列更加紧凑有序，有利于减小膜层中的微尺寸孔隙。

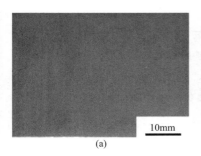  

(a)   (b)   (c)

图 4.15　不同放大倍数下 DP590 双相钢表面磷化膜的形貌
（a）宏观形貌；（b）低倍形貌；（c）高倍形貌

4.3.3.4　影响磷化工艺强化效果的因素

（1）基材及表面状态的影响

① 工件元素组成。合金浸入磷化液中时，表面不同的成分会产生不同的电化学电位，表面容易形成多孔膜甚至不能成膜。

② 表面碳的含量。碳浓度高的钢板磷化后耐蚀性能差。碳浓度高的部位，磷酸锌结晶不能析出，不能形成致密的磷化膜。

③ 表面氧化膜的厚度。当工件表面氧化膜过厚，不能形成完整磷化膜，磷化效果差。

④ 工艺的影响。钢材冷轧后，组成元素在表面浓化（如 Mn、P），Mn 浓化之后有利于磷化效果，但磷的浓化会延迟晶核的形成和长大，使磷化性能降低。除此之外，工件表面锡、钛、铝、铅等的浓化也会使磷化结晶粗大，使磷化件耐蚀性降低。

（2）磷化前调整处理的影响

磷化前对零件的表面处理对磷化膜的质量影响极大。若对工件进行高温或强碱清洗而不进行表面调整处理，工件表面的活性位点将转变为氧化物或氢氧化物，构成磷化膜的结晶晶核将减少，从而生成稀疏粗大的晶粒，影响磷化质量。

目前常采用磷酸肽胶体作为表面调整剂，由于胶体表面能很高，有很强的吸附性，胶粒均匀吸附在工件表面，磷化时，这层均匀的胶体层便成为了新的磷酸盐结晶晶核，从而使结晶均匀细密生长，进而缩短磷化时间，提高成膜性，提高了磷化膜的均匀性和致密性。

（3）磷化工艺参数的影响

① 总酸度。控制总酸度即控制磷化液中成膜离子的浓度，因此总酸度过低，磷化效果必然受到影响。

② 游离酸度。游离酸度反映磷化液中游离 H^+ 的含量，控制游离酸度可以进一步控制磷化液中磷酸二氢盐的解离度。游离酸度过高，不能形成磷化膜，易出现黄锈；游离酸度过低，磷化液不够稳定，易形成额外的残渣。

③ 酸比。酸比指总酸度与游离酸度的比值，通常在 5～30 之间。酸比小，成膜速度慢，磷化时间长，所需温度高；酸比大，成膜速度快，磷化时间短，所需温度低，因此必须综合

第 4 章　表面改性技术

考虑游离酸度和总酸度，控制好酸比。

④ 温度。温度控制着磷化液中的成膜离子的浓度。温度过高，磷酸二氢盐的解离度大，成膜离子浓度显著升高，产生大量的额外沉积，造成浪费；温度过低，成膜离子浓度过低，不能生成完整的磷化膜。

⑤ 时间。磷化时间过短，成膜量不足，不能生成致密的磷化膜；磷化时间过长，可能会生成有疏松表面结构的磷化膜。

（4）促进剂的影响

促进剂可以加速氢离子在阴极的放电速度，促使磷化第一阶段的酸蚀速度加快，因此也可以看作加快金属腐蚀的催化剂。常用的促进剂有硝酸盐、氯酸盐、亚硝酸盐、双氧水、溴酸盐、碘酸盐、钼酸盐等。但亚硝酸盐在酸性磷化液中不稳定，极易分解，需要不断补充，否则会出现磷化膜发黄的现象。氯酸盐虽然在酸液中稳定，但会引入氯离子，如果后续水洗不充分，氯离子残留在工件表面会加速工件的腐蚀。

（5）磷化后钝化处理的影响

钝化后可以进一步提高磷化膜的耐蚀性。钝化的作用主要有两方面：一是使磷化膜孔隙中暴露的金属进一步氧化或形成铬化层，二是通过酸性溶液的处理，去掉磷化膜表层疏松结构及包含在其中的水溶性残留物，降低磷化膜在电泳时的溶剂量，提高耐蚀性。

4.3.4　铬酸盐处理

铬酸盐处理是将金属或金属镀层放入含有某些特定添加剂的铬酸或铬酸盐溶液中，通过化学或电化学的方法使金属表面生成由三价铬和六价铬组成的铬酸盐膜的膜层转化方法。铬酸盐膜与基体结合作用强，结合比较紧密，具有良好的耐磨耐蚀性；铬酸盐颜色丰富，可以满足不同颜色装饰的需求；六价铬化合物分散在膜层中起填充作用，当膜受到轻度损伤，可通过再钝化进行修复。但由于六价铬是致癌物质，铬酸盐溶液对人体和环境有害，因此铬酸盐处理正逐步被环保型处理方式取代。

4.3.4.1　铬酸盐处理的机理

铬酸盐处理是在金属—溶液界面上进行的多相反应，一般认为铬酸盐钝化膜的形成过程分为以下 3 个步骤（以锌为例）。

① 金属表面被腐蚀，以离子形式存在于溶液之中，同时伴随氢气析出。

$$Zn + 2H^+ \longrightarrow Zn^{2+} + H_2 \uparrow \qquad (4.27)$$

② 析出的氢使溶液中的 Cr^{6+} 还原为 Cr^{3+}，由于界面处 pH 值升高，Cr^{3+} 以 $Cr(OH)_3$ 胶体形式存在。

$$Cr_2O_7^{2-} + 8H^+ \longrightarrow 2Cr(OH)_3 + H_2O \qquad (4.28)$$

③ $Cr(OH)_3$ 胶体吸附并结合一定数量的 Cr^{6+}，经脱水干燥后在金属表面形成柔软不溶性铬酸盐钝化膜。

$$2Cr(OH)_3 + Cr_2O_4^{2-} + 2H^+ \longrightarrow Cr(OH)_3 \cdot Cr(OH) \cdot CrO_4 \cdot H_2O \qquad (4.29)$$

$$Cr(OH)_3 \cdot Cr(OH) \cdot CrO_4 \cdot H_2O \longrightarrow xCr_2O_3 \, yCrO_3 \cdot zH_2O \qquad (4.30)$$

4.3.4.2 铬酸盐处理工艺

金属的铬酸盐处理工艺流程一般为可以分为三部分：工件的表面准备（前处理）→ 铬酸盐处理→ 转化膜的后处理。

要使铬酸盐化学反应正常进行，必须使铝金属表面足够清洁且表面状态均匀，否则不能在铝表面生成质量良好的铬酸盐转化膜。经过机械加工以后的铝零件，表面一般有油污和氧化膜。通过除油→清洗→抛光→浸蚀→除斑→化学氧化流程来完成工件表面预处理。如果是返修工件，表面已经有了铬酸盐钝化膜，则要经过不合格工件→退膜→中和→抛光→浸蚀、除斑→化学氧化流程。浸蚀主要目的是为去除表面天然氧化物；抛光是为了使铝表面微观平整，从而使钝化膜均匀一致；对某些金属来说，经过浸蚀或抛光后表面发生偏析，导致黑斑的出现，因此一般在浓硝酸中除去黑色偏析相。

铬酸盐化学氧化种类繁多，有碱性铬酸盐处理、酸性铬酸盐处理和磷酸铬酸盐处理等方法。铬酸盐转化膜的成分和厚度均会影响转化膜的颜色。当膜中六价铬化合物含量较高时，转化膜呈玫瑰红色，金黄色；当膜中三价铬化合物含量高时，转化膜主要呈绿色；随着转化膜厚度的增加，膜的颜色有以下变化：浅蓝色→浅黄色→玫瑰红色→橄榄绿色→金黄色→深金黄色→棕色。

铝经过铬酸盐处理所形成的转化膜必须经过认真的清洗和后处理。刚生成的表面转化膜呈凝胶状态，具有亲水性，能溶于热水，但加热干燥或长时间放置后可以形成稳定的不溶于水的表面膜。后处理工序流程一般为：铬酸盐处理→水洗→去离子水洗（40～50℃）→干燥。用去离子水洗主要是为防止自来水中 Cl^-、Ca^{2+}、Mg^{2+} 等的残留。为了加速转化膜的老化，去离子水应加温清洗，但温度也不能太高，防止转化膜中水溶性六价铬化合物的溶解。清洗后的干燥不仅可以除去表面水分，还可以使膜老化，但干燥温度超过 75℃，转化膜会出现裂纹，可以在含水蒸气的气氛中加热，防止转化膜的开裂。

4.3.4.3 影响铬酸盐处理效果的因素

（1）三价铬的浓度

三价铬的浓度与最终形成的铬酸盐钝化膜的厚度密切相关。在其他条件一定的情况下，铬酸盐钝化膜的厚度随着三价铬浓度的增加而增加。

（2） Cr^{6+} 与 SO_4^{2-} 质量浓度比值

Cr^{6+} 与 SO_4^{2-} 质量浓度比值会影响到铬酸盐膜的颜色和厚度。选择适当的质量浓度比值，可以从同一种铬酸盐溶液中得到多种价态的铬酸盐膜。

（3）溶液的 pH 值

溶液 pH 值过高，铝的溶解速度很小，成膜反应很难发生，当 pH＞3 时，将不会生成铬酸盐膜；pH 值过低时，铝的溶解速度加快，成膜速度大大加快，得到的膜疏松多孔，当

pH<1.2时，也不会生成转化膜。

（4）溶液温度

在一定范围内，膜的生成质量随着温度的升高而提高，但温度过低，会使膜内六价铬化合物溶解，得到的转化膜质量下降。

（5）干燥温度

铬酸盐处理后的工件要在低于50℃的温度下进行干燥，高于此温度，铬酸盐膜中从可溶性转为不溶性，六价铬的含量会降低，影响铬酸盐膜的自愈合能力。当干燥温度超过70℃，膜层会出现龟裂现象。

4.4 电镀

4.4.1 概述

电镀是一种利用电化学中电解方法的原理在待镀件上沉积金属镀层的工艺，即指在含有欲镀金属的盐类溶液中，待镀工件作为阴极，欲镀金属或其他惰性导体作为阳极，在直流电的作用下，电解质溶液中的金属离子还原并沉积在待镀件表面，获得结合牢固、具有一定性能金属镀膜的表面工程技术。电镀是一种氧化还原过程，可以满足耐蚀性、耐磨性、高硬度、装饰性、焊接性或电、磁、光等功能性，还可以修复磨损或加工失误的工件。电镀层比热浸层均匀，附着性良好，一般都较薄，从几微米到几十微米不等，并且工艺设备简单、操作简便、成本较低，因此广泛应用于表面镀层技术。

镀层的分类方法有多种，按照镀层的性能可分为以下三类。

① 防护性镀层：可耐大气或腐蚀性环境的镀层，防止或延缓镀件发生腐蚀。如锌镀层、锌合金镀层、镉镀层、镍镀层等。

② 防护-装饰性镀层：既可作为防护性镀层防止或延缓镀件发生腐蚀，又起到了一定的装饰性作用。如多层镍加铬镀层、铜-镍-铬镀层等。

③ 功能性镀层：能改善镀件本身性能的镀层。如：耐磨镀层，有硬铬镀层；减摩镀层，有铅-锡合金镀层、锡镀层、钴-锡合金镀层等；电性能镀层，有铜、银、金镀层，具有高的导电率；磁性能镀层，有镍-铁镀层、铁-钴镀层、镍-钴镀层等；可焊性镀层，有锡-铅镀层、铜、锡、银镀层等；耐热镀层，如镍镀层、铬镀层等，它们的熔点较高；修复用镀层，可用镍、铁、铬镀层来修复；还有反光镀层、防渗镀层、吸热镀层等。

此外，按照镀层分类，可分为单金属镀层（镍、锌、铬、铜、银、金镀层）、合金镀层（铅锡合金、锌镍镀层等二元合金，锡钴锌、铜镍铬镀层等三元合金以及多元合金）、复合镀层。按照镀层与基体的电化学活性可分为阳极性镀层和阴极性镀层，当镀层相对于基体金属的电位为负时称为阳极性镀层，如钢上的镀锌层，对基体提供机械保护和电化学保护；当镀层相对于基体金属电位为正时称为阴极性镀层，如钢上的镀铜、镀镍层，对基体只存在机械保护。

选择任何镀层时都要满足三个基本条件：①镀层与基体金属附着性好，结合牢固；②镀层完整，结晶细致且孔隙较少，镀层致密均匀；③镀层厚度分布均匀。不同的镀层具有不同的性能和作用，在选择镀层时要按照正确的原则进行筛选，考虑镀层是否满足所需要求，以及正确了解镀层和镀件的适配性。

4.4.2 电镀基本原理

4.4.2.1 电镀装置和电极反应

（1）电镀装置

电镀装置如图 4.16 所示。

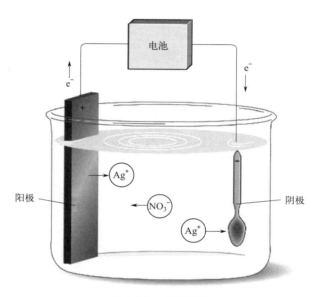

图 4.16 电镀装置

电镀装置由三个部分组成。

① 外电路：包括供给电流的直流电源和连接电极的导线。

② 电镀溶液和电镀槽：电镀溶液根据镀层需要具有一定的组成，含有金属盐离子，可以传导电流。

③ 电极：镀件为阴极，与电镀溶液接触，当电路导通，电流通过电镀溶液时，会在阳极上发生氧化反应，溶液中的阳离子在阴极上发生还原反应并沉积。

电镀装置的这三个部分缺一不可，必须同时存在才能够满足电镀的要求。电镀时电流在电解槽的内外部流通，构成回路，在外部是导线作为电子导体进行传导，在内部是电解质溶液作为离子导体进行传导。

因为电子一般不能自由进入水溶液，所以要使电流能在整个回路通过，必须在两个电极的金属-溶液界面处发生有电子参与的化学反应，这就是电极反应。阴极发生的反应为：镀液中金属离子 M^{n+} 从阴极上获得 n 个电子被还原成金属 M，称之为还原反应，$M^{n+}+ne^- \longrightarrow$

M；而阳极发生的反应相反，阳极界面上金属 M 发生溶解，释放 n 个电子生成金属离子 M^{n+}，称之为氧化反应，$M-ne^- \longrightarrow M^{n+}$。

（2）电极反应机理

① 电极电位。在电镀过程中，某金属电极插入含有该金属离子的溶液中，金属失电子变成金属离子而溶解在溶液中的反应和镀液中的金属离子得电子而析出金属的反应同时存在，即 $M^{n+} + ne^- \longrightarrow M$。在无外加电压时正逆反应很快会达到动态平衡，此时金属和溶液相之间存在一定的电位差，建立了平衡电极电位，可表示为

$$\Phi_{\text{平}} = \Phi^0 + (RT/nF)\ln a \qquad (4.31)$$

式中，Φ^0 为金属离子的标准电极电位，定义为溶液温度在 25℃、金属离子有效浓度为 1mol/L（即活度为 1）时测得的平衡电极电位；a 为金属离子的活度。

标准电极电位代表了金属发生氧化还原反应的能力，标准电极电位值越负则金属越容易被氧化，标准电极电位值越正则金属越容易被还原。

而在实际情况下更为复杂，动态平衡时溶液中不存在净电荷，为了实现金属在阴极的沉积和在阳极的溶解，要使体系偏离平衡，必须提供相应的外电路。在一定的电流密度下进行电解时，真实的沉积电位可表示为平衡电极电位与过电位之和：

$$\Phi = \Phi_{\text{平}} + \Delta\Phi = \Phi^0 + (RT/nF)\ln a + \Delta\Phi \qquad (4.32)$$

式中，$\Delta\Phi$ 为过电位，过电位的存在是由于极化现象造成的，主要包括电化学极化和浓差极化。

理论上，电镀时只要使阴极的电极电位足够负，任何金属离子都可能在其上析出。但在水溶液中进行电镀时，阴极上存在着氢离子、易还原的阴离子等多种离子的竞争还原反应，因此，有些还原电位很负的金属离子在电极上不能实现还原沉积。换句话说，金属离子在水溶液中能否还原，不仅取决于其本身的电化学性能，还取决于氢离子等在电极上的还原电位或沉积电位。

② 极化。极化就是指电流通过电极时产生的电极电位偏离平衡电位的现象，此时阳极工作电位变得更正，阴极工作电位变得更负，电流密度越大，电极电位偏离平衡电位越明显。阳极极化时，电极电位随电流密度增大而不断变正，阴极极化时电极电位则随着电流密度增大而不断变负。过电位由电化学极化过电位、浓差极化过电位和溶液欧姆电压降构成，产生极化的主要原因是电化学极化和浓差极化。极化曲线如图 4.17 所示。

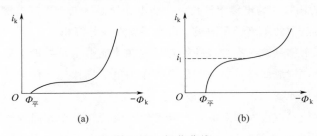

图 4.17　极化曲线

（a）电化学极化曲线；（b）浓差极化曲线

电化学极化是指阴极上发生电化学反应的速度小于溶液中迁移过来电子的速度，阴极积累电子而使电子密度增高，造成电极电位向负的方向移动而带来的阴极极化。如图 4.17（a）所示，其特征是在电流密度很低时，随着电流密度的增大，阴极电位出现了明显的向负的偏移，出现了较大的极化行为，过电位值较大。

浓差极化是指阴极表面附近溶液的浓度与电镀溶液整体的浓度发生差异而产生的极化现象，这是由于溶液中离子的扩散速度小于电子的迁移速度，电子在阴极堆积而使过电位向负方向移动。如图 4.17（b）所示，当电流密度远小于极限电流密度（i_k）时，随着电流密度的提高过电位值并不大，当电流密度接近极限电流密度时，阴极表面附近溶液中放电的反应离子浓度接近零，阴极电位明显向负变化，过电位显著增大达到浓差极化。

阳极上除了会发生电化学极化和浓差极化以外，还会有电阻极化。电化学极化是由于金属离子进入溶液的速度小于电子从阳极迁移到阴极的速度，带正电荷的金属离子在阳极积累使电位向正方向移动；浓差极化是由于阳极表面附近的金属离子向溶液中扩散较慢而阻碍阳极溶解，使电位向正方向移动；电阻极化则是由于阳极金属上形成了钝化膜，使金属溶解速度变低，而阳极电位剧烈地向正方向移动。

4.4.2.2 电镀溶液组成

为了满足镀膜的要求，电镀液会有固定的组成，通常情况由以下几种部分组成。

① 主盐。主盐就是指电镀溶液中能够在阴极表面沉积出所需金属的盐，包含并提供相应的金属离子，主要有单盐和络合盐两种，单盐提供简单金属离子，如硫酸铜，络合盐提供金属络合离子，如锌酸钠。

② 络合剂。若主盐中的金属离子为简单金属离子时可能会导致镀层晶粒粗大，为了得到结晶细致的高质量镀层往往需要加入络合剂，它可以和主盐中的金属离子形成络合物，进一步得到络合离子。络合离子中心体与配位体结合牢固，络合离子在溶液中离解程度较小，比较稳定，因此需要更大的活化能才可以在阴极表面还原，造成了放电迟缓效应而使电化学极化与过电位的提高，得到更细致的结晶镀层。络合剂的相对含量也就是游离量会对电镀效果造成影响，游离量高时有利于得到质量良好的镀层，但会降低沉积速度。

③ 附加盐。电镀溶液中除了主盐之外还包含有某些碱金属盐或碱土金属盐类，它们可以提高溶液的导电性。

④ 缓冲剂。缓冲剂是用来稳定溶液酸碱度的物质，一般是由弱酸和弱酸盐或弱碱和弱碱盐组成的，可以自主调节溶液的 pH 值。

⑤ 阳性活化剂。由于在电镀过程中在阴极不断析出金属原子，溶液中的金属阳离子不断地被消耗，一般是依赖阳极的溶解来维持电镀溶液的平衡，阳性活化剂可以维持阳极的活性状态，防止钝化，保持正常的溶解。

⑥ 添加剂。添加剂可以改善镀液的性能，提高镀层的质量，但不会影响镀层的导电性，一般有光亮剂、晶粒细化剂、整平剂、润湿剂、应力消除剂、镀层硬化剂和掩蔽剂等，一般会根据镀层的质量要求来选择合适的添加剂。

常用电镀液的类型如表 4.4 所示。

表 4.4 常用电镀液

单盐	主盐形态	举例
硫酸盐	MSO_4	镀铜、锌、镉、镍、钴等
氯化物	MCl_2	镀铁、锌、镍等
氟硼酸盐	$M(BF_4)_2$	镀锌、镉、铜、铅、锡、钴等
氟硅酸盐	$MSiF_6$	镀铅、锌等
氨基磺酸盐	$M(H_2NSO_3)_2$	镀镍、铅等
氨合络盐	$[M(NH_3)_n]^{2+}$	镀锌、镉等
有机络盐	$[ML]^{n-}$	镀锌、铜、镉等
焦磷酸盐	$[MP_2O_7]^{2+}$ 或 $[M(P_2O_7)_2]^{6-}$	镀锌、铜、镉等
碱性络盐	$[M(OH)_n]^{(n-m)-}$ 或 $[MO_n]^{(2n-m)-}$	镀锌、锡等
氰合络盐	$[M(CN)_n]^{(n-m)-}$	镀金、银、铜等

4.4.2.3 电解定律

（1）法拉第定律

在电镀时，电流通过镀液发生电化学反应，金属阳离子在阴极不断析出，阳极不断溶解，因此阴极析出金属的量或阳极溶解的量一定与通过镀液的电荷量有关系，这种关系用法拉第定律来描述。

① 法拉第第一定律：电流通过电解质溶液时，在电极上析出或溶解物质的量（m）与通过的电荷量（Q）成正比，即

$$m = kQ = kIt \tag{4.33}$$

式中，k 为比例常数；I 为电流；t 为通电时间。

当知道比例常数后，就可以通过测量的电流强度值和流过的时间来计算出析出或溶解物质的质量。

② 法拉第第二定律：在不同的电解液中，通过相同的电荷量时，在电极上析出（或溶解）物的物质的量相等，并且析出（或溶解）1克当量的任何物质所需的电荷量都是 96500C，用 F 表示，称为法拉第常数。用如下式子表示

$$k = M/Fn \tag{4.34}$$

式中，k 为电化当量；n 为化合价，即参与还原的电子数。

（2）电流效率

理论上，法拉第定律是非常精确的，但在实际的电镀过程中，会发现其实阴极表面实际析出的物质的质量并不等于根据法拉第定律计算得到的结果。例如镀锌时，虽然电极上通过了 1F 电荷量，但阴极上析出的锌并不是 1 克当量，这是由于副反应的存在，比如 H^+ 也会在阴极上发生还原反应，消耗一部分电荷量，但如果将两者加起来，仍然是 1 克当量，符合法拉第定律。但由于副反应产物并不是我们所需要的，只考虑我们所需要的电极产物，就会存

在一个电流效率的问题，电流效率就是指实际析出的物质质量与理论计算析出的物质质量之比，用百分数表示，即

$$\eta = (m'/m) \times 100\% \tag{4.35}$$

式中，m' 为实际析出的物质质量；m 为根据法拉第定律计算出的理论析出的物质质量。

4.4.2.4 金属电沉积过程

电镀过程宏观上是一个电解过程；而微观上是一个电沉积过程，即在外电流的作用下，反应粒子（金属离子或络离子）在阴极表面发生还原反应并生成新相——金属的过程，亦称为电结晶过程。

通常，金属电沉积包括以下三个过程。

（1）液相传质过程

液相传质是指在金属电沉积时，溶液中的金属水化离子或络合离子向阴极表面迁移的过程。液相传质有电迁移、对流和扩散的三种形式。电迁移是指溶液中的带电粒子在电场力的作用下向电极迁移，其中放电金属阳离子向阴极迁移，但比例极小甚至为零，因此电迁移可忽略不计。当溶液中没有搅拌作用时，对流作用也可忽略，而如果对镀液进行剧烈搅拌时则产生剧烈的对流，此时对流成了重要的离子传输方式。扩散是指离子由浓度高的地方向浓度低的地方迁移，当溶液中存在浓度梯度时则会存在，电沉积时，阴极附近的金属离子不断析出被消耗，导致浓度变低，因此溶液中存在浓度差，会发生扩散现象，它是液相传质的主要方式。

（2）电化学反应过程

电化学反应过程包括前置转换和电荷转移两个阶段。一般来说，金属离子在溶液中的存在形式和在阴极参与电化学还原反应时不一样，因此先在阴极表面发生转化后才能还原为金属，即配位数较高的络合离子转化为配位数较低的络合离子，水化程度较大的简单金属离子转化为水化程度较小的简单金属离子，或是由一种配位体的配离子转化成另外一种配位体的配离子。电荷转移步骤是电沉积的重要步骤，是指转化后的反应离子在阴极表面得电子发生还原反应，形成金属原子（吸附原子）。

（3）电结晶过程

电结晶过程是指金属原子在阴极表面形成新相，包括形核与生长。在电荷转移步骤后形成的金属原子被吸附在金属表面，在表面移动后到达结晶生长点（一般是能量最低的位置），进入晶格，吸附其他原子或碰撞形成新的晶核并长大成为晶体。

进行电镀时，以上三个步骤会同时进行，但进行的速度不相同，决定最终电沉积速度的是速度最慢的一个步骤。当受到液相传质过程控制时，会发生浓差极化，镀层质量差。因此一般需要电化学反应过程来控制电沉积的速度，此时以电化学极化为主，可以通过提高电流密度来提高过电位，阴极发生极化，晶核形成的速度变快，镀层的晶粒会变得更细小，易得到光滑细致的镀层，但不能一味地提高电流密度，因为会导致浓差极化的大幅度增加。

4.4.3 电镀工艺

4.4.3.1 电镀工艺流程

电镀一般包括电镀前处理/预处理、电镀处理、电镀后处理三个流程。具体介绍如下。

（1）电镀前处理/预处理

电镀前处理/预处理的目的主要是进行打磨抛光、去除油脂、除锈除污、表面活化和漂洗，预处理会影响镀层和基体之间的结合能力和镀层的质量。

基体表面的粗糙度可由表面磨光、抛光等手段来控制；表面清洗的目的是去除灰尘、表面污染物、氧化膜或锈层、油脂等，可以用机械清洗方法即打磨抛光来去除表面的锈层，也可以用化学清洗方法来进行更彻底的清洁，有溶剂脱脂、酸洗和碱洗。溶剂脱脂是去除油脂、蜡或其他有机物，把工件浸没在有机溶剂中去除或通过蒸气脱脂法去除；碱洗是把工件浸没在热碱溶液中去除污垢；酸洗是用硫酸或盐酸去除基体表面的厚氧化层；表面活化是将工件在弱酸中侵蚀一段时间，有利于后续的电镀处理。

（2）电镀处理

一般有直流电镀、脉冲电镀和激光感应金属沉积。直流电镀工艺采用直流电源，但这种方法得到的镀层会出现厚度不均匀的情况；脉冲电镀采用脉冲电流，有单向脉冲和双向脉冲，可以改善镀层的形貌；激光诱导金属沉积中使用聚焦的激光束来加速金属的沉积，沉积速率可调高 1000 倍。

（3）电镀后处理

电镀后处理包括钝化处理、浸膜和去氢处理。钝化处理是将电镀后的工件放在特定的化学溶液中进行处理，得到均匀致密、结合良好、稳定性好的表面氧化薄膜，可以隔绝金属和空气，防止腐蚀和污染，还能提高光泽性和装饰性；浸膜是在电镀后的工件表面浸涂有机高分子膜或无机高分子膜，提高防护性和装饰性；有些金属在电沉积过程中，会伴随着氢的析出，比如锌，镀层中含氢会发生氢脆，即脆性较大甚至断裂，因此要进行去氢处理，一般是将电镀后的工件在一定的温度下热处理几个小时。

4.4.3.2 电镀实施方式

在工业化生产中，电镀的实施方式多种多样，最常见的有挂镀、滚镀、刷镀和高速连续电镀等。挂镀主要适用于外形尺寸较大的零件，滚镀主要适用于尺寸较小、批量较大的零件，刷镀一般用于局部修复，而连续电镀则用于线材、带材、板材的大批量生产。

（1）挂镀

挂镀适用于一般尺寸的制品，为电镀生产中最常用的一种方式。电镀时，将工件悬挂于用导电性能良好的材料制成的挂具上，然后浸没于欲镀金属的电镀溶液中作为阴极，在两边适当的距离放置阳极，通电后使金属离子在零件表面沉积。挂镀的特点是：适合于各类零件的电镀；电镀时单件电流密度较高且不会随时间而变化，槽电压低，镀液温升慢，带出量小，镀件的均匀性好；但生产率低，设备和辅助用具维修量大。挂镀设备主要是镀槽、电源、阳极和挂具。挂镀工作原理如图 4.18 所示。

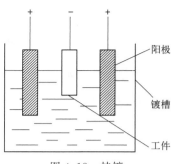

图 4.18　挂镀

（2）滚镀

滚镀是电镀生产中的另一种常用方法。它是将欲镀零件置于多角形的滚筒中，依靠工件自身的重量来接通阴极，在滚筒转动的过程中实现金属电沉积的方法。与挂镀相比，滚镀最大的优点是节省劳动力，提高生产率，设备维修费用少且占地面积小，镀件镀层的均匀性好。但滚镀的使用范围受到限制，镀件不宜太大和太轻；且单件电流密度小，电流效率低，槽电压高，槽液温升快，镀液带出量大。其设备有镀槽、滚筒、阳极和电源，滚筒有六角形、圆形和八角形，有浸入式水平旋转滚筒和倾斜式滚筒两种，其中浸入式水平旋转滚筒在工业上应用较多，它是以水平轴为中心来进行旋转，桶的侧面是多孔状，有全浸式和半浸式。滚镀工作原理如图 4.19 所示。

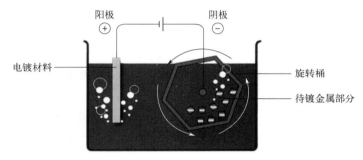

图 4.19　滚镀

（3）电刷镀

刷镀也被称为涂镀、局部镀、选择性电镀，其基本原理与普通电镀原理完全相同。由饱吸电解液包套的阳极与作为阴极的工件表面接触，并作相对运动，电解液中的离子在阴、阳极间进行电化学反应，使金属离子沉积，在零件表面形成金属镀层。此方法不需要镀槽，设备简单，工艺简便，沉积速度快，结合良好，镀后无需再加工，对环境污染小，广泛应用于对零件表面损伤的修复和局部性能的改善，但不适用于大尺寸的零件修复和大批量生产。电刷镀工作原理如图 4.20 所示。

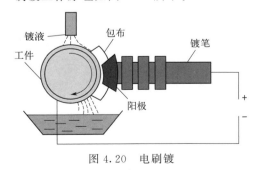

图 4.20　电刷镀

（4）连续电镀

连续电镀主要用于薄板、金属丝和带的电镀，在工业上有着极其重要的地位。镀锡钢板、镀锌薄板和钢带、电子元器件引线、镀锌钢丝等的生产都采用了连续电镀技术。连续电镀有三种进行方式：垂直浸入式、水平运动式和盘绕式。垂直浸入式节省空间，但操作难度较大；水平运动式操作方便，但设备占地面积大，维修难度大；盘绕式占地面积小，但一次只能加工一根金属丝。

4.4.3.3 影响电镀质量的因素

除了镀层金属本身的特性，电镀溶液组成、电镀规范、镀前处理和基体金属、氢脆都会影响镀层的质量。具体介绍如下。

（1）电镀溶液

① 主盐浓度。主盐浓度较大时，浓差极化较小，结晶形核速率低，得到的镀层晶粒偏向粗大；而当主盐浓度较小时电流密度也较小。

② pH 值。镀液的 pH 值可以影响氢的放电电位、碱性夹杂物的沉淀、络合物水化物的组成以及添加剂的吸附程度，因此要加入适当的缓冲剂来维持 pH 值的稳定，满足溶液电镀的需求。

③ 附加盐。镀液中的附加盐可以提高导电能力，有利于阴极极化的增强，可以得到结晶细致的镀层。

④ 配离子。镀液的主要金属离子为简单金属离子时，阴极极化作用小，镀层晶粒粗大，镀液分散能力差；而配离子可以增强阴极极化，镀液分散能力好，镀层结晶细致。

⑤ 添加剂。添加剂有光亮剂、整平剂、润湿剂和消除内应力的添加剂等，可以改善镀层的质量。添加剂可以分为无机添加剂和有机添加剂。无机添加剂可以在镀液中形成高度分散的氢氧化物或硫化物胶体，吸附在阴极表面阻碍金属析出，增大阴极极化；有机添加剂多为表面活性物质，可以吸附在阴极表面形成吸附膜，阻碍金属析出并增大阴极极化；还有些添加剂可以形成胶体，与金属离子络合而阻碍其放电，提高了阴极极化作用。

（2）电镀规范

① 电流密度。镀液都有一个最合适的电流密度范围，当电流密度很小时，几乎没有阴极极化作用，镀层晶粒粗大，随着电流密度的增大，阴极极化作用增强，结晶变的细致，有利于镀层质量的提高；但当电流密度过大时，也会影响镀层的质量，会被烧焦烧黑。一般来说，主盐浓度较大，镀液温度升高或有搅拌时可以适当增大电流密度。

② 电流波形。电流波形可以影响阴极电位和电流密度，进而影响镀层质量。比如换向电流（即周期性地改变直流电流的方向）可以去除毛刺，使镀层平整、均匀、光亮；脉冲电流可以增加阴极电化学极化，降低浓差极化，有利于得到细致的结晶镀层。

③ 温度。升高电镀液的温度会降低电化学极化，使镀层结晶粗大，但可以提高电流密度和电流效率，增加盐类溶解度并提高导电能力，还可以减少氢脆现象。

④ 搅拌。搅拌会增强镀液的对流，提高电流密度，可增强整平剂的使用效果，但会降低阴极极化能力，使晶粒粗大。

（3）基体金属和镀前处理

基体金属本身的性质会影响其和镀层之间的结合力及镀层性质，如果基体金属比镀层金属的电位更负则不容易得到结合力良好的镀层，可以选择其他镀层做过渡；若材料容易钝化，需要采取活化措施来提高镀层结合力。而电镀前的脱脂、除锈、清洗等工艺也会影响最终的镀层结合，零件表面的凹凸坑、孔洞、裂纹等，会有黑斑、鼓泡或剥落。

（4）氢脆

电镀时溶液有氢离子的放电并析出氢，析出的氢会进入镀层中，使镀层脆性增大甚至断裂，即氢脆。

4.4.4 单金属电镀

单金属电镀是镀液中只含一种金属离子，形成的镀层是单一金属的电镀。常用的单金属电镀有电镀锌、电镀铜、电镀镍、电镀铬等。

（1）电镀锌

锌的标准电极电位是-0.76V，在空气中，纯锌表面容易形成一层致密的氧化膜，防止进一步氧化，大大提高了稳定性，因此可以用来作为钢铁防腐蚀保护。对钢铁来说是阳极性镀层，其防护性能的优劣与镀层厚度有很大的关系。此外，锌镀层经钝化处理、染色或涂覆护光剂后，能显著提高其防护性和装饰性。电镀锌层被广泛用在机械、五金、电子、仪表仪器、轻工业以及军工等领域。

镀锌溶液分为三类，有碱性溶液、中性或弱酸性溶液和酸性溶液。碱性溶液有氰化物、锌酸盐、焦磷酸盐等，中性或弱酸性溶液有氯化物、硫酸盐等，酸性溶液有硫酸盐、氯化物等。比较常用的镀锌溶液是氰化物、锌酸盐、氯化物和硫酸盐，前三种适用于复杂的零件，硫酸盐一般用于线材和带材的连续电镀，氰化物可用于滚镀和挂镀，锌酸盐多用于挂镀，氯化物主要用于滚镀。通常还会对锌镀层进行去氢处理和钝化处理来提高其防护能力，有彩色钝化、白色钝化、黑色钝化和草绿色钝化。

（2）电镀铜

铜镀层一般不单独作为保护层，而主要是用于其他电镀层的底层或中间层，提高基体与镀层的结合强度，铜镀层还可以用来保护局部渗碳零件中不需要渗碳的部位，或是用在导线上。

镀铜溶液有氰化物溶液、硫酸盐溶液和焦磷酸盐溶液等，氰化物镀液得到的铜镀层深镀能力好，结晶细致，而其他两种溶液得到的镀层晶粒粗大。打底铜镀层一般选择氰化物溶液，中间层选用硫酸盐溶液，可使用于印制线路板电路上，而焦磷酸溶液主要用于印制线路板的通孔镀铜和电铸。

（3）电镀镍

镍为铁磁性金属，镍在空气中容易形成一层钝化膜，化学稳定性好，标准电极电位是-0.25V，比铁正，因此对于钢铁是属于阴极性镀层，只能起到机械保护作用，并且镍镀层是多孔的，孔隙率会影响防护性能，可以直接使用在医疗器械和电池外壳上，也常常用在多层体系上，如 Cu/Ni/Cr。镀液一般会选择硫酸盐、氯化物、氨基磺酸盐等，其中瓦特型溶液镀镍比较常用，结晶细致，易抛光，韧性好；氨基磺酸盐镀液得到的镀层无内应力。几种常用的镀液配方如表 4.5 所示。

表 4.5　常用镍电镀液

项目	瓦特型溶液	全硫酸盐镀液	氯化物镀液	氨基磺酸盐镀液
镀液组成及浓度 / (g/L)	硫酸镍　240～330 氯化镍　37～52 硼酸　　30～45	硫酸镍　300 硼酸　　40	氯化镍　200～330 硼酸　　30～50	氨基磺酸镍　500～600 氯化镍　　　5～10 硼酸　　　　40
pH 值	3～5	3～5	2.5～4	3.8～4.2
温度/℃	45～65	46	40～70	60～70
电流密度/(A/dm^2)	2.5～10	2.5～10	1～13	5～20

（4）电镀铬

铬镀层的硬度较高，1000HV 左右，耐磨性好，可用于需要提高硬度和耐磨性的表面电镀，镀层光亮，也可作为防护装饰性电镀。铬易钝化，钝化后标准电极电位是 1.36V，比铁电位高，对钢铁而言属于阴极性镀层，起到机械保护作用。一些常用镀铬溶液配方如表 4.6 所示。

表 4.6　常用铬电镀液

镀液成分	低浓度	中浓度	高浓度	滚镀铬
铬酐/(g/L)	150～180	250～280	300～350	300～350
硫酸/(g/L)	1.5～1.8	2.5～2.8	3.0～3.5	0.3～0.6
氟硅酸/(g/L)	—	—	—	3～4
温度/℃	55～60	48～53	48～55	35
电流密度/(A/dm^2)	30～50	15～30	15～35	—
用途	防护装饰性铬、硬铬	防护装饰性铬、硬铬	防护装饰性铬	小零件镀铬

4.4.5　合金电镀

合金电镀是指电镀时在阴极上沉积出两种或者两种以上的金属，相比于单金属电镀，合金电镀得到的镀层可以满足工件表面更多的特殊需求，这些需求是单金属镀层无法达到的。合金镀层的结晶致密度、镀层孔隙度、硬度、耐磨性、耐蚀性、减摩性、耐高温性、磁性、半导体性以及外观颜色等装饰性都会比单金属镀层要更加优异，其应用也更加得广泛，满足于很多日常生活中所需要的应用场合，因此更受大家的关注，其中两种金属共沉积得到的二元合金镀层应用最普遍，也有少数三元合金镀层的应用。

4.4.5.1　电镀合金基本原理

若想让两种金属离子在电镀时实现共沉积，除了单金属离子电镀沉积的基本条件以外，还需要满足以下两个条件：①两种金属中至少有一种金属能够单独从盐类水溶液中沉积出来，虽然大多数合金中的两种金属离子都可以实现单独沉积形成金属，但也不乏例外，比如金属钨、钼不能从其盐类中自主沉积，但是铁组金属存在时可以实现一起沉积；②析出的两种金属沉积电位要十分接近或者相等，否则沉积电位较正的金属会优先沉积析出，并且排斥电位较负金属的析出。双金属共沉积时有：

$$\phi_A^\ominus + \frac{RT}{nF}\ln a_A + \Delta\phi_A = \phi_B^O + \frac{RT}{nF}\ln a_B + \Delta\phi_B \tag{4.36}$$

式中，$\phi^\ominus$ 为标准电极电位；a 为金属离子的活度；$\Delta\phi$ 为过电位；n 为金属离子的价数；R 为气体常数；F 为法拉第常数；T 为绝对温度。

由上式可知，两种金属的共沉积与其标准电极电位、离子活度和过电位（阴极极化）有关，因此可以采取以下方式来实现金属的共沉积。

① 选择合适的金属离子价态。同一种金属不同价态时对应的标准电极电位会有差别，一般要选择两种共沉积金属标准电极电位比较接近的价态金属离子。

② 调节金属离子的活度，即浓度。增大较为活泼的金属离子浓度，使其电极电位向正方向移动，或是降低贵金属离子的浓度，使其电极电位向负方向移动，从而使两种金属的电极电位更接近。

③ 使用络合剂。金属络离子可以降低金属离子的有效浓度，电位较正的金属的电位向负移动，电位较负的金属的电位向正移动，且向负移动的幅度大于向正移动的幅度，析出电位接近而实现共沉积。

④ 使用添加剂。添加剂的量很少，不会影响镀液中金属的平衡电极电位，但可以明显地改变阴极极化，从而改变金属的析出电位。

4.4.5.2　合金共沉积类型

合金共沉积可分为正常共沉积和异常共沉积两种，正常共沉积时电位较正的金属先沉积，而异常共沉积是电位较负的金属先沉积或无法单独沉积的金属在别的金属诱导下共沉积。正常共沉积包括规则共沉积、不规则共沉积、平衡共沉积、变异共沉积和诱导共沉积，总体来说是以下五种类型。

（1）规则共沉积

规则共沉积是指合金沉积过程基本是受到扩散的控制，电镀工艺条件对合金沉积层组成的影响小，金属离子在阴极扩散层中的浓度变化会影响镀层的合金组成。平衡电位相差较大、彼此不固溶的合金容易出现规则共沉积。

（2）不规则共沉积

沉积过程受到阴极电位控制的沉积称为不规则共沉积，此时扩散的控制作用很小。配合物镀液体系中比较容易出现这种沉积，其中一种金属的平衡电位受到络合剂浓度的较大影响，或两种金属平衡电位接近且形成固溶体时，不规则共沉积容易发生。

（3）平衡共沉积

平衡共沉积出现在两种金属的平衡电位接近时，低电流密度下镀液中的金属含量比和镀层中的金属含量比相近。Cu-Bi 和 Pb-Sn 在酸性溶液中的沉积就是平衡共沉积。

（4）变异共沉积

电位较负的金属反而优先沉积，违背了电化学理论，这种情况比较少见，只有在特定情况下才可能发生，如 Ni-Co、Fe-Co、Fe-Ni、Zn-Ni、Zn-Fe 等。

（5）诱导共沉积

钨、钼、钛等金属不能够单独自发沉积，此时需要在其他金属的诱导下进行共沉积，比如铁族金属，就是诱导共沉积。如 Ni-Mo、Co-Mo、Ni-W、Co-W 等。

4.4.5.3　合金电镀分类举例

合金电镀层通常可以按照使用功能来进行分类，有防护性合金镀层、装饰性合金镀层、耐磨性合金镀层、减摩性合金镀层、钎焊性合金镀层、电学性能合金镀层、磁学性能合金镀层和光学性能合金镀层等。具体介绍如下。

（1）防护性合金镀层

防护性合金镀层主要应用在钢铁的阳极保护方面，一般是选用锌基合金或是镉、锡为基的合金。锌的电极电位比铁负，加入一些电位比锌正的铁、钴、镍等铁族元素，适当提高了合金的电极电位，但仍然能作为阳极保护，并延缓了镀层的腐蚀，也可以加入电位比锌更负的锰、铬、钛等元素，这些元素在腐蚀后可以在镀层表面形成致密的氧化膜，从而防止进一步被腐蚀；镉、锡的电极电位比铁正，可以加入电位比铁负的金属元素如锌、钛，从而使合金的电极电位降低，更好地进行防护。

锌基合金镀层中应用比较广泛的是锌镍合金作为阳极保护，镍含量在 7%～18%，此合金电位与铁相近，镍含量在 13% 时耐腐蚀性能最理想，是锌镀层的 5 倍，经钝化处理后耐蚀性能进一步提高，这种合金镀层的盐溶液一般是氯化盐或硫酸盐，属于异常共沉积，锌比镍优先沉积析出；有时也会在此合金中加入铁元素来节约成本，此时镍含量为 6%～10%，铁含量为 2%～5%，镀层为银白色，结晶细致，抛光容易，耐蚀性较强。镉基合金镀层以镉钛合金为主，有较好的抗海水腐蚀能力，并且是低氢脆合金，常用于航空航天、航海、军工等领域；镉锡合金在湿热环境、有机气氛以及燃油等场合下耐蚀性较好，且腐蚀扩展十分缓慢，航天发动机常选用这种合金镀层。

（2）装饰性合金镀层

装饰性合金镀层需要满足平整、光亮、色调、花纹等各种外观上的需求，有时还要满足耐磨防锈的要求，此类合金镀层主要有铜基合金和锡基合金。

铜基合金有铜锌、铜锡、铜镍、铜锡锌等。铜锌合金俗称黄铜，外观有良好的色泽，随锌含量变化有红色、金黄色、绿色或银白色，耐蚀性较好，常用于室内家装、首饰、五金的装饰性镀层，也可作为电镀合金时的底层，铜锌装饰性镀层还需要进行钝化处理、涂上保护漆、着色处理或氧化处理。铜锡合金俗称青铜，可呈红色、金黄色、淡黄色或银白色，有好的耐蚀性，可用作日用品、餐具、乐器等装饰，在工业上还可作为防渗氮层、反光层、防护层等。铜镍合金俗称白铜，有红色、金黄色和银白色。铜锡锌三元合金可分为两种，锡含量为 15%～35% 时呈银白色，1%～3% 时为仿金镀层，主要用于家具、五金等装饰。

锡基合金有锡镍、锡钴、锡镍铜等。锡镍合金镀层为光亮青白色或粉红色略带黑，耐蚀性和焊接性好，可作为代铬镀层或镀金底层，用于自行车、汽车等。锡钴合金镀层色泽与铬镀层相近，也可代铬镀层，深镀能力强，形状复杂的镀件可用，但耐磨性比铬镀层差，可用于表面电镀或小零件的滚镀。

（3）耐磨性合金镀层

镍基合金可作为耐磨性合金镀层，应用最为广泛，常用的有镍钨合金和镍磷合金，铁基合金和铬基合金也有一定的应用。耐磨性合金硬度较高，耐磨性强，通过热处理工艺可以获得更好的使用性能。

镍基合金作为耐磨性镀层，一般是加入钨、钼、钛、磷等元素，这些元素在铁族元素的诱导下发生诱导共沉积。镍钨合金主要用于轴承、活塞、汽缸等机械零件表面上来进行强化作用，还可用在需要抗高温磨损的模具上。镍钼合金主要用于光学仪器、兵器等，碱性镀镍钼合金的钼含量为25%，硬度为400HV，热处理后可达1000HV。镍磷合金是应用最广泛的耐磨性镀层，硬度可达500HV以上，热处理后可到1000HV以上，可用作代铬镀层，其磷含量一般在3%～12%，磷含量大于7%时是非晶态，有好的耐蚀性。

（4）减摩性合金电镀

减摩性合金电镀主要为铅基合金，如铅锡合金、铅锰合金、铅铜合金、铅锡锑合金、铅锡铜合金等，主要用于航空航天、汽车内燃机发动机等。铅锡合金中锡含量为6%～20%，小于6%时使用寿命较短，大于20%时承载能力较差。铅锡铜合金中锡含量为9%～12%，铜含量为2%～3%。铅锡锑合金就是在铅锡合金中加入一定量的锑，但配方复杂，使用时维护困难。

4.4.6　复合电镀

复合电镀是指用电镀方法使固体颗粒与金属共沉积从而在基体上获得基质金属表面弥散分布颗粒结构的复合镀层，也称分散电镀或弥散电镀，具体方法是将不溶性固体微粒均匀分散在电镀液中，制成悬浮液进行电镀。基体金属为一些常见的电镀金属或合金，固体颗粒有金属氧化物、碳化物、氮化物、硼化物等无机化合物，以及尼龙、聚氯乙烯、聚四氟乙烯等有机物，还可以是金属粒子。这些固体颗粒可以改善镀层的性能或赋予其特殊的性能，如高硬度、耐磨性、润滑性、耐蚀性和耐热性等。

复合电镀的特点如下。

① 复合电镀不需要高温加热，不会影响基体金属或合金的组织性能，也不会导致工件的变形，除了耐高温的陶瓷颗粒，一些在高温下容易分解的有机物和其他颗粒或纤维也能够作为固体颗粒分散在基质中形成复合镀层。

② 同一种金属或合金可以沉积一种或多种不同性质的固体颗粒，同一种固体颗粒也可以沉积在不同的基质中，因此复合镀层的种类繁多，可以满足很多场合的要求，并且改变工艺条件，还可以改变镀层中固体颗粒的含量。

③ 具有特殊性能的复合镀层可以代替整个工件材料，如高硬度、耐磨性、减摩性和润滑性等，有时只需要表面镀层满足要求即可，具有显著的经济效益。

④ 操作简单，成本小，能耗少。

4.4.6.1　复合电镀原理

关于复合电镀沉积，人们曾提出过三种沉积原理，即机械共沉积、电泳共沉积和吸附共沉积，目前广泛被大家接受的是由 N. Guglielmi 在 1972 年提出的两段吸附理论：要想大量固体微粒在基质中实现均匀沉积，就必须让微粒连续不断地向阴极表面迁移，可以用搅拌的方法来完成，带电离子和溶剂分子所包覆的微粒迁移到阴极表面，形成弱物理吸附；微粒迁移到双电层后，在界面电场力作用下与阴极表面建立了强的吸附，此时由物理吸附转化成化学吸附；此过程中不断沉积的金属基质会将形成强吸附的微粒掩埋，掩埋过程中外部冲击力仍旧会造成微粒重新进入溶液，当微粒被掩埋部分超过 1/2 后可视为被基质真正所捕获，并继续与基质嵌合，形成复合镀层。

4.4.6.2　复合镀层影响因素

影响复合镀层中固体颗粒沉积的因素有很多，如固体颗粒含量、镀液温度、pH 值、搅拌和电流密度等。

当镀液中固体颗粒含量较低时，随着含量的增高，复合镀层中颗粒沉积数量也会大大提高，当固体颗粒在镀液中含量达到一定值时，镀层中的沉积数量将不会发生明显的改变；镀层中的沉积颗粒数量随着镀液温度的升高而减少，这是由于温度较高时溶液中微粒运动比较剧烈，不利于其吸附在基质中；pH 值越大，H^+ 含量越少，不利于微粒的吸附，镀层中沉积颗粒越少；搅拌的剧烈程度也会影响镀层的颗粒沉积，搅拌比较强烈时，微粒向阴极表面不断迁移，容易在阴极表面形成吸附，但搅拌过于强烈后反而会使微粒容易在外部冲击力作用下脱落，重新回到溶液中，因此应该选择一个合适的搅拌强度。此外，微粒的形貌、几何尺寸、物理和化学性能也会影响最终的复合镀层。

4.4.6.3　复合镀层种类

（1）耐磨性镀层

耐磨性镀层的基质一般是镍、铬、钴等金属或合金，它们具有较高的硬度，而固体颗粒一般是高硬度的陶瓷微粒，如 Al_2O_3、SiC、WC、ZrO_2、TiC 等各类氧化物、碳化物或硼化物，在高温下也可以有较好的耐磨性，广泛用于航空、汽车、机械工业中。

（2）自润滑镀层（减摩镀层）

固体润滑剂微粒有 MoS_2、WS_2、石墨等层状结构微粒，铅、锡、银、金等软金属微粒，聚四氟乙烯、尼龙等高分子材料微粒以及氧化铅、氧化钙、氧化锑等氧化物微粒，基质金属通常是铜、镍、钴、铁、铬、铅、锡、锌、金、银等金属或合金。铜基复合镀层的固体微粒常选用 MoS_2、WS_2 和石墨，镍基复合镀层的固体微粒常选用 MoS_2、聚四氟乙烯和 h-BN 等。

（3）耐蚀性镀层

通常情况下，固体颗粒的加入会使镀层的孔隙率增大，颗粒含量越高则孔隙率越高，这会大大影响镀层的防护性和耐蚀性，但是有些固体颗粒会提高镀层的耐蚀性。例如，由金属铝粉和锌共沉积得到的 Zn-Ni 复合镀层，锌和铝可以组成原电池，铝表面会有氧化膜，作为阴极，导电性降低，减缓了锌的腐蚀；还有镍封镀层，是 Ni-Cr 镀层之间的一层镍复合镀层，一般是由镍和氧化物、碳化物或硅酸盐组成，铬层因此变为微孔的，增大了阳极镍层的暴露面积，降低了局部腐蚀电流密度。

4.5 电刷镀

电刷镀是一种新发展的特殊电镀方法，又被称为刷镀、选择性电镀、笔镀、无槽镀等。与传统的电镀方法不同，电刷镀不需要镀槽，是借助电化学方法，以浸满镀液的镀笔为阳极，使金属离子在负极（工件）表面上放电结晶，形成金属覆盖层的工艺过程。相比于传统电镀，电刷镀具有以下特点：设备简单，不需要镀槽，便于携带，适用于野外及现场修复，尤其对于大型、精密设备的现场不解体修复更具有实用价值；工艺简单，操作灵活，不需要镀的部位不用很多的材料保护；操作过程中，阴极与阳极有相对运动，故允许使用较高的电流密度，它比槽镀使用的电流密度大几倍到几十倍；镀液中金属离子含量高，所以沉积速度快（比槽镀快5～10倍）；应用范围广，对各种不同几何形状及结构复杂的零部件都可修复，适用于各个行业的不同需要；溶液性能稳定，无毒，对环境污染小，不燃、不爆，储存、运输方便；配有专用除油和除锈的电解溶液，所以表面预处理效果好，镀层质量高，结合强度大；费用低，经济效益大；镀层厚度的均匀性可以控制，既可均匀镀，也可以不均匀镀。

电刷镀的主要用途为：加工超差件及零件的表面磨损，恢复其尺寸精度和几何形状精度，修复零件表面的划伤、沟槽、凹坑、斑蚀等缺陷；强化产品表面，完善力学性能和物理化学性能；制备零件表面的防护层，如耐腐蚀、耐高温、耐氧化等；完成槽镀难以完成的作业，如零件太大或要求特殊而无法槽镀，对拆装难度高的大型设备现场修理，只需局部镀的大件或镀盲孔等。

4.5.1 电刷镀原理和设备

4.5.1.1 电刷镀基本原理

电刷镀是依靠一个与阳极接触的垫或刷提供电镀需要的电解液，电镀时，垫或刷在被镀的阴极上移动的一种电镀方法。电刷镀使用专门研制的系列电刷镀溶液、各种形式的镀笔和阳极，以及专用的直流电源。工作时，工件接电源的负极，镀笔接电源的正极，靠包裹着的浸满溶液的阳极在工件表面擦拭，溶液中的金属离子在零件表面与阳极相接触的各点上发生放电结晶，并随时间增长逐渐加厚，由于工件与镀笔有一定的相对运动速度，因而对镀层上的各点来说是一个断续结晶过程。

4.5.1.2 电刷镀设备

电镀设备包括直流电源装置，镀笔和其他辅助材料。具体介绍如下。

（1）电源装置

电源装置是电刷镀的主要设备，必须满足以下要求：电源要具有直流平外特性，即当电流变化范围较大时电压变化很小；输出电压可以无级调节，以满足不同工件或不同镀液的需求得到最佳电压值，常用电源电压可调节范围为0～30V，大功率电源最高电压可达到50V；

电流有好的自我调节能力，可以根据镀笔与阳极的接触面积来改变大小，输出电流的大小要根据实际的情况来确定；应该包含安培小时计或镀层厚度测试仪，用来显示消耗电量和控制镀层的厚度，保证镀层质量；有正负极性转换装置，满足各种工序的需要；必须有过载保护装置，能够保证工作的安全；电源尽可能满足体积小、重量小、操作简单可靠、维修方便等要求。

（2）镀笔

镀笔由阳极与镀笔杆组成，镀笔杆包括导电杆、散热器、绝缘手柄等，其结构如图 4.21 所示。

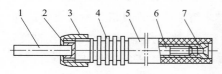

图 4.21　镀笔结构
1—阳极；2—"O"形密封圈；3—锁紧螺母；
4—散热器体；5—绝缘手柄；6—导电杆；
7—电缆线插座

阳极的材料需要有较高的导电性，能连续通过较高密度的电流，有石墨阳极、铂铱合金阳极、不锈钢阳极、可溶性阳极和其他材料阳极。为了满足不同工件的需求，阳极可以被加工成不同的形状如圆柱形、半圆形、月牙形、板条形、细棒状、线状等。线细状阳极适用于填补沟槽、凹坑；圆柱状阳极用于内径或小平面，半圆形阳极用于内孔或平面；月牙形阳极用于外圆；平板形阳极用于平面或外圆等。

阳极外表面需要用适当的材料进行包裹才可以使用，阳极包裹的作用是储存镀液，防止阳极与工件直接接触短路，以免烧伤工件，同时对阳极表面腐蚀下来的石墨粒子和其他杂质起到机械过滤作用，一般使用脱脂棉、涤纶棉套或人造毛套等。包裹时，一般先在阳极表面上包一层适当厚度的脱脂棉花，外面再用涤纶棉套或人造毛套裹住。脱脂棉用来储存镀液，一般需要纤维较长、层次整齐的脱脂棉，包套起到防止棉花松脱并提高耐磨性的作用，一般需要有好的耐磨性和吸水性。阳极的包裹层厚度要均匀、适当，一般为 5～15mm，过厚时，虽然储存镀液多，但电阻大，沉积速度慢；太薄时，储存镀液少，容易磨穿，造成工件局部过热，甚至发生短路，影响镀层质量。

在刷镀时，对于每一种溶液都必须有一支或几支专用镀笔。每支镀笔使用前都必须先在笔杆上贴上所用镀液的名称标签，不能混用。镀笔用完后要用清水冲洗干净分别存放，不能混放，更不能混用，尤其是镀铜与镀镍的镀笔不能混用，以免镀液互相污染。下一次使用镀笔前，应注意检查电缆线插孔处是否有锈蚀，若有锈蚀，要拆卸清理干净。石墨阳极长时间使用也会被腐蚀，可用锉刀、刮刀等工具将表面腐蚀刮除，继续使用。过度腐蚀就要报废。阳极包套一旦磨穿就要及时更换。换下的棉花一般不能再用，较干净的棉花可用水冲洗，晒干后继续使用。用过的镀笔，长时间不使用时，应将阳极、锁紧螺母、导电杆、散热器分别拆开，清理干净后分别保管，以备再用。

4.5.2　电刷镀溶液

电刷镀溶液可分为预处理溶液、电刷镀溶液、退钝溶液和钝化溶液。具体介绍如下。

（1）预处理溶液

预处理溶液包括电净液和活化液，电净液是用电解的方法去除油污，活化液则是利用电解腐蚀来除去表面的锈层。

① 电净液由磷酸三钠、氢氧化钠、碳酸钠和氯化钠等组成，溶液呈碱性，pH 值范围在 11～13，主要有两种电净液：

a. 1 号电净液 40～60g/L 磷酸三钠、20～30g/L 氢氧化钠、20～25g/L 无水碳酸钠和 2～3g/L 氯化钠组成；

b. 0 号电净液 40～60g/L 磷酸三钠、20～30g/L 氢氧化钠、20～25g/L 无水碳酸钠、2～3g/L 氯化钠和 5～10ml/L 的 OP 乳化液组成。

② 活化液是酸性水溶液，可去除金属氧化物，分为强活化液和弱活化液，硫酸型和盐酸型属于强活化液，柠檬酸型属于弱活化液。有以下四种类型的活化液。

a. 1 号活化液 80.6g/L 硫酸和 110.9g/L 硫酸铵组成，pH 值为 0.4，可去除金属表面氧化膜和疲劳层，对基体腐蚀较慢，适用于低碳钢、低碳合金钢以及白口铸铁等材料的表面活化处理；

b. 2 号活化液 25.0g/L 氯酸钠和 140.1g/L 柠檬酸三钠组成，pH 值为 0.3，具有较强的去除金属表面氧化膜和疲劳层的能力，腐蚀基体的速度较快，适用于中碳钢、中碳合金钢、高碳钢、高碳合金钢、铝和铝合金、灰口铸铁、镍层以及难熔金属的活化处理，也可用于去除金属毛刺和剥蚀镀层；

c. 3 号活化液 141.2g/L 柠檬酸三钠、94.2g/L 柠檬酸和 3.0g/L 氯化镍组成，pH 值为 4，对铁素体基体的作用较弱甚至不起作用，而对碳化物的作用很强，一般与前两种活化液配合使用，可去除中、高碳钢，铸铁等材料经前两种活化液活化后表面出现的炭黑层，以提高镀覆层与基体的结合强度；

d. 4 号活化液 116.5g/L 硫酸和 118.8g/L 硫酸铵组成，pH 值为 0.2，腐蚀能力很强，适用于钝化状态的铬、镍钢或者经上述活化液活化后仍难施镀的基体材料的活化处理，也可用于去除金属毛刺和剥蚀旧镀层。

（2）电刷镀溶液

电刷镀溶液金属离子含量高，导电性好，pH 值稳定，基本上为金属络合物溶液，无毒，不燃不爆，腐蚀性弱，添加剂少，可以分为单金属镀液、合金镀液和复合金属镀液。

（3）退钝溶液

退钝溶液用来去除镀件表面多余的镀层或不合格的镀层，一般采用电化学方法，将镀件与正极相连来进行。

（4）钝化溶液

钝化溶液能够使铝、锌、镉等金属表面形成致密的钝化膜，来防止镀件被腐蚀，可以用含有铬酸盐、磷酸盐、硫酸盐等的溶液来进行钝化处理。

4.5.3 电刷镀工艺

电刷镀包括刷镀前预处理、镀件刷镀和镀后处理 3 个流程。具体介绍如下。

① 预处理包括表面整修、表面清理、电净处理和活化处理。表面整修是将工件表面的毛刺、凹坑凸起、疲劳层、划伤等打磨或切削加工掉；表面清理是采用机械或化学的方法去除

油污和锈层，可以用打磨抛光的方法去除锈层，也可以用有机溶剂和脱脂溶液去除表面的油脂；电净处理即用电解的方法进行脱脂；活化处理是为了得到结合强度好的镀层。电净、活化程序之间需要用自来水冲洗，最后一道活化工序和刷镀过渡层之间采用蒸馏水冲洗。刷镀之前，要在没有接通电源的情况下用镀笔蘸上镀液在工件上擦拭几秒钟，使溶液充分湿润工件，之后再通电，这一操作可以增大镀层的结合强度。

② 镀件刷镀时会有过渡层和工作镀层。工件基体和工作镀层之间的部分为过渡层，有些镀层和基体无法形成良好的结合时就需要在之间加入过渡层来改善结合性，过渡层与基体和镀层都有着较强的结合能力。过渡层还可以提高工作镀层的稳定性，防止原子向基体扩散。工作镀层就是最终得到的所需镀层，要满足一定的性能要求，还要和过渡层能形成良好的结合。

③ 镀后处理是为了去除镀件表面残留的溶液、水迹等污染物，可以采用烘干、打磨、抛光、涂油等方法。

4.6 化学镀

化学镀也称无电解镀或者自催化镀，是在无外加电流的情况下借助合适的还原剂，使镀液中金属离子还原成金属，并沉积到零件表面的一种镀覆方法。化学镀技术是在金属的催化作用下，通过可控制的氧化还原反应产生金属的沉积过程。与电镀相比，化学镀技术具有镀层均匀、针孔小、不需直流电源设备、能在非导体上沉积和具有某些特殊性能等特点。另外，由于化学镀技术废液排放少，对环境污染小以及成本较低，在许多领域已逐步取代电镀，成为一种环保型的表面处理工艺。目前，化学镀技术已在电子、阀门制造、机械、石油化工、汽车、航空航天等工业中得到广泛的应用。

4.6.1 化学镀基本原理

化学镀不需要通电源，只需要根据氧化还原反应原理，利用溶液中的强还原剂提供电子将金属离子还原成金属，沉积在镀件的表面形成致密镀层，反应原理为

$$M^{n+} + ne^- \longrightarrow M$$

化学镀有以下三种形式。

（1）置换沉积

镀件金属的电位比沉积金属电位负，可以将沉积金属离子从溶液中通过置换反应沉积在镀件上，化学方程式为

$$M_{e1} + M_{e2}{}^{n+} \longrightarrow M_{e2} + M_{e1}{}^{n+} \tag{4.37}$$

式中，M_{e1} 为镀件金属；M_{e2} 为沉积金属。

溶液中的金属离子被还原沉积在镀件上的同时，镀件的金属也会溶解在溶液中，当镀件表面被沉积金属完全覆盖后反应自动停止，因此得到的镀层较薄。

（2）接触沉积

选择一个电位比镀件金属高的第三种金属，与镀件接触使其表面富集电子，然后将沉积

金属还原在镀件表面，化学方程式与置换沉积相同，只是 M_{e1} 不是工件金属，为第三种金属，但溶液中会引入第三种金属离子。

（3）还原沉积

使用还原剂将溶液中的金属离子还原沉积在镀件表面，反应方程式为

$$M_e^{n+} + Re \longrightarrow M_e + OX \tag{4.38}$$

式中，Re 为还原剂；OX 为氧化剂。

一般情况下化学镀主要是指还原沉积化学镀，还原只会发生在具有催化作用的表面上。如果沉积金属本身就是催化剂，则该化学镀具有自催化作用，称为自催化化学镀，沉积金属可以催化使反应不断地进行下去，得到所需厚度；如果沉积金属不是催化剂，当表面被沉积金属覆盖后就不具有催化作用了，反应自动停止，镀层的厚度有限。

4.6.2 化学镀的特点

化学镀工艺具有如下特点。

① 化学镀得到的镀层厚度均匀，镀层分散能力非常好，没有明显的边缘效应，几乎不会被工件的复杂外形所限制，不存在电镀工艺中电力线分布不均匀的情况，适用于复杂外形、腔体件、深孔件等。镀层均匀，厚度容易控制，表面光滑平整，不需要镀后加工。

② 化学镀可以在非金属材料表面沉积金属，如塑料、玻璃、陶瓷和半导体等，而电镀只能在导体表面进行。

③ 设备简单，不需要电源、输电系统及辅助电极，进行化学镀时只需要将工件悬挂浸没在镀液中即可。

④ 化学镀的镀层结合力强，晶粒细致，镀层致密，孔隙率低，具有好的力学性能和物理性能。

⑤ 相对于电镀，化学镀的镀液稳定性差，使用温度高，寿命短，成本高。

化学镀和电镀相比起来，最大的不同就是不需要外加电流，镀层厚度均匀。

4.6.3 化学镀镍

化学镀镍是化学镀工艺中发展较快、应用较为广泛的一种，化学镀镍层结晶细致，具有高的硬度，强的磁性。化学镀镍常用的还原剂有次磷酸钠（NaH_2PO_2）、硼氢化钠（$NaBH_4$）、肼 N_2H_4 或（NH_2NH_2）和二甲胺硼烷〔$(CH_3)_2HNBH_3$〕等，其中最常用的就是次磷酸盐，次磷酸盐将镍盐还原为镍，同时金属镀层中含有一定量的磷，以次磷酸钠为例来讨论化学镀镍。

4.6.3.1 化学镀镍反应机理

关于化学镀镍的反应机理，目前出现了原子氢态理论、氢化物理论和电化学理论三种理论。具体介绍如下。

（1）原子氢态理论

原子氢理论认为，镀液在加热条件下，次磷酸钠脱氢，形成亚磷酸根和放出原子氢，即

$$H_2PO_2^- + H_2O \longrightarrow H_2PO_3^{2-} + 2[H] \tag{4.39}$$

吸附在活性金属表面上的 H 原子将溶液中的镍离子还原为金属镍，沉积于镀件表面

$$Ni^{2+} + 2[H] \longrightarrow Ni + 2H^+ \qquad (4.40)$$

次磷酸根发生氧化还原反应，生成磷

$$H_2PO_2^- + [H] \longrightarrow H_2O + OH^- + P \qquad (4.41)$$

此外，部分原子氢会复合放出氢气。

（2）氢化物理论

氢化物理论认为，次磷酸钠分解不是放出原子态氢，而是放出还原能力更强氢的负离子，镍离子被氢的负离子所还原

$$H_2PO_2^- + H_2O \longrightarrow HPO_3 + 2H^+ + H^- \qquad (4.42)$$

$$Ni_2^+ + 2H^- \longrightarrow Ni + H_2 \uparrow \qquad (4.43)$$

溶液中的氢离子和氢的负离子反应生成氢气

$$H^+ + H^- \longrightarrow H_2 \uparrow \qquad (4.44)$$

（3）电化学理论

电化学理论认为，次磷酸根发生氧化，放出电子，镍离子被还原成金属镍

$$H_2PO_2^- + H_2O \longrightarrow H_2PO_3^- + 2H^+ + 2e^- \qquad (4.45)$$

$$Ni^{2+} + 2e^- \longrightarrow Ni \qquad (4.46)$$

$$2H^+ + 2e^- \longrightarrow H_2 \uparrow \qquad (4.47)$$

次磷酸根被还原为磷

$$H_2PO_2^- + e^- \longrightarrow P + 2OH^- \qquad (4.48)$$

以上三种理论中，原子氢态理论被大家所广泛接受。

4.6.3.2 化学镀镍工艺

化学镀镍溶液中有主盐即镍盐、还原剂、络合剂、缓冲剂、pH 调节剂、稳定剂、加速剂、润湿剂和光亮剂等。具体介绍如下。

① 镍盐即提供镍离子的盐，是溶液中的主要部分。

② 还原剂则是起到还原作用，将镍离子还原为金属镍沉积在镀件上，一般采用次磷酸盐。

③ 络合剂的作用是让镍离子生成稳定的络合物，提高镀液的稳定性，酸洗溶液中常用的络合剂有乳酸、苹果酸、柠檬酸、羟基乙酸、水杨酸等，碱性溶液中常用的络合剂为氯化铵、柠檬酸铵、焦磷酸铵等。

④ 稳定剂是为了防止镀液发生分解的，镀液中的杂质或沉淀物等粒子表面也会存在催化作用引发还原反应，导致镀液分解。稳定剂可被粒子吸附，阻止镍离子在其表面还原，有铅离子、锡离子、镉离子等重金属离子，硫脲、硫代硫酸盐、铜酸盐、碘酸盐等组成。

⑤ 加速剂是为了提高镍的沉积速率，满足生产的要求，有乳酸、羟基乙酸、琥珀酸、丙酸、醋酸及它们的盐类，以及某些氟化物。

⑥ 缓冲剂的作用是将镀液的 pH 值维持在一个稳定的范围内，有柠檬酸、丙酸、乙二酸、琥珀酸及其钠盐。

⑦ 其他添加剂如光亮剂和润湿剂等。

除了镀液成分，还有一些其他的因素可以影响化学镀镍的镀层工艺，如镀液 pH 值、温度等。pH 值减小，化学镀速度降低，pH 值增大，镀层中磷含量会降低，pH 值过高时镀液稳定性较差，且镀层会变粗糙。一般按照 pH 值可分为酸性镀液和碱性镀液。镀液温度一般设置在 80～95℃之间，温度较低沉积速度较慢，温度过高镀液的稳定性会下降，易分解。

化学镀镍也包括前处理和后处理。前处理与电镀前处理相似，基本上是除油、除锈和表面活化等，但每道工序之间必须用清水和去离子水冲洗，活化时保证工件金属晶格完全暴露，并要防止钝化。后处理包括钝化、封闭、去氢和热处理，钝化处理是为了提高镀层耐蚀性，去氢处理是为了防止氢脆现象，热处理可以改善镀层的硬度和结合力。除此之外，还要进行镀液的维护，测试镀液成分的变化并及时补充。

4.6.3.3 化学镀镍层的组织结构和性能

（1）组织结构

Ni-P 合金镀层中的磷含量一般在 2%～14%，磷含量会影响镀层的组织结构。当磷含量小于 4.5% 时，Ni-P 合金镀层的结构与纯镍相似，为晶态；当磷含量为 5%～6% 时，合金镀层仍为晶态，但晶粒变得更加细小，晶体结构逐渐不完整；当磷含量为 7%～8% 时，合金镀层处于晶态向非晶态过渡的阶段，有一定的晶态特征，是短程有序的微晶；当磷含量为 8.5% 以上，合金镀层变成非晶态。总之随着磷含量的增加，Ni-P 合金镀层的结构变化过程为：晶态→晶态＋微晶→微晶→微晶＋非晶态→非晶态。此外，热处理温度也会对 Ni-P 合金镀层的结构产生影响。当热处理温度低于 250℃ 时，镀层保持非晶状态，温度高于 250℃ 时，镀层开始晶化，在 300℃ 以上，完成晶化变为镍晶体并继续长大，还会出现 Ni_3P 相。

（2）性能

① 强度、弹性模量和塑性。Ni-P 合金镀层的强度和弹性模量较高，且受到磷含量和热处理的影响，镀层塑性较差，但可以完全弯曲。

② 硬度。磷含量和热处理也会影响镀层的硬度。低磷含量时，随磷含量的增加，晶粒逐渐细化，硬度高于高磷含量时的非晶态，未经热处理的合金镀层硬度在 500～600HV；经过热处理后，镀层中磷原子扩散偏聚，硬度提高，当 Ni_3P 相析出后硬度显著增大，当温度超过 400℃ 后，镀层硬度开始下降，而磷含量较高的镀层基体主要为 Ni_3P，高温度热处理后仍可保持较高的硬度；此外，延长热处理时间也可以提高镀层的硬度，且温度越高所需时间越短。

③ 耐磨性。化学镀 Ni-P 合金镀层的耐磨性比电镀镍层要好，调整镀层的成分和热处理工艺，甚至可以达到硬铬镀层的耐磨性。磷含量较高的非晶态镀层耐磨性较差，这是因为非晶态合金的原子结合力小，塑性变形抗力小，在磨损过程中容易发生滑移，加剧磨损。对于磷含量为 4% 的镀层，热处理温度越高，镀层的硬度越大，磨损体积变小，热处理温度达到 400℃ 时硬度最高，耐磨性最好，继续升高温度后硬度下降，磨损体积增大，这是因为低磷含量下 Ni_3P 相的沉淀强化对耐磨性有重要作用，固溶体和弥散分布的 Ni_3P 相组织可以维持最佳的耐磨性；而对于磷含量为 10% 的镀层，热处理温度即使增加到 400℃ 以上，磨损体积仍减小，这是因为高磷含量下 Ni_3P 相为基体，温度较高时，Ni_3P 相聚集粗化，Ni 发生再结晶，改善了镀层延展性和韧性，提高了抗裂纹生成和扩展能力，耐磨性较好。

④ 耐腐蚀性。Ni-P 合金镀层有较强的耐腐蚀性，可做阴极的防护镀层。因为 Ni-P 合金镀层在高磷含量时是非晶态结构，耐蚀性优于晶态结构，热处理后 Ni_3P 相的形成会显著降低耐蚀性，而高温热处理后，由于磷的存在，镀层表面会发生钝化，防止被腐蚀。

⑤ 物理性能。随着磷含量的增加，Ni-P 合金镀层的密度降低，一般情况下密度保持在 $8.5 \sim 7.75 g/cm^3$；Ni-P 合金镀层的导热系数为 $4.2 \sim 5.5 W/(m \cdot K)$，热膨胀系数为 $13 \sim 14.5 \mu m/(cm \cdot ℃)$。磷含量越高热膨胀系数越低，纯镍的导热系数为 $83.2W/(m \cdot K)$，热膨胀系数为 $14 \sim 17 \mu m/(cm \cdot ℃)$；电阻率一般为 $50 \sim 90 \mu \Omega \cdot cm$，磷含量和热处理也会影响电阻率；镍合金的熔点取决于镀层成分，磷含量越低，熔点越高，当磷含量为 $7\% \sim 9\%$ 时，镀层熔点为 $880℃$。

4.6.4 化学镀铜

化学镀铜在化学镀中也具有十分重要的地位，主要应用于非导体材料的表面，提高其导电性，被广泛使用在多层印刷电路板层间电路连接孔的金属化。化学镀铜法得到的铜镀层的物理化学性质与电镀法没有很大的差别。化学镀铜时主盐基本上选用硫酸铜，还原剂大多为甲醛。

4.6.4.1 化学镀铜反应机理

以甲醛为还原剂，解释三种还原机理。

（1）原子氢态理论

溶液为碱性时，甲醛在催化表面上被氧化为 $HCOO^-$，放出原子氢，铜离子被原子氢还原为金属铜。

$$HCHO+OH^- \longrightarrow HCOO^- +2[H] \tag{4.49}$$

$$HCHO+OH^- \longrightarrow HCOO^- +H_2 \uparrow \tag{4.50}$$

$$Cu^{2+} +2[H]+2OH^- \longrightarrow Cu+2H_2O \tag{4.51}$$

（2）氢化物理论

氢化物理论认为，在催化表面上甲醛分解不是放出原子态氢，而是放出还原能力更强氢的负离子，铜离子被氢的负离子所还原

$$Cu^{2+} +2H^- \longrightarrow Cu+H_2 \uparrow \tag{4.52}$$

或者先被还原为一价铜，再发生歧化反应，会形成铜粉

$$Cu^{2+} +2H^- \longrightarrow 2Cu^+ +H_2 \uparrow \tag{4.53}$$

$$2Cu^+ \longrightarrow Cu^{2+} +Cu \tag{4.54}$$

（3）电化学理论

两个共轭的电化学反应同时在金属铜上进行，铜的阴极还原和甲醛的阳极氧化

$$HCHO+OH^- \longrightarrow HCOO^- +H_2 \uparrow \tag{4.55}$$

$$Cu^{2+} +2e^- \longrightarrow Cu \tag{4.56}$$

4.6.4.2 化学镀铜工艺

化学镀铜溶液中有铜盐、还原剂、络合剂、pH 调节剂、稳定剂和添加剂。具体介绍如下。

① 铜盐一般选择的是硫酸铜，铜离子浓度越高沉积速度越快，浓度达到一定值后沉积速度趋于稳定。化学镀得到的铜镀层为纯铜，因此铜离子浓度对镀层成分没有影响，但浓度过高时会影响镀液，镀液稳定性变差，容易发生分解。

② 还原剂一般采用甲醛，是一种强还原剂，pH 值越高，甲醛的还原电位越负，还原能力越强。

③ 络合剂的作用是与铜离子生成稳定的络合物，防止在碱性溶液中析出 $Cu(OH)_2$ 沉淀，提高了镀液的稳定性，加快沉积速度，改善镀层质量。常用的络合剂为酒石酸钾钠，也可以作为缓冲剂来维持镀液 pH 值的稳定。

④ pH 调节剂采用的是 NaOH，保持镀液的稳定，提供了碱性环境，使甲醛具有较强的还原能力。

⑤ 加稳定剂是为了抑制 Cu_2O 的生成，防止镀液发生分解，因为化学镀铜的副反应会生成氧化亚铜和铜粉，镀液容易发生自然分解。稳定剂有亚铁氰化钾、氰化钠、甲醇、甲基二氯硅烷、硫化物和硫氰化物等。

⑥ 其他添加剂，如润湿剂、加速剂等。

镀液的 pH 值和温度会影响镀层质量。化学镀铜过程中不断消耗 OH^-，pH 值不断降低，此时沉积速度也会减小，影响镀层的外观，因此 pH 值不能过低，但 pH 值大于 13 后甲醛分解速度加快，副反应加剧，此时沉积速度也不会再增大，镀液老化易分解，因此合适的 pH 值范围是 11~13 之间。温度升高，沉积速度加快，镀层韧性提高，内应力下降，但会生成氧化亚铜而降低镀液的稳定性；若温度过低会析出硫酸钠，影响镀层质量，因此用酒石酸钾钠作为络合剂时，工作温度应保持在 15~35℃。搅拌有利于铜离子向待镀工件表面进行扩散，镀液也会保持均匀浓度，沉积速率稳定，抑制氧化亚铜的生成，提高镀液稳定性。

化学镀铜溶液的配制分为两步，甲溶液中按照顺序加入去离子水、铜盐、络合剂、氢氧化钠和稳定剂，混合均匀，乙溶液是含有还原剂的溶液，两溶液平时分别存放，使用时按照比例混合。此外，镀液的维护也很重要，镀液负荷维持在 $2\sim3dm^2/L$，要保持镀液的清洁，及时去除铜粉和槽壁上的镀层，控制镀液的 pH 值、温度和成分，及时补充消耗的组分。镀液不工作时可使用稀硫酸调节 pH 值至 9~9.5，此时镀液停止反应，进行化学镀时再用氢氧化钠调节 pH 值至工作范围。

4.7 电子束表面处理

4.7.1 原理

利用高速的电子束经聚焦和偏转照射到材料表面，使材料表层的温度升高，并发生成分和组织结构的变化，即电子束表面改性。由于高速运动的电子具有波的性质，入射电子会与材料表面的原子核和电子发生相互作用，其中，入射电子会与材料表层中电子发生碰撞，所传递的能量会以热能的形式传递给材料表层，从而使材料表层的温度迅速升高，材料表层成分和组织结构也会随之发生变化。电子束表面处理的主要功能是提高材料表面的硬度、耐磨性能及耐腐蚀性能，起到延长工件的使用寿命的作用。常用的电子束表面改性工艺有：电子束表面淬火、电子束表面相变强化、电子束表面重熔处理、电子束表面合金化处理、电子束表面非晶化处理和电子束表面薄层退火等。

4.7.2 主要设备

电子束表面改性装置主要包括电子枪、高压油箱、聚焦系统、扫描系统、加工室、真空系统、监控系统等部分，如图 4.22 所示。

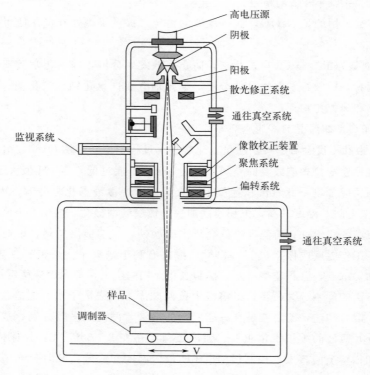

图 4.22 电子束表面处理工作

其中，电子枪是最为重要的部分。电子枪由加热灯丝、阴极、阳极、聚束极、电磁透镜、偏转系统和合轴系统等组成。首先由加热灯丝产生热电子，随后电子在阳极被加速，并在电磁透镜中聚集，最后在偏转系统中偏转，从而照射到工件表面。在电子枪加速电压的作用下，电子可加速至光速的 2/3 左右。目前电子束的加速电压可达 125kV，输出功率达 150kW，能量密度可达 $10^3 MW/m^2$。电子枪以外的其他部分的主要作用是：供给高低压稳压电源，控制电子束的大小、形状和方向，以及保证系统所需的真空度等。

4.7.3 电子束表面处理的特点

电子束表面处理的主要特点如下。

① 对材料表面精细度的要求较低。只要是肉眼能观察到且电子束流不受阻挡的部位，无论是深孔还是斜面，均能实现电子束表面改性处理。

② 电子束的功率密度高，且控制灵活，重复性好。可以做到精确控制表面温度和穿透深度。

③ 对工件的保护良好。由于电子束是在真空中工作的，工件不会被氧化，可以使工件获得较高的结合力以及较佳的性能。

④ 结构简单，电子束靠磁偏转动和扫描，不需要工件转动和移动。

⑤ 电子束与金属表面的耦合性好。电子束入射表面除 $3°\sim4°$ 的特小角度以外，电子束与表面的耦合不受反射的影响，因而电子束处理工件前，不需要添加吸收涂层。

⑥ 与激光相比使用成本和使用难度更低。电子束的使用成本只有激光的一半左右，且电子束的能量控制要比激光束方便（通过灯丝电流和加速电压就可实现精准控制）。

⑦ 电子束加热的能量转换效率高达 80% 以上，且热作用点的效率高，无需对工件进行整体加热，节约能源，属于节能型表面改性法。

电子束表面处理是高能密度表面改性技术的一种。作为高能密度表面改性技术的激光表面处理，其优点是可以流水线生产，可以处理大件和深孔，加热温度梯度较高，且能保持更长的时间。但激光表面处理的缺点也很明显，例如表面粗糙度高、光电转换效率低等。虽然电子束表面处理一般只能用于处理小尺寸工件，但由于电子束表面处理是在真空中进行的，处理完成后的表面较为光滑，且不会引入杂质，相比于光电转换的低效率，热电转换效率可高达 80% 以上，优势明显。需要注意的是，由于电子束较易激发 X 射线，在实际操作过程中需要注意个人防护。

4.7.4　电子束表面改性的机理

（1）注入电子束可以改变材料表面的显微组织

例如，亚共析钢的晶粒尺寸一般为 $5\sim10\mu m$，过共析钢的晶粒尺寸则要更大，而电子束表面处理可以得到更小的晶粒尺寸（小于 $3\mu m$），这种奥氏体晶粒尺寸的变化是形核和长大的结果，它在很大程度上取决于快速热处理的温度和时间。其机理是：由于电子束注入表面后会产生比较明显的温度梯度，导致表面温度分布不均匀，离表面越远温度就越低。因此，只要温度没有过高，奥氏体化的时间没有很长，通过电子束淬火，奥氏体晶粒尺寸就会变小。例如，过共析钢中的碳化物一方面会促进形核，同时又能阻止奥氏体晶粒长大，这样就能使晶粒尺寸保持在一个相对较小的水准，相比于常规淬火处理，对过共析钢进行电子束淬火可以得到更小的奥氏体晶粒尺寸。

电子束淬火后得到的转变产物通常是各种不同结构的马氏体。对于亚共析钢而言，大多是板条状马氏体，而在表面层区域是均匀束状；对于过共析钢而言，碳化物的转变程度基本上决定了马氏体产物的形态，随着碳化物溶解量的增加，基体内合金元素浓度的提高，会出现更多的偏转马氏体和残余奥氏体，而在电子淬火过程中，所有碳化物能溶解的深度都可以由电子束淬火参数决定。因此，电子束淬火是能够让过共析钢晶粒细化的一种好方法。

（2）注入电子束可以增强材料的耐磨性

相比于常规的退火、正火、淬火、回火，电子束淬火后的工件在耐磨性方面有明显的优势。实验表明，电子束淬火后比常规热处理后的耐磨性提升明显，改善程度是正火的 3 倍以上，是退火的 2.5～4 倍。例如，在汽车的转缸式发动机中，顶部密封件所受磨损较为严重，可采用电子束熔融技术以提高其耐磨性。

（3）注入电子束可以增强材料的硬度

电子束表面处理可以使残余奥氏体含量减少，片状马氏体变为板条状马氏体，并且可以产生非马氏体的转变产物（如细片状的珠光体、贝氏体或未转变的铁素体等）。可以使亚共析钢硬度提高约 3 倍，使过共析钢的硬度提高 3 倍以上，对于普通淬火加回火的钢，电子束淬火后得到的硬度值能提高 1～2 倍，回火温度越高，电子束淬火后的硬度增强效果也越明显。

4.7.5　电子束表面改性工艺举例

（1）电子束表面淬火

电子束表面淬火是将工件置于真空室中，用一定功率的高速电子流轰击工件表面，可以在极短的时间内将钢件的表面加热到相变点以上，从而靠自急冷却进行淬火，表面层会转变为晶粒极细的马氏体，又叫电子束表面相变强化处理。该方法主要针对有相变（主要是马氏体相变）过程的合金。其工艺过程关键是控制电子束加热金属工件表面时电子束斑平均功率密度在 $10^4～10^5 W/cm^2$ 的范围内，加热速度为 $10^3～10^5 ℃/s$，使金属表面加热到相变点以上，此刻基体仍处于冷态，在电子束停止加热后，表面层所获得的热量通过工件自身的热传导迅速散去，使加热表面很快冷却，冷却速度可达 $10^4～10^6 ℃/s$，以获得"自淬火"的效果。

电子束的功率密度和加热时间是电子束加热的主要参数，当功率密度增加且淬硬层深度增加时，淬硬层硬度提高；当加热时间变长时，淬硬层深度加深；当加热时间过长时，金属基体会过热，影响自激冷却的效果。此外，加热时间可以用工件的移速来调整，扫描速度的过快过慢都会对马氏体的形成造成影响。

电子束表面淬火的工件主要有 V 形零件，如滑槽的凸缘、导轨的轨道底板、机床紧固装置上的导向平面和台板等；周边要进行淬硬的旋转对称部件，如套筒、转动轴、芯轴等；锥形外表面或内表面要淬硬的旋转对称部件，如阀门、锥齿轮等；几何形状和外观规则或不规则的特殊零件，如凸轮盘、连接元件、正齿轮圈等；端面淬火的旋转对称件，如导向圈和推力环等。例如，美国 SKF 工业公司与空军莱特实验室共同成功研究了航空发动机主轴轴承圈的电子束表面相变硬化技术。用含有质量分数为 4.0％的 Cr 和 Mo 的美国 50 钢制造的轴承圈，容易因产生疲劳裂纹而导致断裂；而采用电子束进行表面相变硬化后，在轴承旋转接触面上可以得到 0.76mm 的淬硬层，有效防止了疲劳裂纹的产生与扩展，提高了轴承圈的寿命。

（2）电子束表面重熔处理

电子束表面重熔处理是利用电子束轰击工件表面，使表面瞬间处于熔点状态，产生局部熔化后停止加热并快速凝固，从而达到细化组织的目的，提高材料表面整体性能。电子束重熔可使某些合金各组成相间的化学元素重新分布，降低某些元素的显微偏析程度，从而改善工件表面的性能，也叫电子束表面熔凝处理。

由于电子束重熔是在真空条件下进行的，表面重熔时有利于防止表面的氧化，因此电子束重熔处理特别适用于化学活性高的镁合金、铝合金等的表面处理。纯铝及铝合金经电子束处理后晶粒细化，甚至形成微晶、非晶态组织；对镁合金进行电子束处理后，表面重熔层中铝元素的过饱和固溶及成分均匀化使其耐蚀性得到改善；钛合金经电子束重熔处理后组织也发生细化，成分均匀。此外，电子束重熔处理也适用于铸铁和高碳高合金钢，目前主要用于工模具及高温合金的表面处理和局部强化，即在保持或改善工模具韧性的同时，提高其表面强度、耐磨性和热稳定性。

赵晖等人对高速钢（$W_6Mo_5Cr_4V_2$）表面进行电子束处理后得到几微米厚的熔凝层，该层组织有明显的细化。邹慧等人对 45 钢进行强流脉冲电子束处理时发现，随电子束轰击次数的增加，合金表面显微硬度、表面耐磨性得到提高。董闯等人研究了模具钢的电子束表面处理，结果表明改性层表面生成的重熔层厚度达 $10\mu m$，次表层显微硬度增加，相对耐磨性提高了 5～11 倍。胡传顺等人对钛镍合金、镍合金进行电子束熔凝处理后发现，改性后合金组织细化、成分均匀，抗高温氧化能力提高。

（3）电子束表面合金化处理

电子束表面合金化是将工件表面涂覆一层粉末状合金元素或金属，用电子束加热使其熔化并扩散而得到耐磨、耐腐蚀或耐热表面的强化工艺。控制电子束与表面的作用时间，使表面涂覆层熔化，基体材料的表面薄层也微熔，形成表面局部区域的冶炼得到新的合金，从而提高工件表面性能。在合金化原料中加入 W、Ti、B、Mo 等元素可以提高材料耐磨性；加入 Ni、Cr 等元素可以提高材料的耐腐蚀能力；加入 Co、Ni、Si 等元素则能改善合金化效果。电子束表面合金化的研究内容主要包括：电子束表面合金化工艺及强化机理、电子束表面合金化层相组成控制的研究、电子束表面合金化制备金属基复合涂层的研究、电子束表面合金化缺陷的研究。电子束表面合金化处理原理如图 4.23 所示。

石其年等人通过对 45 钢采用预引入法涂覆 WC、Co、TiC、Ti、Ni、NiCr、Cr_2C_3、B_4C 等合金粉末进行电子束表面强化，经处理后材料的回火稳定性、表面硬度和耐磨性等均显著提高，使其可替代模具钢制造部分模具工作零件。张可敏等人对 316L 不锈钢进行电子束表面钛合金化后，形成富钛的合金层及扩散层，电子束轰击一定次数后，由于试样表面元素分布均匀，残余应

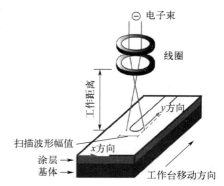

图 4.23　电子束表面合金化处理原理

力低，含钛量较高而具有优异的耐蚀性。陈迎春等人通过使用高能量密度的电子束高速扫描预先涂有 Si 粉的 TiAl 合金表面，"原位"制得以高硬度金属间化合物 Ti_5Si_3 为增强相和以 TiAl、Ti_3Al 为基体的复相合金表面改性层，该改性层具有较高的硬度，显微硬度最高达到基体的 3 倍。

（4）电子束表面非晶化处理

由于电子束具有非常高的功率密度以及作用时间很短等特点，可以使金属工件表面的薄层熔化，而传入工件内层的热量可忽略不计，从而在基体与熔化的表层之间产生很大的温度

梯度，当电子束停止照射时，热量向基体扩散，金属表面会以超过常规制取非晶所需要的冷却速率迅速冷却，从而获得非晶。该方法所获得非晶的金相组织形态致密，具有优异的抗疲劳及抗腐蚀性能，可直接使用，也可进一步处理以获得所需性能。

研究表明，非晶层的性能与电子束处理表面的熔凝速率及熔化层等有关。电子束与基体的交互作用时间越短，加热和冷却速率越大，冷却速率的增大可使凝固组织细化，熔凝层显微硬度增大，为一般结构材料的表面直接转变为非晶层开辟了新途径。

（5）电子束表面薄层退火

当电子束作为表面薄层退火热源使用时，所需要的功率密度要较上述方法低很多，以此降低材料的冷却速度。对于金属材料，此法主要应用于薄带的表面处理。另外，电子束退火还成功地应用于半导体材料上。

目前，离子注入方法是进行半导体掺杂的有力手段，不但可以控制掺杂深度及杂质浓度，而且还能得到特殊的杂质浓度分布。然而，高能量的离子注入会造成晶格损伤，使半导体表面出现无序层和大量的位错，严重影响其使用性。通过脉冲或扫描电子束表面薄层退火处理，半导体表面可通过固态或液态外延作用消除损伤和杂质的扩散作用，使电激活率接近100%。

（6）高温合金的电子束物理气相沉积

电子束物理气相沉积是电子束技术与物理气相沉积技术的有机结合，在真空的条件下，利用高能电子轰击沉积材料表面（金属、陶瓷等），使其迅速升温气化而凝聚在基体材料表面的一种表面加工工艺。该方法具有许多优点，例如：电子束沉积参数易于控制，有利于精确控制沉积层的厚度和均匀性；对材料的加工可达到较高的温度，可适用于大部分沉积材料；电子束加热基板使得基板温度分布均匀，易于控制，沉积层不受加热源污染；水冷坩埚的使用避免了高温下蒸镀材料与坩埚之间的反应，同时避免了坩埚排气污染膜层；沉积速率高，使得制备大尺寸的板材以及多层材料成为现实；沉积过程中蒸发出的原子团能量较低，减弱了层界面的扩散、混合作用，有利于获得具有清晰界面的多层材料。

在高温合金的表面进行物理气相沉积可以使合金表面的涂层具有优良的隔热、耐磨、耐腐蚀等性能，从而对基体材料产生一定的保护作用。该技术能够提高发动机的功率与热效率，减少燃油消耗，延长发动机关键零部件的使用寿命。

4.7.6　发展前景

电子束技术作为制备与加工难熔金属的现代核心技术之一，目前最主要是应用是对钢和铸铁进行电子束表面淬火。随着工艺的不断发展与进步，电子束表面处理已在半导体、杀菌消毒、环境保护、合成高分子，高温合金的成型制造精炼、焊接、表面改性以及涂层制备等领域得到了广泛应用，并将不断涉足航空航天、国防军工以及核工业等各个领域中。随着对高温合金使用性能要求的不断提高以及新型高温合金的开发，电子束技术在高温合金中的应用也面临着新的挑战，因此需要不断开发电子束技术的新方法与新工艺，如将计算模拟的方法与电子束技术相结合能有效指导材料的制备与加工。此外，电子束自动化技术的应用可实现对材料制备与加工过程的精确控制，在降低劳动强度的同时提高材料的使用性能。

电子束技术与高温合金的发展是相辅相成的，电子束技术在高温合金中的应用也必然朝着高效率、低成本、低能耗的方向发展。此外，电子束技术的应用在大幅度提高高温合金的使用性能的同时，也使得超高熔点合金的制备与加工成为可能。目前，电子束表面非晶态处理、冲击淬火方法仍处于实验研究阶段，而其他几种方法已经部分应用于工业生产。现在人们仍在努力探索新的电子束表面处理工艺，以扩大应用范围。电子束技术与高温合金的开发紧密结合，不断发展，在高温合金中的应用领域将不断拓宽，应用前景值得期待。

4.8 高密度太阳能表面处理

4.8.1 原理

太阳能（solar energy）一般指太阳的热辐射能，是由太阳内部氢原子发生氢氦聚变释放出巨大能量而产生的，是一种清洁无污染的可再生能源。广义上，地球上的风能、海洋温差能和生物质能都是来源于太阳，地球上的化石燃料（煤、石油、天然气等）也是远古以来贮存下来的太阳能；而狭义的太阳能则限于太阳辐射能的光热、光电和光化学的直接转换。在化石燃料日趋减少的今天，太阳能已成为人类使用能源的重要组成部分。

高密度太阳能表面处理是通过将太阳光聚集成高密度的定向能量束对零件表面进行局部加热，使表面在很短的时间内升到所需温度，然后进行冷却的表面处理技术，如图 4.24 所示。

图 4.24　太阳能合金化处理
（a）示意图；（b）实物图

4.8.2 主要设备

太阳能表面处理的设备主要是高温太阳炉。太阳炉加热时的能量密度高，加热温度高，加热速度快，但加热范围小且加热区能量分布不均匀（具有方向性，温度呈高斯分布）。高温太阳炉能方便地实现在控制气氛中加热和冷却，方便操作，且有安全保障，但光辐射强度会受天气条件的影响。

太阳炉主要由以下七个部分组成：抛物面聚焦镜、镜座、机电跟踪系统、工作台、温度控制系统和辐射测量仪。常用的高温太阳炉的主要技术参数是：抛物面聚焦镜 1560mm，焦距 663mm，焦点 6.2mm，最高加热温度 3273K，焦点漂移量小于 ±0.25mm/h，输出功率 1.7kW。

4.8.3　高密度太阳能表面处理的特点

传统的材料表面热处理方法，能量往往需要多重转化（如化学能转变为热能）之后才被利用，这就不可避免地出现大量的能量损耗，导致成本上升，同时也会对环境造成不好的影响。而利用太阳能这样的清洁能源，就可以很大程度上避免上述缺点。

目前，完善的太阳能加热炉可将阳光聚焦，并由可调的光学系统提供必要的柔性，即使工件的几何外形是不规则的，也可以进行太阳能表面处理，最大限度地适应特定用途。此外，多数材料对可见光比对红外光有更高的吸收效率，通常不必专门作涂覆或其他表面增吸处理就能有效地进行日光加工。聚焦太阳光作用在热导率低的材料上升温更快。

太阳能表面淬火分为单点淬火和多点淬火。单点淬火是利用聚焦的太阳光对工件表面进行扫描，获得与束斑大小相同的硬化带；如需要更宽的硬化带，则必须采用多点淬火的扫描方式。多点搭接会造成金属表面硬度呈软硬周期间隔分布，可以用于提高工件表面在磨粒磨损条件下的耐磨损性能。

4.8.4　高密度太阳能表面处理的主要工艺

（1）太阳能表面相变强化

由于太阳能淬火是一种自冷淬火，经过太阳能淬火处理的工件，可获得均匀的硬度，且比普通淬火的耐磨性能要更好。例如，钢的表面相变硬化处理可采用激光进行加热，但成本也较高。研究表明，聚集日光的能量完全能满足钢表面相变处理的需要，且比激光处理更为经济。太阳能表面相变强化应用的实例如表 4.7 所示。

表 4.7　太阳能表面相变强化应用实例

被处理工件	工件材料	工艺参数	表面硬度
气门阀杆顶端	40Cr（气门）、$4Cr_9Si_2$（排气门）	太阳能辐射照度 $0.075W/cm^2$，加热时间 2.4s	53HRC
直齿铰刀刃部	T10A	太阳能辐射照度 $0.075W/cm^2$，加热速度 4mm/s	851HV
超级离合器	40Cr	多点扫描	50～55HRC

（2）太阳能表面重熔处理

太阳能表面重熔处理指的是，利用高密度太阳能对材料表面进行熔化-凝固的处理工艺，该工艺可以起到改善材料表面耐磨性能的作用。

（3）太阳能合金化处理

即以太阳辐射为能源进行的合金化处理，可以使工件表面获得具有特殊性能的合金表面层。太阳能合金化处理应用的实例如表 4.8 所示。

（4）太阳能后处理

等离子喷涂和冲击包覆等表面涂覆之后，常常需要进行一定的后处理以改善覆层与基体的附着性，消除或减少孔隙，促成固态反应，以获得更为有益的显微结构。

表 4.8　太阳能合金化处理应用实例

材料	太阳能辐［射］照度 /(W/cm²)	扫描速度 /(mm/s)	合金化带宽 /mm	合金化带深 /mm
45 钢	0.075	2.34	2.60	0.036
	0.077	2.30	2.89	0.039
	0.093	3.87	3.90	0.051
	0.091	3.71	4.16	0.066
T8 钢	0.091	4.11	3.97	0.060
	0.091	4.06	4.20	0.075
20Cr 钢	0.091	4.11	4.42	0.090

4.8.5　应用举例

（1）覆膜和涂层的后处理

太阳能后处理包括熔融或熔化涂层中的粉末，使等离子喷涂层致密化，使层叠的不同材料发生反应，生成所要求的金属化合物，及实现反应等。

太阳能覆层处理的潜力很大，例如航空、航天及其他工业高温系统中金属的散热涂层、反射涂层的后处理。已试验过的高热辐射率涂层材料有 SiC、SiB_4、$MoSi_2$ 等。用于航天飞机机头和翼前缘的碳复合材料隔热屏、尾气喷管等部件都要求有很好的散热性和抗氧化能力。因此，SiC（高热辐射率）和 SiO_2（高抗氧化能力）涂层的研究十分引人注意。此外，自蔓延高温合成技术（SHS）也可与太阳炉相结合，在 SHS 时，粉末混合物发热反应由聚集日光而引起，这种发热反应可升温至难熔金属和陶瓷材料的熔点以上。在太阳能表面处理基础上的 SHS 方法可能实现陶瓷覆层的革新。

（2）钢的表面相变硬化

钢的表面相变硬化处理常采用火焰、电磁感应或激光等进行加热。现代汽车工业成功地使用激光对发动机及其他传动元件作表面硬化处理，大大地激发和加快了日光表面硬化处理的研究和开发实验研究，聚集日光完能满足钢表面相变处理的需要。而太阳能加热炉比激光更经济，则有力地表明了其有与传统的表面处理方法竞争的潜力。

各国研究人员对太阳能表面硬化技术的开发已有七年之久。中国研制的装置为直径 1.56m 的抛物聚镜，焦长 663mm，焦斑直径 6.2mm，峰值光密度 30MW/m²，最大温升 3273K，足以熔化 ZrB_2。处理钢板时，瞬间就可得到直径 5mm 的完全马氏体组织硬化区。这个装置可处理像钻头和铰刀刃这样的较复杂表面。

（3）电子材料加工

在生产电子材料的表面改性技术中，可采用太阳能表面技术的有化学气相沉积（CVD）、快速加热退火（RTA）与区域熔凝再结晶（ZMR）。

例如，装有反应室的太阳炉也是很好的冷壁 CVD 反应系统。太阳辐射能易于控制，能在预定的时间里提供精确的热量。目前正在开发能够产生 TiN、TiB$_2$、SiC 和硬碳化膜的日光炉，目前的研究表明，相对不大的日光密度就足以制备 CVD 膜。日光炉也可用于快速热化学气相沉积，此工艺一般是用加热灯辐射 CVD 室以加速薄膜沉积的。电子工业中用热化学气相沉积系统来生产高质 SiC、Si$_3$N$_4$ 和其他材料薄膜。

用石墨加热器或灯扫描基体上的多种覆层（如硅、锗或蓝宝石等），将内层加热，使其缓慢地发生再结晶，典型扫描速度为 1mm/s，此技术称为区域熔凝再结晶技术（ZMR）。用该方法制得的大面积膜，为外延生成 GaAs 晶体提供了极佳的基底，在此应用领域中使用太阳能作为热源是完全可行的。

4.8.6 发展前景

太阳能相比于其他能源的优点有很多，例如：太阳能是地球上最普遍的能源，任何地方都有太阳能的存在；太阳能是极为清洁的能源，不会产生污染环境的有毒有害物质；此外，太阳能的储量极为巨大，取之不尽用之不竭，太阳内的原子核能储量足以维持上百亿年。但太阳能也有缺点，例如到达地球上的能量密度较低、稳定性较差、转换效率较低，以及成本较高等，还有很多需要优化改进之处。

多年来，人们一直在研究将太阳光作为花费少、无污染的一次能源用于材料的加工。如今，人们认为太阳能在材料加工领域中的巨大潜力将首先表现在材料的表面改性处理方面。在材料加工领域中，这种技术将能够与人们所熟知的其他一些定向能量束（例如离子束、激光、电子束）相媲美。目前，比较有发展前景的太阳能表面处理包括钢的表面相变硬化、包覆或表面涂层、自增殖高温合成薄膜沉积和电子材料加工等。

4.9 离子注入表面改性

4.9.1 定义与原理

离子束指以近似一致的速度沿几乎同一方向运动的一群离子。离子注入技术是近 30 年来在国际上蓬勃发展和广泛应用的一种材料表面改性技术。离子束把固体材料的原子或分子撞出固体材料表面，这个现象叫作溅射；而当离子束射到固体材料时，从固体材料表面弹了回来，或者穿出固体材料而去，这些现象叫作散射；另外有一种现象是，离子束射到固体材料以后，受到固体材料的抵抗而速度慢慢降低下来，并最终停留在固体材料中的这一现象叫作离子注入。

离子注入表面处理的定义是：将某一需要注入的化学元素的原子经电离后变成离子，将其加速使离子获得较高动能并注入到固体材料表面，随后离子受到固体材料的抵抗从而速度降低，并最终停留在固体材料中，以改变材料表面的物理、化学等性能。离子注入是一种深度的真空处理工艺，属于物理气相沉积（PVD）的范畴。其中，气态离子的离子化较为容易，而金属离子的离子化较为复杂。离子注入在半导体工业中的应用已有相当长的历史。大约从 20 世纪 60 年代起，离子注入就已开始用于电子工业中的硅晶片掺杂。该方法的高可控性、可靠性和工艺的可再现性，是离子注入在这一领域不断成功的主要原因。离子注入在半导体工艺中的应用如图 4.25 所示。

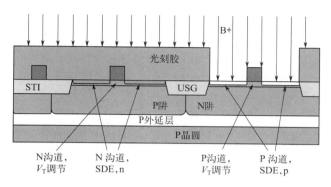

图 4.25　离子注入在半导体工艺中的应用

离子注入工件表面后，会与工件内的原子发生一系列的相互作用，主要包括核碰撞、电子碰撞两个部分。

① 核碰撞：核碰撞指的是入射离子与工件表面的原子核发生碰撞，离子的能量转移到原子核上，此时离子会改变原来的运动方向，靶原子核的位置也会发生变化，使工件表面产生离子大角度散射和晶体辐射损伤（即离子轰击产生了晶体缺陷）。

② 电子碰撞：指入射离子与工件表面的电子发生碰撞，会引起电子捕获、电离以及 X 射线发射等现象。

除以上两种主要的形式外，入射离子还会与工件内原子进行电荷交换。以上提到的三种相互作用都会使离子耗尽能量，最终作为一种杂质原子停留在工件中，从而对工件的表面性能起到重要的影响。

4.9.2　主要设备

离子注入的设备主要是由六个部分组成，包括离子发生器、分选装置、加速系统、离子束扫描系统、试样室以及排气系统。离子发生器在几万伏的电压下发出离子后进入分选装置，选出一定质量/电荷比的粒子，随后在几十万伏的加速系统中加速获得极高的能量，通过离子束扫描系统扫描轰击工件表面，会与工件内原子和电子发生相互作用，从而达到表面改性的目的。离子注入设备如图 4.26 所示。

在 0～30kV 的电压作用下，将阳离子从离子源中引出，并给予一定的初速度。质量分析器从引出的阳离子中选出注入的粒子，提高离子束的纯度，随后加速系统将阳离子加速到一定的动能来控制注入的深度，最后通过静电扫描系统将离子束聚焦扫描并有控制地注入工件指定表面。简单来说，离子注入设备的工作原理是：首先将某种元素的原子或携带该元素的分子变为带电的离子，随后在强电场中加速获得较高动能，最后注入靶材进行材料表面的改性。

研究表明，一种专用于无质量分析的强束流金属离子束加速器已被成功开发，名为 MEVVA 加速器。据报道，这种加速器能够产生大约 20mA 的双电荷金属离子束流，在靶件上的圆形束斑直径为 250mm。为了能够进行复杂形状的工具和零件的离子注入，对于无质量

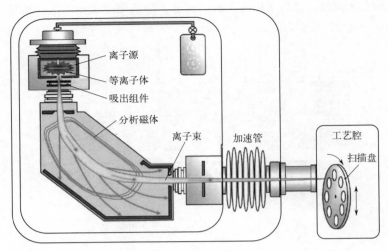

图 4.26　离子注入设备

分析的和有质量分析的加速器都需要配有先进复杂的样品夹具或操作装置。最近开发出另一种不同于一般的氮离子注入系统，证明了复杂形状样品的注入问题是可以解决的。这种新式注入称为等离子源离子注入（PSII）或称为等离子体浸没离子注入（PIII）。

4.9.3　离子注入金属表面的改性机理

（1）固溶强化

固溶强化是金属强化的一种重要形式。适当的溶质含量，可以在显著提高材料强度和硬度的同时，保证材料的塑性和韧性没有明显降低。如果注入的是碳、氮这种原子半径较小的离子，被注入零件表面的碳、氮原子会以间隙的方式固溶于晶体的晶格间隙中，从而产生固溶强化，改善材料的性能。

（2）沉淀强化

沉淀强化是指从母相中析出的第二相颗粒弥散分布在基体中阻碍位错运动从而强化，两相通常具有一定的位向关系、共格关系，界面结合较好，具有高强化效果，是第二相强化中的一种。注入的元素固溶于表面基体，会使基体的过饱和度增加，从而使机体内的溶质元素以化合物的形式沉淀出来并镶嵌于材料中，构成弥散相，形成基体强化。例如在金属中注入氮、硼等元素，可以形成金属氮化物、硼化物，以构成硬质合金弥散相。

（3）喷丸强化

高速离子轰击基体表面，也有类似于喷丸强化的冷加工硬化作用。离子注入处理能把20％～50％的材料加入近表面区，使表面成为压缩状态。这种压缩应力可以填实表面裂纹和防止微粒从表面上剥落，从而提高抗磨损能力。

（4）损伤强化

具有高能量的离子注入金属表面后，将和基体金属离子发生碰撞，使晶格大量损伤。例如，若碰撞传递给晶格原子的能量大于晶格原子的结合能时，将使其发生移位，形成空位—间隙原子对。若移位原子获得的能量足够大，则又可撞击其他晶格原子直到能量耗尽。我们称这种现象为辐照损伤，即带电粒子或电磁波和固体材料的点阵原子发生一系列碰撞，引起材料内部出现大量原子尺度的缺陷的过程。这些缺陷会经过长时间的迁移、聚集和复合形成缺陷团簇、空洞等，还会和材料中原有缺陷（如晶界、析出物等）继续相互作用而出现一系列变化，最终对材料的宏观性能造成影响。

（5）产生表面污染膜

在离子注入的过程中，真空系统中的油蒸气会因辐射而分解，并经离子反冲注入样品，从而使样品近表面层的碳含量增高，在样品表面形成一层棕褐色的碳污染膜。当这层碳污染膜的结构为非晶相时，材料的抗腐蚀性将明显提高。

（6）产生表面钝化膜

将铬、铝、硅、钽这类易产生钝化膜的元素注入材料表面，可以使表面产生一层注入元素和氧的化合物膜，使得表面钝化从而提高抗腐蚀性。

（7）产生表面惰性层

在材料表面注入铜、镍等惰性元素，则可以在材料表面形成一层耐蚀性较强的惰性表层，使表层化学稳定性提高，改善性能。

（8）形成非晶态结构

以较大的能量将较重的粒子注入金属表面，可以打乱金属表层中原子的有序排列结构，从而在表面形成一层非晶态层。由于非晶态物质不存在晶界和位错等缺陷，从而使微电池数量减少，材料表面的耐腐蚀性能就随之增加。

（9）产生单相结构表层

采用离子注入，可以在表层中获得单相的固溶体，可得到一些用冶金方法不能获得的单相金属。由于单相结构避免了不同相之间的电位差，因而具有优良的抗电化学腐蚀性能。

4.9.4 离子注入对材料表面性能的影响

（1）提高材料表面硬度

离子注入材料表面后，如果注入的是金属元素，会进入位错附近从而产生固溶强化效果；如果注入的是非金属元素，则会与金属元素形成化合物，产生弥散强化。此外，大量的注入杂质会形成柯垂尔气团，起到钉扎的作用，从而使表面强化，提高表面硬度。

（2）提高材料表面耐磨性

离子注入能引起表面层组分与结构的改变，提高表面硬度的同时也会提高表面的耐磨性。离子注入表面磨损的碎片比未注入的表面磨损碎片更细，接近等轴，而不是片状的，从而改善了润滑性能。也有观点认为，注入离子会使表面氧化膜更易生成，同时可以明显降低工件接触表面的黏着倾向，因此会引起工件表面摩擦系数的降低。此外，离子注入后会产生表面压应力，能起到抑制表面裂缝产生的作用，延长疲劳寿命。例如：AISI52100 轴承钢注入高浓度 Ti 或同时注入 Ti 和 C 之后，可明显降低摩擦磨损。利用各种表面分析技术发现，在表面区域存在一个 Ti-C-Fe 非晶组织。这种非晶碳化物表面的耐磨抗力比低磨损材料马氏体基合金的耐磨抗力高 5 倍以上。因此，注入 Ti 和 C 是提高合金耐咬合磨损性能的有效方法。

（3）提高材料抗氧化性

离子注入提高抗氧化性最主要的原因是：可以形成离子注入的元素会自发地在晶界处富集，阻塞了氧的扩散通道，防止氧进一步向内扩散；离子注入的元素进入氧化膜后可以改变膜的导电性，起到抑制离子向外扩散的作用，使氧化速率降低；离子注入可以改善氧化物的塑性，减少氧化产生的应力，防止氧化膜开裂。离子注入提高表面抗高温氧化能力的实例如表 4.9 所示。

表 4.9　离子注入提高表面抗高温氧化能力实例

工件材料	注入离子	性能效果
钛合金	Ba、Ca	氧化率降低 80 倍
Fe-Co-Al 合金	Al	110℃时氧化率降低两个数量级
奥氏体不锈钢	Co	800℃时氧化率有明显降低
1818 合金	B	氧化率降低 30～50 倍

（4）提高材料耐腐蚀性

注入工件表面的高能离子，会与表面的晶格原子发生碰撞，使工件表面形成无晶界、非晶态的表面层，故可以提高金属材料的耐腐蚀性；此外，离子注入还可以改变表面的电化学性能，离子注入工件表面后，会在表面上形成注入元素的饱和层，起到阻止工件表面吸附其他气体的作用，从而提高材料表面的耐腐蚀性。如 Cr 离子注入 Cu，能形成一般冶金方法不能得到的新亚稳态表面相，可以起到改善 Cu 的耐腐蚀性能的作用；B、N 这些间隙原子，经常被注入钢铁中以改善其表面强度，经对注入离子钢的抗腐蚀性研究发现，B 离子的注入一般有助于降低钢在酸和酸性氯化物介质中的腐蚀速率。

4.9.5　离子注入表面改性的特点

离子注入表面改性与现有的表面处理工艺有很大差别，主要体现如下。

① 离子改性是一种非热平衡过程，不同于任何热扩散方法，理论上可以将任何元素注入到固体中，故基体材料不受传统合金化规则（如热力学、相平衡、固溶度等）限制，可以获得新的合金相，是一种开发新材料的良好方法。

② 离子进入基体后呈高斯分布，不会形成新的界面，从而可以解决传统涂层技术中所存在的黏附以及热膨胀系数不匹配而导致的开裂问题。

③ 离子注入在真空环境下进行，可以保证工件不发生氧化、软化和变形等，且表面粗糙度一般无变化，可作为最终工艺。

④ 离子注入的可控性和重复性较好，注入温度和注入后的温度可以任意控制，而通过可控扫描机构，不仅可以实现较大面积上的均匀化，还可以在很小的范围内进行局部改性。

⑤ 离子注入功率消耗较低，以表面合金代替整体合金，节约金属，更为环保。

相应的，从目前技术水平来看，离子改性仍然存在许多不足。例如：

① 设备较为复杂，成本相对较高，且有一定的危险性。

② 常规离子注入的时间长，且注入层较薄（小于 $1\mu m$），不适合复杂形态的结构改性。

③ 由于离子的表面溅射效应，较重的离子难以实现高浓度掺杂。

④ 可能会产生缺陷或出现非晶化，后续需要进行热处理（如高温退火等）。

⑤ 离子只能直线前进，无法处理形状较为复杂的工件，在一定程度上限制了该方法的应用。

其中，温度对离子注入的影响是比较明显的。一些作者研究了高温对氮离子注入效果的影响。众所周知，注入期间的升温对改变钢样品的显微组织有强烈作用。然而，在注入过程中使工件的温升保持恒定绝非易事，若能做到，则可以很方便地起到后续热处理的作用。氮离子注入后再进行退火，能够进一步提高表面硬度约 40%。M2 钢制的冲模经氮离子注入后磨损率下降 1.2 倍，再进行热处理可使磨损率下降 5 倍。两种不锈钢（AISI304 和 310）在 400℃下经氮离子注入后，测量的承载能力大约能提高 50 倍。高温离子注入除了在显微组织和化学作用上具有改善效果外，在某些情况下似乎有可能利用高温离子注入来克服注入层过浅的缺点。然而，这种方法所需要的注入剂量远高于正常注入剂量，因而这种处理方法的成本是相对较高的。

4.9.6　应用举例

（1）离子注入在金属材料表面改性中的作用

离子注入的研究和应用多为金属材料，例如钢、硬质合金、钛合金等，注入的离子有镍、钛、铬、钽、镉、硼、氮等离子。经离子注入处理后，金属表面的耐磨性、耐蚀性、耐疲劳性和抗氧化性都有一个较大的提升。

离子注入在提高金属材料性能上的应用举例，如表 4.10 所示。

表 4.10　离子注入在提高金属材料性能上的应用实例

注入离子种类	工件材料	改善性能	适用产品举例
Ti、C	铁基合金	耐磨性	轴承、齿轮、阀、模具
Cr	铁基合金	耐蚀性	外科手术器械
Ta、C	铁基合金	抗咬合性	齿轮
P	不锈钢	耐蚀性	海洋器件、化工装置
C、N	钛合金	耐磨性、耐蚀性	人工骨骼、航天器件
N	铝合金	耐磨性、脱模能力	橡胶、塑料模具
Mo	铝合金	耐蚀性	宇航、海洋用器件
N	铬合金	硬度、耐磨性、耐蚀性	原子炉构件、化工装置

注入离子种类	工件材料	改善性能	适用产品举例
N	硬铬层	硬度	阀座、搓丝板、移动式起重机
Y、Ce、Al	超合金	抗氧化性	涡轮机叶片
Ti、C	超合金	耐磨性	纺丝模口
Cr	铜合金	耐蚀性	电池
B	铍合金	耐磨性	轴承
N	WC+Co	耐磨性	刀具

　　离子注入技术可以满足高精度零件表面改性的需求，因此采用离子注入技术可以很好地对高精度金属材料进行表面改性。轴承和齿轮是具有紧密尺寸公差的零件，只适合进行少数常规表面改性处理，而离子注入处理可以保持高精度轴承和齿轮的尺寸完整性和表面光洁，且注入层和材料之间不存在明显分层，一体性较好，从而消除了存在于硬质镀层中的剥离危险。实验表明，钛和碳离子的注入处理是提高合金抗咬合磨损的有效方法。在轴承上的成功应用是离子注入处理的重大突破。采用离子注入处理技术可以很方便而且低成本地处理大量尺寸较小的滚珠轴承。将注入钛和碳离子的不锈钢滚珠与注入铬和氮离子钢滚道对磨，其耐磨性和没有处理过的钢比较，可提高两个数量级。

　　离子注入处理已广泛应用于工模具的表面处理，在这方面大多数成功的例子是用于塑料、纸张、合成纤维、软织物等材料成型、切割和钻孔的工模具。这些工模具都遭受到适度的黏着和磨粒磨损，某些情况下还会由于腐蚀而加速磨损过程。这种类型的工模具包括用于高品质穿孔和聚合物板切割的高速钢冲模、塑料和纸张印痕切割滚刀等。氮离子注入处理用于冲制或压制热轧钢和奥氏体不锈钢的高速钢冲头与模具，可以增加它们的使用寿命10～12倍。

　　离子注入技术在生物医学材料中也有广泛的应用。例如，离子注入法可以有效地减少钛基关节取代物的磨损，在用于人造关节的钛合金中注入氮离子，可有效降低钛合金的摩擦因数，减少磨损量，提升耐磨性。例如，新一代矫形植入物是用具有生物兼容性的 Ti6A14V 合金制造的，这种合金和传统的 Co-Cr-MO 合金相比，有较优越的耐磨性和耐疲劳性，其弹性模量也较低，它能为骨骼提供较好的配合，在全关节取代物中，N 离子注入 Ti6A14V 合金在耐磨损方面的改进对矫形医学的推广有着重大的意义。

　　（2）离子注入在高分子材料表面改性中的应用

　　由于离子注入是通过控制分子聚集状态从而进行表面改性的，通过离子注入高分子材料，可以提高材料的机械性能、电磁学性能以及光学性能等。

　　离子注入可以提高高分子材料表面硬度。离子注入会引起聚合物锻炼和交联，并产生自由基，导致聚合物化学配比和结构的变化，从而引起聚合物表面力学性能的变化。

　　离子注入可以改善高分子材料的电学性能。由于离子注入会形成富碳层，使注入膜的电阻率降低，改善高分子材料导电性和表面抗静电性能。也可用导电岛模型来解释这一机理：在离子注入的过程中，离子与被注入材料分子之间产生碰撞，在注入离子的入射方向形成许多不连续且不均匀的导电岛，随着注入剂量的增加，形成的导电岛数量也会相应增加，从而提高导电性。

离子注入可以改善高分子材料的光学和磁学性能。随着离子注入剂量的增加，聚合物结构发生改变，光学带隙会减小，同时材料可能从顺磁性变为铁磁性。

研究表明，通过注入与聚合物（超高分子量聚乙烯）制的凹槽相配合的金属球，有可能改善人工脊关节的性能。经注入的金属球其与聚合物制的凹槽之间的磨损减少。最近的实验室试验表明，用低剂量氮注入聚合物零件具有类似的改善效果，预计这种效果是由聚合物的硬化所致。但是聚合物表面润湿性的改变也许是一个更为重要的效果，它改善了金属与聚合物零件间相互摩擦的润滑。

有研究表明，在没有破坏材料弹性模量和屈服应力的条件下，N 离子注入能有效提高超高分子聚乙烯表面硬度，这主要与其分子交联作用、碳碳双键形成、H/E 比值及其结晶度的提高有关。另外，有研究还发现 N 离子注入聚乙烯的磨损机制已从磨粒磨损转变为磨粒磨损和疲劳磨损共同作用，提高了磨损的稳定性并减小摩擦因数的波动，使摩擦因数降低为原来的 1/5。

（3）离子注入在陶瓷材料表面改性中的应用

离子注入会使陶瓷材料表面形成亚稳态的固溶体从而产生固溶强化，同时，由于注入离子会产生缺陷，阻碍位错的运动引起硬化。对于陶瓷而言，对性能有较大影响的是内部的微裂纹，而离子注入可以起到消除或减少表面微裂纹的作用，或在表面产生压应力层，使陶瓷材料的力学性能明显提升。

随着离子注入技术的发展，离子注入已从单一元素的注入发展到离子束混合、离子束增强沉积等复合技术，而等离子体源离子注入技术的出现，也从根本上克服了传统离子注入技术的"只能正对注入"的缺陷，使离子注入技术有了一个突破性的进展。

目前，离子注入表面改性技术已经逐步从基础研究阶段走向应用生产阶段，但离大规模的工业化生产仍然还有一段距离。根据离子束表面改性这一技术的特点，未来发展方向主要有：实现多元注入、不同能量重叠注入，以提高改性层的厚度；用相关的知识（如冶金）研究注入离子和金属表面的相互作用，探究哪些因素会对表面性能造成影响；另外，由于高分子材料在离子束表面改性后呈现出许多优良的特性，对此，需要对离子束和聚合物材料表面的相互作用进行一个深入的研究，例如计算各种离子在不同聚合物中的能量沉积过程、离子的分布、离子对聚合物分子链的影响等。

研究表明，注入 Cr 离子可使 Al_2O_3 的表面硬度提高 $30\% \sim 40\%$，注入氮也可使 Al_2O_3 的抗弯强度提高 20% 以上；通过离子注入可使陶瓷在高温下产生润滑。例如，在另一项研究中用碳离子注入 ZrO_2 盘，能够使 Al_2O_3 球对 ZrO_2 盘的磨损减少几个数量级；Si_3N_4 陶瓷可在 1100℃以上腐蚀环境中保持良好的化学稳定性，已经成为高温材料应用的选择之一；Nakamura 等人发现，B 离子、N 离子和 Si 离子注入都能不同程度降低非润滑条件下 Si_3N_4 的摩擦因数，其中注入增强效果最佳，磨损率只为未注入件的 1/4，这主要是通过表面硬度的提高和非晶强化来实现的，磨损中与潮湿空气反应形成的非晶相 SiO_2 和 Si_2NO 也是摩擦磨损性能提高的原因之一；Aizawa 和 Gispert 等人先后研究了 Cl 离子注入对 TiN 薄膜摩擦磨损性能的影响。他们发现，Cl 离子注入提高了 TiN 薄膜的自润滑能力，加之表面形成的氧钛化物使摩擦应力松弛，减小了磨损率和摩擦因数，大大提高了其摩擦磨损性能。

4.9.7　发展前景

近几年，越来越多的场合需要使用离子注入来改善实际生产条件下工件的性能。就目前而言，尽管大多数注入离子仍采用的是氮离子，但总体趋势是朝着更加多样化的离子注入发展。多功能强束流离子注入机的发展已经提供了离子注入商业实用化的可能性，可以对生产工具进行包括氮在内的各种离子的注入，因而在更大程度上比以往更容易满足特殊钢和特殊磨损情况的离子注入。离子注入机器实物如图 4.27 所示。

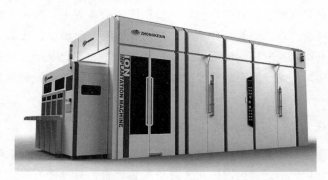

图 4.27　离子注入机器

有文献指出，激光表面硬化与离子注入结合能够获得可喜的效果。已知激光技术可使钢表面硬化，当用激光来加热熔化表面最外层时，基体材料作为热穴使表面迅速冷却，从而形成一个硬而耐磨的表面。然而，这种工艺在表面形成相当强的拉应力，对耐磨性不利。用 Ne 离子注入激光熔化过的表面可以弥补因拉应力产生的负作用。研究发现，注入氖离子会产生压应力，并使激光硬化表面的耐磨性提高 4 倍以上。近年，人们已开始重视离子注入与 PVD 和 CVD 涂层结合。实验表明，用单一的氮或钛离子注入可以改善有 TiN 涂层的切削工具的耐磨性，但其机理还不十分清楚。有文献指出，用 80keV 的碳离子注入 PVD 的 TiN 薄膜可形成一个 TiCN 薄膜，与正常的 TiN 膜相比，其微振磨损得到改善。

目前，离子束表面处理技术在各种工业部件的表面处理和改性的技术中已占有一席之地。然而，要使离子束技术被广泛采用，就必须使其简便易行，还需证明其优于现有技术。为此，需要继续发展设备以进一步改善其效能，还需要不断提高对离子表面工程和表面摩擦学行为机理的认识。离子束表面处理作为材料表面处理的一种新兴方法，可以预见其在材料科学领域的应用将会越来越广泛，并逐渐投入工业生产。

习　题

1. 试述表面改性技术分为哪几大类以及相应的用途。
2. 试述金属表面形变强化的具体工艺和原理。
3. 试述喷丸强化和孔挤压强化的工艺种类和影响因素。
4. 试述表面热处理的特点、应用、分类及相关原理。

5.试述金属表面转化膜技术的用途、分类以及它们之间的区别。

6.试述氧化膜、磷化膜和铬酸盐膜的形成机理。

7.试述化学镀与电镀的区别及常见的电镀方式。

8.试述电镀层必须满足的三个条件。

9.试述电子束表面改性的原理和特点。

10.试述离子注入改性的机理和影响作用。

参考文献

[1]　董允.现代表面工程技术[M].北京:机械工业出版社,1999.

[2]　钱苗根,郭兴伍.现代表面工程[M].上海:上海交通大学出版社,2012

[3]　曾晓雁,吴懿平.表面工程学[M].北京:机械工业出版社,2001.

[4]　徐滨士,朱绍华,刘世参.材料表面工程[M].哈尔滨:哈尔滨工业大学出版社,2005.

[5]　黄红军.金属表面处理与防护技术[M].北京:冶金工业出版社,2011.

[6]　胡传炘.表面处理技术手册[M].北京:北京工业大学出版社,2009.

[7]　曾华梁,杨家昌.电解和化学转化膜[M].北京:中国轻工业出版社,1987.

[8]　周谟银,方肖露.金属磷化技术[M].北京:中国标准出版社,1999.

[9]　Wypych G. Handbook of Surface Improvement and Modification [M]. ChemTec Publishing,2018.

[10]　Dheerendra Kumar Dwivedi. Surface Engineering[M]. Berlin:Springer Publishing(India),2017.

[11]　许正功,陈宗帖,黄龙发.表面形变强化技术的研究现状[J].装备制造技术,2007,000(004):69-71.

[12]　何嘉武,马世宁,巴德玛.表面滚压强化技术研究与应用进展[J].装甲兵工程学院学报,2013,27(003):75-81.

[13]　黄志超,吕世亮,谢春辉,等.先进喷丸表面改性技术研究进展[J].材料科学与工艺,2015,23(03):57-61.

[14]　栾伟玲,涂善东.喷丸表面改性技术的研究进展[J].中国机械工程,2005,016(015):1405-1409.

[15]　贾忠宁,韩苏征,胡忠会.孔冷挤压强化疲劳增寿技术研究[J].制造业自动化,2017,39(012):21-24.

[16]　伊琳娜,汝继刚,黄敏,等.孔挤压强化对2124铝合金疲劳寿命及微观组织的影响[J].航空材料学报,2016,36(5):31-37.

[17]　刘杰,王程,钟洁,等.45钢激光相变硬化和感应加热表面淬火硬化后的组织和性能[J].材料热处理学报,2018(11):58-66.

[18]　罗宏.钢铁常温发黑膜层的性能测试[J].理化检验(物理分册),2007(11):566-567,570.

[19]　向兴海.钢铁表面发黑处理探讨与实践[J].涂装与电镀,2010(04):40-42.

[20]　王树成,王英兰.我国钢铁发黑技术的应用和发展[J].表面技术,2012,41(03):112-114.

[21]　周红红.钢铁常温和高温发黑方法的比较[J].材料保护,2002(07):45.

[22]　周芝凯,宋丹,王国威,郝俊.铝合金阳极氧化的研究进展[J].热加工工艺,2020(18):8-11,16.

[23]　赵联,黄锋,宋燕利,苏建军.热轧无头带钢磷化与硅烷化的涂装防护[J].电镀与涂饰,2020,39(16):1084-1089.

[24]　胡信国.铝及其合金的铬酸盐处理技术[J].电镀与环保,1991(05):17-20,15.

[25] 朱鸿昌,晏柳,芦佳明,王梅丰,赵春东,朱思源,戴建升.铝合金阳极氧化锆盐封闭研究[J].江西化工,2020(03):68-71.

[26] 刘江南.金属表面工程学[M].北京:兵器工业出版社,1995.

[27] 赵文珍.材料表面工程导论[M].西安:西安交通大学出版社,1998.

[28] 梁志杰.现代表面镀覆技术[M].北京:化学工业出版社,2004.

[29] 姜银方,王宏宇.现代表面工程技术[M].北京:化学工业出版社,2014.

[30] Loto,C A. Electroless Nickel Plating -A Review[J]. Silicon,2016,8(2):177-186.

[31] Ma C,Wang S,Walsh F C. The electrodeposition of nanocrystalline Cobalt -Nickel -Phosphorus alloy coatings:a review[J]. Transactions of the Imf,2015,93(5):275-280.

[32] Larson C,Smith J R. Recent trends in metal alloy electrolytic and electroless plating research:a review[J]. Transactions of the IMF,2011,89(6):333-341.

[33] Zhang B W,Liao S Z,Xie H W,et al. Progress of electroless amorphous and nanoalloy deposition:a review -Part 1[J]. Transactions of the Imf,2013,91(6):310-318.

[34] Zhang B W,Liao S Z,Xie H W,et al. Progress of electroless amorphous and nano alloy deposition:a review -Part 2[J]. Transactions of the Imf,2014,92(2):74-80.

[35] 李好平,王莉.材料的太阳能表面处理[J].热处理技术与装备,1991,012(003):1-4.

[36] 赵铁钧,田小梅,高波,等.电子束表面处理的研究进展[J].材料导报,2009,23(005):89-91.

[37] 谭毅,游小刚,李佳艳,等.电子束技术在高温合金中的应用[J].材料工程,2015,43(12):101-112.

[38] 宗权英,林福曾,李明.太阳能表面相变硬化性能特点的探讨[J].华南理工大学学报:自然科学版,1991(03):76-81.

[39] 于加.离子注入——一种有效的表面处理[J].国外金属热处理,1993(03):21-27.

[40] 高诚辉,林有希,刘映球.离子注入表面摩擦学改性及其应用[J].材料保护,2005,37:105-108,127.

第 5 章

表面涂覆技术

5.1 涂料与涂装

5.1.1 涂料与涂装的定义

涂料指涂覆于物体表面，形成一层致密、连续、均匀的薄膜，在一定的条件下起保护、装饰或其他作用（如绝缘、防锈、防腐、耐磨、耐热、阻燃、抗静电等）的一类液体或固体材料。早期的涂料大多以植物油或天然树脂为主要原料，故又称油漆。目前随着技术的进步，合成树脂已大部分或全部取代了植物油或天然树脂，所以现在统称涂料。但是在涂料名称中有时还沿用"漆"的字样，如醇酸调和漆。

而涂装就是指将涂料用一定的设备和方式涂覆于物体表面，经自然或人工的方法干燥固化形成均匀一致的涂层的过程。物体的表面材质不同，有钢铁、有色金属、合金、塑料、木材、陶瓷、玻璃等不同形式，不同的材料表面性质各异。为了满足不同基材、不同场合的适用要求，已生产出了各具特色的涂料，相对应的涂装技术也得到了飞速发展。

5.1.2 涂料的作用

涂料经过涂装后形成的涂层，将对物体起保护、装饰、标志作用和其他各方面的特殊作用。

（1）保护作用

在现实生活中，我们所接触到的各类生产和生活用具、设备及其设施，都是由各类金属、塑料、木材和混凝土制造的。金属材料，尤其是钢铁，容易受到环境中腐蚀性介质、水分和空气中氧的侵蚀和腐蚀，尤其在恶劣的海洋环境中，金属的腐蚀极为严重。一般都采用涂层防护，因为涂层防护非常简便有效。例如在海洋环境中的设施，不保护的情况下寿命只有几年，采用重防腐蚀涂层并定期加以维护，海洋设施的使用寿命可提高到 $30\sim50$ 年，甚至 100 年。事实上，在各类防腐蚀措施的开支费用中，采用涂装保护的花费占到 60% 以上，因此用涂层来进行保护，应用最为广泛，是金属防腐蚀的重要手段，它的消耗量要占到钢铁产量的 2%。木材易受潮气、微生物的作用而腐烂；塑料则会受光和热的作用而降解；混凝土易风化或受化学品的侵蚀，因此这些材料也要用涂层来保护。

（2）装饰作用

涂料很容易配出成百上千种颜色，色彩丰富；加上涂层既可以做到平滑光亮，也可以做出各种立体质感的效果，如锤纹、橘纹、裂纹、晶纹、闪光、珠光、多彩和绒面等，既有丰富的装饰效果，又有便利的施工方法，因此用涂料可以美化装饰各种用具、物品和生活环境。

（3）标志作用

标志作用是利用了色彩的明度与反差强烈的特性。通常是用红、橙、黄、绿、蓝、白和黑等明度与反差强烈的几种色彩，用在交通管理、化工管路和容器、大型或特种机械设备上进行标识，引起人们警觉，避免危险事故发生，保障人们的安全。有些公用设施，如医院、消防车、救护车、邮局等，也常用它来标识。另外它还有广告标志作用，以吸引人们注意。关于这方面，某些产品的厂家也往往用某种专用色彩来装饰，并赋予某种象征意义和内涵，使其品牌成长为名牌，因而很多颜色是用被涂产品来命名的。

（4）特殊作用

涂层除了赋予上述几种常见功能外，还有六大方面的特殊功能。具体介绍如下。

① 力学功能，如耐磨涂料、润滑涂料、阻尼涂料等。

② 热功能，如保温涂料、耐高温涂料、防火阻燃涂料等。

③ 电磁学功能，如导电涂料、防静电涂料、电磁波吸收涂料等。

④ 光学功能，如发光涂料、荧光涂料、反光涂料等。

⑤ 生物功能，如防污涂料、防霉涂料等。

⑥ 化学功能，如耐酸、耐碱等耐化学介质涂料。

涂层的这些特殊作用，增强了产品的使用性能，拓宽了使用范围，同时也对涂料和涂装技术提出了更高的要求，因此涂料与涂装已成为当今国民经济生活中一门必不可缺又极其重要的技术学科。

5.1.3 涂料的组成与分类

涂料主要由成膜物质、颜料、溶剂和助剂四部分组成，如图5.1所示。

（1）成膜物质

成膜物质一般是天然油脂、天然树脂和合成树脂。它们是涂料组成中能形成涂膜的主要物质，是决定涂料性能的主要因素。它们在储存期间相当稳定，涂覆于制件表面后在规定条件下固化成膜。

天然油脂主要来自植物油，按化学结构和干燥特征可分为干性油（如桐油、亚麻仁油等，涂膜干燥迅速）、半干性油（如豆油、棉籽油、葵花籽油等，涂膜干燥较慢）和不干性油（如椰子油、花生油、蓖麻油等，不能自行干燥，但可与干性油或树脂混合制成涂料，如加入树脂，则称为磁性调和漆）。

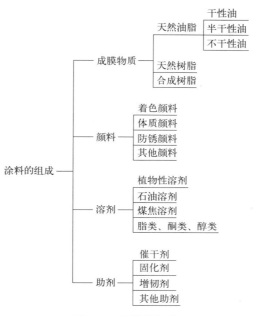

图 5.1　涂料的组成

树脂是有机高分子化合物。熔化或溶解后的树脂黏结性很强，涂覆于制件表面干燥后能形成具有较高硬度、光泽、抗水性、耐腐蚀等性能的涂膜。天然树脂有松香、虫胶和琥珀等。合成树脂的种类很多，有酚醛树脂、醇酸树脂等。为进一步改进性能，有的涂料中同时加入两种合成树脂。

（2）颜料

颜料能使涂膜呈现颜色和遮盖力，还可增强涂膜的耐老化性和耐磨性以及增强膜的防蚀、防污等能力。颜料呈粉末状，不溶于水或油，能均匀地分散于介质中。大部分颜料是某些金属氧化物、硫化物和盐类等无机物。有的颜料是有机染料。颜料按其作用可分为着色颜料（如钛白、锌钡白、炭黑、铁红、锅红、铁蓝、铁黄、铬黄、铅铬橙、铜粉、铝粉等，具有着色性和遮盖性以及增强涂膜的耐久性、耐候性和耐磨性）、体质颜料（如大白粉、石青粉、滑石粉、硅藻土等，具有增加涂膜厚度，加强涂膜持久、坚硬、耐磨等作用）、防锈颜料（如氧化铁红、铝粉、锌粉、红丹、锌铬黄等，能增强涂膜的防锈能力）以及发光颜料、荧光颜料、示温颜料等。

（3）溶剂

溶剂使涂料保持溶解状态，调整涂料的黏度，以符合施工要求，同时可使涂膜具有均衡的挥发速度，以达到使涂膜平整和光泽的效果，还可消除涂膜的针孔、刷痕等缺陷。

溶剂要根据成膜物质的特性、黏度和干燥时间来选择。一般常用混合溶剂或稀释剂。按其组成和来源，常用的有植物性溶剂（如松节油等）、石油溶剂（如汽油、松香水）、煤焦溶剂（如苯、甲苯、二甲苯等）、酯类（如乙酸乙酯、乙酸丁酯）、酮类（如丙酮、环己酮）、醇类（如乙醇、丁醇等）。

（4）助剂

助剂在涂料中用量虽小，但对涂料的储存性、施工性以及对所形成涂膜的物理性质有明显的作用。

常用的助剂有催干剂（如二氧化锰、氧化铝、氧化锌、醋酸钴、亚油酸盐、松香酸盐、环烷酸盐等，主要起促进干燥的作用）、固化剂（有些涂料需要利用酸、胺、过氧化物等固化剂与合成树脂发生化学反应才能固化、干结成膜，如用于环氧树脂漆的乙二胺、二乙烯三胺、邻苯漆二甲酸酐、酚醛树脂、氨基树脂、聚酰胺树脂等）、增韧剂（常用于不用油而单用树脂的树脂漆中，以减少脆性，如邻苯二甲酸二丁酯等酯类化合物、植物油、天然蜡等）。除上述三种助剂外，还有表面活性剂（改善颜料在涂料中的分散性）、防结皮剂（防止油漆结皮）、防沉淀剂（防止颜料沉淀）、防老化剂（提高涂膜理化性能和延长使用寿命）以及紫外线吸收剂、润湿助剂、防霉剂、增滑剂、消泡剂等。

5.1.4 涂装工艺

使涂料在被涂的表面形成涂膜的工艺为涂装工艺。具体的涂装工艺要根据工件的材质、形状、使用要求、涂装用工具、涂装时的环境、生产成本等加以合理选用。涂装工艺的一般工序是：涂前表面预处理→涂布→干燥固化。

（1）涂前表面预处理

为了获得优质涂层，涂装前要进行表面预处理。对于不同工件材料和使用要求，它有各种具体规范，主要有以下内容：①清除工件表面的各种污垢；②对清洗过的金属工件进行各种化学处理，以提高涂层的附着力和耐蚀性；③用机械方法进行处理，去除工件表面的加工缺陷，获得合适的表面粗糙度。

（2）涂布

① 手工涂布法。

a.刷涂，用刷子涂漆的一种方法。

b.措涂，用手工将蘸有稀漆的棉球擦拭工件，进行装饰性涂装的方法。

c.滚刷涂，用由羊毛或合成纤维做的由多孔吸附材料构成的滚刷，蘸漆后对平面进行滚刷。

d.刮涂，采用刮刀对黏稠涂料进行厚膜涂布。

② 浸涂、淋涂和转鼓涂布法。

a.浸涂，将工件浸入涂料中吊起后滴尽多余涂料的涂布方法。

b.淋涂，用喷嘴将涂料淋在工件上形成涂层的方法。

c.转鼓涂布法，将工件置于鼓形容器中利用回转的方法来涂布。

③ 空气喷涂法。空气喷涂法采用压缩空气的气流使涂料雾化，并使涂料在气流带动下涂布到工件表面。喷涂装置包括喷枪、压缩空气供给和净化系统、输漆装置和胶管等，并需备有排风及清除漆雾的装备。

④ 无空气喷涂法。无空气喷涂法是用密闭容器内的高压泵输送涂料，以大约100m/s的

高速从小孔喷出，随着冲击空气和高压的急速下降，涂料内溶剂急剧挥发，体积骤然膨胀而分散雾化，然后高速地涂布在工件上。因涂料雾化不用压缩空气，故称之为无空气喷涂。

⑤ 静电涂布法。静电涂布法是以接地的工件作为阳极，涂料雾化器或电栅作为阴极，两极接高压而形成高压静电场，在阴极产生电晕放电，使喷出的漆滴带电，并进一步雾化，带电漆滴受静电场作用沿电力线方向被高效地吸附在工件上。

⑥ 电泳涂布法。电泳涂布法是将工件浸渍在水溶性涂料中作为阳极（或阴极），另设一与其相对应的阴极（或阳极），在两极间通直流电，通过电流产生的物理化学作用，使涂料涂布在工件表面。电泳涂布可分为阳极电泳（工件是阳极，涂料是阴离子型）和阴极电泳（工件是阴极，涂料是阳离子型）两种。

⑦ 粉末涂布法。粉末涂料不含溶剂和分散介质等液体成分，不需稀释和调整黏度，本身不能流动，熔融后才能流动，因此不能用传统的涂布方式而要用新的方法进行涂布。目前在工业上应用的粉末涂装法主要有：

a.熔融附着方式，喷涂法（工件预热）、熔射法、流动床浸渍法（工件预热）。

b.静电引力方式，静电粉末喷涂法、静电粉末雾室法、静电粉末流化床浸渍法、静电粉末振荡涂装法。

c.黏附（包括电泳沉积）方式，粉末电泳涂装法、分散体法。

⑧ 自动喷涂。自动喷涂是用机器代替人的操作而实现喷涂自动化。例如用于汽车车身的自动喷漆机，主要有喷枪作水平方向往复运动的顶喷机和喷枪作垂直方向往复运动的侧喷机两种。它们都由往复运动机构、上下升降机构、涂料控制机构、喷枪、自动换色装置、自动控制系统及机体等部分组成。

⑨ 幕式涂布法。幕式涂布法是使涂料呈连续的幕状落下，使装载在运输带上的工件在通过幕下时上漆，主要用于平面涂布，也可涂布一定程度的曲面、凹凸面和带槽物面，效率很高。

⑩ 辊涂法。辊涂法是在辊（辊筒）上形成一定厚度的湿涂层，随后工件通过辊筒时将部分或全部湿涂层转涂到工件上去。可涂一面，也可同时涂双面，效率高，不产生漆雾，用于胶合板、金属板、纸、布等的涂装。

⑪ 气溶胶涂布法。在压力容器（既是涂料容器，又是增压器）中密封灌入涂料和液化气体（喷射剂），利用液化气体的压力进行自压喷雾。

（3）干燥固化

涂料主要靠溶剂蒸发以及熔融、缩合、聚合等物理或化学作用而成膜。大致分成以下三种成膜类型。

① 非转化型

a.溶剂挥发类，如硝基漆、过氯乙烯漆等，是靠溶剂挥发后固态的漆基留附在工件上形成漆膜。温度、风速、蒸气压等都是影响成膜的因素。

b.熔融冷却类，如热塑性粉末涂料，是在加热熔融后冷却成膜的。

由上可见，非转化型涂料是靠溶剂发挥或熔融后冷却等物理作用而成膜的。为了使成膜物质转变为流动的液态，必须将其溶解或熔化，而转为液态后，就能均匀分布在工件表面。

由于成膜时不伴随化学反应，所形成的漆膜能被再溶解或热熔以及具有热塑性，因而又称为热塑性涂料。

② 转化型

a.缩合反应类，如酚醛树脂涂料、脲醛树脂涂料等，它们的漆基靠缩合反应由液态固化形成漆膜。湿度、触媒、光能等是影响成膜的因素。

b.氧化聚合反应类。如油性涂料、油改性树脂涂料等，它们的漆基与空气中的氧进行氧化后聚合成膜。温度是影响成膜的因素。

c.聚合反应类，如不饱和聚涂料、环氧涂料等，它们的漆基靠聚合反应由液态固化形成漆膜。温度是影响成膜的因素。

d.光聚合类，即光固化涂料，用紫外光照射引发聚合成膜。

转化型涂料的漆基本身是液态或受热能熔融的低分子树脂，通过化学反应变成固态的网状结构的高分子化合物，所形成的漆膜不能再被溶剂溶解或受热融化，因此又称为热固型涂料。

③ 混合型。混合型的成膜过程兼有物理和化学作用。可分为以下几类：

a.挥发氧化聚合型涂料，如油性清漆、油性磁漆、干性油改性醇酸树脂涂料、酚醛树脂涂料等。

b.挥发聚合型涂料，如氨基烘漆等含溶剂的聚合型涂料。

c.加热熔融固化型涂料，如环氧粉末、聚酯粉末、丙烯酸粉末等热固性粉末涂料等。它们是靠静电涂布在工件后加热熔融固化成膜。

5.1.5　工业涂装的分类

涂装按工业产品来分有以下几大类。

① 交通运输工具涂装，如汽车、火车等。其中轿车涂装代表工业涂装的最高技术水平。

② 船舶涂装，包括集装箱、钻井平台等重防腐蚀涂层。

③ 飞机涂装，要求抗高速尘埃磨蚀、抗强紫外线辐照、抗急剧温差变化，对铝件、大件有良好的涂漆性。

④ 轻工产品涂装，含家用电器，要求良好的外观装饰性与环境协调性。

⑤ 机床涂装，满足机床操作的安全性、舒适性及铸件的特殊保护装饰性。

⑥ 电器仪表涂装，为钢铁、镀锌板、铝合金、塑料及木材的多元化材料涂装。

⑦ 家具涂装，以木制品为代表。

⑧ 桥梁涂装，现场施工的长效重防腐蚀作业。

⑨ 建筑涂装，主要指内、外墙和水泥制品。

⑩ 卷材涂装，彩色钢板的高速流水线生产。

在上述工业涂装中，有些是由于制作材料的特殊性，使涂漆工艺有特殊要求。按产品的材质又有以下几种情况：①钢铁涂装；②镀锌板涂装；③铝合金涂装；④塑料涂装；⑤木材涂装；⑥水泥制品涂装。不同材质的涂装主要在于漆前处理工艺有差别。另外由于各类材质本身的抗腐蚀性能和用途不同，其涂料与涂层体系也大不一样。

5.2 热喷涂

5.2.1 热喷涂技术的定义

热喷涂是工件表面强化和表面防护的一门技术，是采用气体、液体燃料或电弧、等离子弧、激光等作热源，将粉末状或丝状的金属或非金属喷涂材料加热到熔融或半熔融状态，并用热源自身的动力或外加高速气流雾化，使喷涂材料的熔滴以一定的速度喷向经过预处理的工件表面，依靠喷涂材料的物理变化和化学反应，形成附着牢固的表面层的加工方法。GB/T 18719—2002《热喷涂　术语、分类》对热喷涂给出了标准定义：在喷涂枪内或外将喷涂材料加热到塑性或软化状态，然后喷射于经预处理的基体表面上，基本保持未熔状态形成涂层的方法。通过热喷涂赋予基体表面特殊功能。

热喷涂的种类很多，按涂层加热和结合方式分，热喷涂有喷涂和喷焊两种。前者基体不熔化，涂层与基体形成机械结合；后者则是涂层经再加热重熔，涂层与基体互熔（基体极小熔化）并扩散形成冶金结合。按热源分，热喷涂主要有电弧喷涂、等离子喷涂、火焰喷涂、爆炸喷涂、超音速喷涂和激光喷涂等。

热喷涂技术涂层形成原理如图5.2所示。

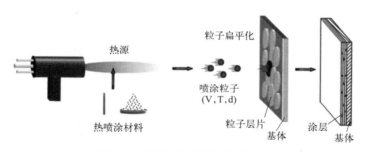

图 5.2　热喷涂技术涂层形成原理

随着相关技术的发展，各种热喷涂技术层出不穷。现代热喷涂技术已经不仅仅停留在"热"字上了。涂层的形成不仅仅是包含固相沉积，同样涵盖气相沉积或固、液、气三相沉积。近年来发展起来的冷气动力喷涂技术是完全固相沉积；PS-PVD为等离子物理气相沉积；LPPS超低压等离子喷涂技术则可实现气相沉积或固、液、气三相沉积。这些都是对热喷涂技术的补充和拓展，已成为现代热喷涂技术的重要组成部分。热喷涂技术是正在迅速发展的高新技术，其中部分涂层制备工艺技术已被纳入先进制造技术名单。

热喷涂技术应用十分广泛，选择不同性能的涂层材料和不同的工艺方法，可制备减摩耐磨、耐腐蚀、抗高温氧化，具有热障功能、催化功能，以及电磁屏蔽吸收、导电绝缘、热电节能、远红外辐射等功能涂层。涂层材料涉及几乎所有固态工程材料，包括金属、合金、陶瓷、金属陶瓷、塑料、金属塑料及它们的复合材料和其他无机非金属材料，广泛应用于航空航天、冶金、能源、国防、石油化工、机械制造、交通运输、轻工机械、生物工程等国民经济各个领域。

5.2.2 热喷涂技术的原理

热喷涂形成涂层的过程一般经历四个阶段：喷涂材料加热熔化阶段、雾化阶段、飞行阶段、碰撞沉积阶段。各种热喷涂工艺方法热源温度和焰流速度分布如图 5.3 所示。

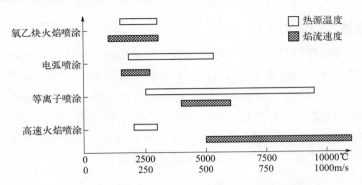

图 5.3　各种热喷涂工艺方法热源温度和焰流速度分布

热喷涂四个阶段具体介绍如下。

① 加热熔化阶段，当喷涂材料为线（棒）材时，在喷涂过程中，线材的端部连续不断地进入热源高温区，被加热熔化；当喷涂材料为粉末时，粉末材料直接进入热源高温区，在行进的过程中被加热至熔化或半熔化状态。

② 雾化阶段，主要发生在线（棒）材喷涂过程中，线（棒）材被加热熔化形成熔滴，在外加压缩气流或热源自身气流动力的作用下，将线（棒）材端部熔滴雾化成微细微粒并加速粒子的飞行。当喷涂材料为粉末时，粉末材料被加热到足够高的温度，超过材料的熔点形成液滴时，在高速气流的作用下雾化破碎成更细微粒并加速飞行。

③ 飞行阶段，加热熔化或半熔化状态的粒子在外加压缩气流或热源自身气流动力的作用下被加速飞行。粒子飞行过程中首先被加速，随着飞行距离的增加而减速。等离子喷涂工艺过程中喷涂粒子沿喷嘴轴向飞行速度分布如图 5.4 所示。

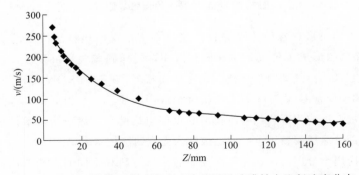

图 5.4　等离子喷涂工艺过程中喷涂粒子沿喷嘴轴向飞行速度分布

④ 碰撞沉积阶段，具有一定温度和速度的喷涂粒子在接触基体材料的瞬间，以一定的动能冲击基体材料表面，产生强烈的碰撞，而碰撞基体材料的瞬间喷涂粒子的动能转化为热能并传递给基体材料，在凹凸不平的基材表面上产生形变。由于热传递的作用，变形粒子迅速

冷凝并伴随着体积收缩，其中大部分粒子呈扁平状牢固地黏结在基体材料表面上，而另一小部分碰撞后经基体反弹而离开基体表面。随着喷涂粒子束不断地冲击碰撞基体表面，碰撞—变形—收缩—填充连续进行，变形粒子在基体材料表面上，以颗粒与颗粒之间相互交错叠加地黏结在一起，而最终沉积形成涂层。涂层形成的过程如图5.5所示。

喷涂层的形成过程决定了涂层的结构。喷涂层是由无数变形粒子互相交错呈波浪式堆叠在一起的层状组织结构。颗粒与颗粒之间不可避免存在一部分孔隙或空洞，其孔隙率一般在4%～20%之间。涂层中伴有氧化物和未熔颗粒夹杂。采用等离子弧等高温热源、超音速喷涂以及低压或保护气氛喷涂，可减少以上缺陷，改善涂层结构和性能。喷涂层结构如图5.6所示。

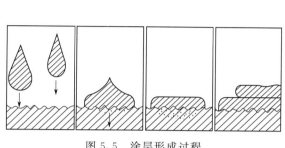

图5.5　涂层形成过程

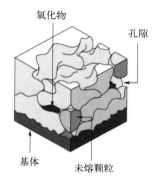

图5.6　喷涂层结构

由于涂层是层状结构，是一层一层堆积而成，所以涂层的性能具有方向性，垂直和平行涂层方向上的性能是不一致的。涂层经适当处理后，结构会发生变化。如涂层经重熔处理，可消除涂层中氧化物夹杂和孔隙，层状结构变为均质结构，与基体表面的结合状态也发生变化。

涂层的结合包括涂层与基体表面的结合和涂层内部的结合。涂层与基体表面的结合强度称为结合力；涂层内部的结合强度称为内聚力。涂层中颗粒与基体表面之间的结合以及颗粒之间的结合机理目前尚无定论，通常认为有以下几种方式。

① 机械结合，碰撞成扁平状并随基体表面起伏的颗粒，由于和凹凸不平的表面互相嵌合，形成机械钉扎而结合。一般说来，涂层与基体表面的结合以机械结合为主。

② 冶金-化学结合，这是当涂层和基体表面出现扩散和合金化时的一种结合类型，包括在结合面上生成金属间化合物或固溶体。当喷涂后进行重熔即喷焊时，喷焊层与基体的结合主要是冶金结合。

③ 物理结合，颗粒对基体表面的结合，是范德华力或次价键形成的结合。

5.2.3　热喷涂材料

热喷涂材料是涂层的原始材料，在很大程度上决定了涂层的物理和化学性能，类型主要包括热喷涂线材和热喷涂粉末，具体介绍如下。

（1）热喷涂线材

热喷涂线材主要有碳素钢及低合金钢丝、不锈钢丝、铝丝、锌丝、钼丝、锡及锡合金丝、铅及铅合金丝、铜及铜合金丝、镍及镍合金丝和复合喷涂丝（用机械方法将两种或更多种材料复合压制而成的喷涂线材）等。热喷涂材料应用最早的是一些线材，但只有塑性好的材料才能做成线材。

（2）热喷涂粉末

热喷涂粉末主要有金属及合金粉末、陶瓷材料粉末、复合材料粉末和塑料粉末。具体介绍如下。

① 金属及合金粉末有喷涂合金粉末和喷焊合金粉末。喷涂合金粉末又称冷喷合金粉末，它不需或不能进行重熔处理，按其用途可分为打底层粉末和工作层粉末。喷焊合金粉末在重熔时，其中特意加入的强烈脱氧元素如 Si、B 等，优先与合金粉末中的氧和工件表面的氧化物作用，生成低熔点的硼硅酸盐覆盖在表面，防止液态金属氧化，改善基体的润湿能力，起到良好的自熔剂作用，故又称之为自熔性合金粉末。喷焊合金粉末有镍基、钴基、铁基和碳化钨等系列。

② 陶瓷为高温无机材料，是金属氧化物、碳化物、硼化物和硅化物等的总称，它硬度和熔点高，脆性大。常用的陶瓷粉末有氧化物和碳化物。

③ 复合材料粉末是由两种或更多种金属和非金属（陶瓷、塑料、非金属矿物）固体粉末混合而成。复合粉末按结构分为包覆型（芯核被包覆材料完整地包覆）、非包覆型（芯核被包覆材料包覆程度是不均匀和不完整的）和烧结型；按形成涂层的机理分，复合粉末有自黏结（增效或自放热）复合粉末和工作层粉末；按涂层功能分，复合粉末有硬质耐磨复合粉末、耐高温和隔热复合粉末、耐腐蚀和抗氧化复合粉末、绝缘和导电复合粉末以及减摩润滑复合粉末等多种。

④ 塑料具有良好的防粘、低摩擦系数和特殊的物理化学性能。常用的塑料粉末有热塑性塑料（受热熔化或熔化冷却时凝固）、热固性塑料（由树脂组成，受热产生化学变化，固化定型）和改性材料（塑料粉中混入填料，改善其物化、力学性能，改变颜色等）。

5.2.4 热喷涂工艺

热喷涂工艺的一般过程为喷涂预处理—喷涂—喷涂后处理。具体介绍如下。

（1）喷涂预处理

为提高涂层与基体表面的结合强度，在喷涂前，对基体表面进行预处理，是喷涂工艺中的一个重要工序。热喷涂预处理的内容主要有基体表面的清洗、脱脂、除氧化膜、粗化处理和预热处理等。

对基体表面清洗、脱脂的一般方法有碱洗法、溶液洗涤法和蒸气清洗法。对疏松表面（如铸铁件），虽然油脂不在工件表面，但在喷涂时，因基体表面的温度升高，疏松孔中的油脂就会渗透到基体表面，对涂层与基体的结合极为不利。故对疏松基体表面，经过一般的清洗、脱脂后，还需将其表面加热到 250℃ 左右，尽量将油脂渗透到表面，然后再加以清洗。

基体除氧化膜一般采用切削加工法和人工法，也可采用酸洗法。

粗化处理是提高涂层与基体表面机械结合强度的一个重要措施。常用的表面粗化处理方法有喷砂法和机加工法。喷砂是最常用的粗糙化工艺方法，它是用高压、高速压缩空气将砂粒喷射撞击到待喷涂基体表面上，使基体形成凹凸不平的粗糙表面的预处理过程。砂粒有冷硬铁砂、氧化铝砂、碳化硅砂等多种，可根据工件表面的硬度选择使用。由于喷砂后的粗糙面易氧化或受污染而影响结合，故工件喷砂后应尽快转入喷涂工序。此外还有化学腐蚀法和电弧法等表面粗化的方法。

基体表面的预热处理可降低和防止因涂层与基体表面的温度差而引起的涂层开裂和剥落。

（2）喷涂

工件经预处理后，一般先在表面喷一层打底层（或称过渡层），然后再喷涂工作层。具体喷涂工艺因喷涂方法不同而有所差异。具体介绍如下。

① 电弧喷涂。电弧喷涂是将金属或合金丝制成两个熔化电极，由电动机变速驱动，在喷枪口相交产生短路而引发电弧、熔化，再用压缩空气穿过电弧和熔化的液滴使之雾化，以一定的速度喷向工件表面而形成连续的涂层。电弧喷涂的优点是：喷涂效率高；在形成液滴时，不需多种参数配合，故质量易保证；涂层结合强度高于一般火焰喷涂；能源利用率高于等离子喷涂；设备投资低；适于各种金属材料。电弧喷涂发展迅速，除在大气下的一般电弧喷涂外，又出现了真空电弧喷涂。电弧喷涂原理与装置如图 5.7 所示。

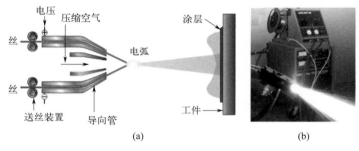

图 5.7　电弧喷涂原理与装置
(a) 原理；(b) 装置

② 等离子喷涂。等离子喷涂是将惰性气体通过喷枪体正负两极间的直流电弧，被加热激活后产生电离而形成温度非常高的等离子焰流，将喷涂材料加热到熔融或高塑性状态，被高速喷射到预先处理好的工件表面形成涂层。等离子焰流的产生有转移弧和非转移弧两种。前者是将工件带电呈阳性，将喷涂材料引出喷嘴直接射向工件表面，犹如粉末焊在工件表面，形成一层熔池，冷却凝固与工件形成完全的冶金结合，但工件受热影响大，易产生变形；后者是工件不带电，受热影响小，不易产生变形，喷在表面形成的涂层与工件属机械结合。等离子喷涂产生特别高的温度，可喷涂几乎所有的固态材料。等离子喷涂如图 5.8 所示。

③ 火焰喷涂。火焰喷涂是利用燃气（乙炔、丙烷）及助燃气体（氧气）混合燃烧作为热源，或喷涂粉末从料斗通过，随输送气体在喷嘴出口遇到燃烧的火焰被加热熔化，并随着焰流喷射在工件表面，形成火焰粉末喷涂；或喷涂丝从喷枪的中心送出，经燃烧的火焰加热熔化，并被周围的压缩空气将熔滴雾化，随焰流喷射到工件表面，形成火焰线材喷涂。火焰喷涂的特点是：可喷涂各种金属、非金属陶瓷及塑料、尼龙等材料，应用广泛；喷涂设备轻便简单、可移动、价格低，经济性好。火焰喷涂如图 5.9 所示。

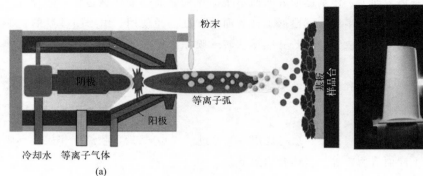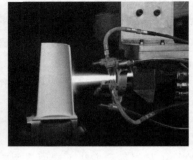

图 5.8 等离子喷涂
(a) 原理；(b) 装置

④ 爆炸喷涂。爆炸喷涂是将一定量的喷涂粉末注入喷枪的同时，引入一定量的经一定比例配制的氧气及乙炔气混合气体，点燃混合气体产生爆炸能量，使粉末熔融并被加速冲击枪口，撞击工件表面形成涂层，每爆炸喷射一次，随即有一股脉冲氮气流清洗枪管。爆炸喷涂的最大特点是涂层非常致密，气孔率很低，与基体结合性强，表面平整，可喷涂金属陶瓷、氧化物及特种金属合金。但存在设备昂贵、噪声大等问题。爆炸喷涂原理如图 5.10 所示。

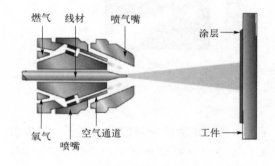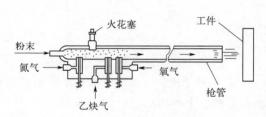

图 5.9 火焰喷涂   图 5.10 爆炸喷涂

⑤ 超音速喷涂。超音速喷涂发明的目的是替代爆炸喷涂，而且在涂层质量方面也超过了爆炸喷涂。后来人们将它统称为高速火焰热喷涂。与一般火焰喷涂相比，要求有足够高的气体压力，以产生高达 5 倍于声速的焰流；有庞大的供气系统，以满足较大的气体消耗量（所需氧气是一般火焰喷涂的 10 倍），超音速火焰喷涂的燃气可采用乙炔、丙烷、丙烯或氢气，也可采用液体煤油或工业酒精。超音速火焰喷涂原理如图 5.11 所示。

⑥ 激光喷涂。激光喷涂是用高强度能量的激光束朝着接近于工件表面的方向直射，同时用辅助的激光加热器对工件加热，将喷涂粉末以倾斜的角度吹送到激光束中熔化黏结到工件表面，形成一层薄的表面涂层。激光喷涂的特点是：涂层结构与原始粉末相同；可喷涂大多数材料，范围从低熔点的涂层材料到超高熔点的涂层材料，如制备固体氧化物燃料电池陶瓷涂层，制备高超导薄膜等。激光喷涂原理如图 5.12 所示。

材料表面与薄膜技术

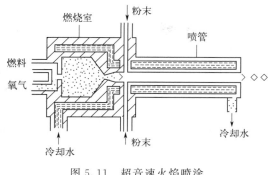

图 5.11 超音速火焰喷涂

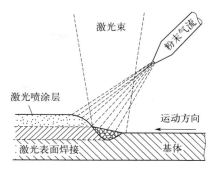

图 5.12 激光喷涂

（3）喷涂后处理

热喷涂后，涂层应尽快进行后处理，以改善涂层质量。喷涂后处理的方法主要有手工打磨、机械加工、封闭处理、高温扩散处理、热等静压处理及激光束处理等。具体介绍如下。

① 手工打磨是用油石、砂纸、布抛光的手工方法打磨涂层表面，以改善涂层表面的粗糙度。

② 机械加工是用机床对涂层进行切削加工，以获得所需尺寸和表面粗糙度。封闭处理是用封闭剂对涂层进行孔隙的密封，以提高工件的防护性能。常用的封闭剂有：高熔点蜡类、耐蚀、减摩的不溶于润滑油的合成树脂，如烘干酚醛、环氧酚醛、水解乙基硅酸盐等。

③ 高温扩散处理是使涂层的元素在一定温度下原子激活，向基体表面涂层内扩散，以使涂层与基体形成半冶金结合，提高涂层的结合强度及防护性能。

④ 热等静压处理是将带涂层的工件放入高压容器中，充入氩气后，加压加温，以使涂层及基体金属内存在的缺陷受热受压后得到消除及改善，进而提高涂层的质量及强度。

⑤ 激光束处理是用激光束为热源加热或重熔涂层，以使涂层中的微气孔、微裂纹消除，表面光滑，与基体表面形成冶金结合，提高涂层的抗磨损和耐腐蚀性能。

5.3 电火花表面涂敷

电火花涂敷是直接利用电能的高密度能量对金属表面进行涂敷处理的工艺。它是通过电极材料与金属零件表面的火花放电作用，把作为火花放电电极的导电材料（如 WC，TiC 等）熔渗进金属工件的表层，从而形成含电极材料的合金化的表面涂敷层，使工件表面的物理性能、化学性能和力学性能得到改善，而其芯部的组织和力学性能不发生变化，除零件表面因电极材料的沉积有规律地胀大外，不存在变形问题。

当电极材料与金属零件表面之间产生火花放电时，首先是金属表面层的结构发生变化，其表面硬度增大；其次电极与零件之间的空间出现高度的离子化，为金属表面产生化学反应提供了极有利的条件，导致金属表面成分改变。例如空气中电离的氮离子进入金属表层，又如用石墨作电极时，有金属碳化物在金属表面形成，可见在实施电火花过程中，能够把周围介质中的元素引入被加工产品表面。由于火花放电产生的热量不能在瞬间传送到四周，所以电极局部温度剧烈增加，超过电极金属的熔点，甚至超过沸点，从而使高温下的合金牢固地涂敷到正在局部进行化学变化的零件表面上，完成这一物理过程。

经电火花涂敷后，在零件表面上形成 $5\sim60\mu m$、显微硬度高达 $1200\sim1800 HV$ 的白亮层，并存在过渡层。表面涂敷层与基体的结合强度高。电火花涂敷可有效提高零件表面耐磨性、耐蚀性、热硬性和高温抗氧化性等。但电火花涂敷会加大表面粗糙度和影响材料的疲劳性能。

电火花涂敷合金工艺主要应用范围有：①强化切削工具、冲压设备的工作面，提高其耐磨性，如提高剪切模、成形模的耐磨性，寿命可延长 $4\sim5$ 倍；②增强机器零件的耐磨性；③恢复机器零件的尺寸。电火花涂敷工艺已经在机械制造、电机、电器、轻工、化工、纺织、农业机械、交通和钢铁工业等行业得到了应用。应用对象有车刀、刨刀、铣刀、钻头、绞刀、拉刀、丝锥和某些齿轮刀具，冲裁、压弯、压延、挤压、压铸和某些热锻模具，拨叉、凸轮、导向块和机床导轨等零件，并用于修复模具、量具、电动机主轴、曲轴等工件。

（1）电火花涂敷设备

电火花涂敷设备的最基本组成部分是脉冲电源和振动器，前者供给瞬间放电能量，后者使电极振动并周期地接触工件。其工作原理如图 5.13 所示。

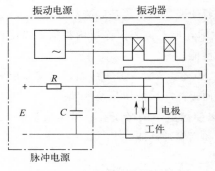

图 5.13 电火花涂敷设备结构

工作时，电极随振动器作上下振动。当电极接近工件但还没有接触工件时，电极与工件的状态如图 5.14 所示，图中箭头表示该时刻电极振动的方向。当电极向工件运动而接近工件达到某个距离时，如图 5.14（a）所示，电场强度足以使间隙电离击穿而产生电火花，这种放电使回路形成通路。在火花放电形成通路时，相互接近的微小区域内将瞬时流过非常大的放电电流，电流密度可达 $10^5\sim10^6 A/cm^2$，而放电时间仅为几微秒至几毫秒。由于这种放电在时间上和空间上的高度集中，在放电微小区域内会产生 $5000\sim10000℃$ 的高温，使该区域的局部材料熔化甚至气化，而且放电时产生的压力使部分材料抛离工件或电极的基体，向周围介质中溅射，如图 5.14（b）所示。随着电极继续向下运动，使电极和工件上熔化了的材料挤压在一起，由于接触面积的扩大和放电电流的减小，使接触区域的电流密度急剧下降，同时接触电阻也明显减小，因此这时电能不再能使接触部分发热，相反由于空气和工件自身的冷却作用，熔融的材料被迅速冷却而凝固，如图 5.14（c）所示。随后振动器带动电极向上运动而离开工件，电极材料脱离电极而黏结在工件上，成为工件表面的涂敷点，如图 5.14（d）所示。因此，电火花涂敷的原理，是直接利用电火花放电的能量，使电极材料在工件表面形成特殊性质的合金层或表面渗层。并且，电火花放电的骤热骤冷作用具有表面淬火的效果等。

（2）电火花涂敷工艺

电火花涂敷工艺有涂敷前准备、涂敷和涂敷后处理。涂敷前准备的主要内容有确定涂敷部位和要求、选择电极材料、选择涂敷设备和选择涂敷电规准。具体介绍如下。

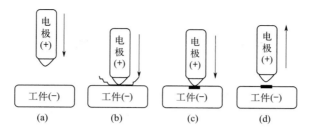

图 5.14　电火花涂敷过程的电极状态
（a）电极移向工件；（b）火花放电；（c）电极挤压熔化区；（d）电极离开工件

① 涂敷条件和要求。确定涂敷部位和要求时，首先要了解工件的材料、硬度、工作表面或刃口的状况、工作性质和涂敷技术要求。一般碳素钢、合金工具钢、铸铁等黑色金属是可以涂敷的，但其涂敷层的厚度是有差别的，合金钢较厚，碳素钢次之，铸铁最薄。而有色金属如铝、铜等是很难涂敷的。进行修复时，由于涂敷层较薄，对于磨损量在 0.06mm 以上的零件就难以用电火花涂敷工艺进行修复。对于要求粗糙度较细的量具，修复量就更小了。

② 电极材料。选择电极材料以提高工件寿命为目的时，常用 YG、YT、YW 类硬质合金、石墨、合金钢作电极；以修复为目的时，应根据工件对硬度、厚度等的要求采用硬质合金、碳素钢、合金钢、铜、铝等材料作电极。一般电火花涂敷时，电极材料为正极，工件为负极，以提高涂敷效率。

③ 设备。选择电火花涂敷设备时要考虑以下因素：必要的放电能量和适当的短路电流；电气参数调整方便；有较高的放电频率、较高的电能利用率；运行可靠和便于维修。

④ 涂敷电规准。各类电火花放电设备都有若干种电规准（放电电容），选择电规准的原则是获得理想的涂敷层厚度、硬度和粗糙度。

5.4　熔结

金属表面强化有许多技术，其中表面冶金强化是经常采用的一种技术，它包括以下四个方面：表面熔化—结晶处理，表面熔化—非晶态处理，表面合金化，涂层熔化、凝固于表面。

将涂层熔化、凝固于金属表面，可以是直接喷焊（一步法），也可以是先喷后熔（二步法），凝固后形成与基体具有冶金结合的表面层。通常把这种表面冶金强化方法简称为“熔结”。熔结与表面合金化相比，特点是基体不熔化或熔化极少，因而涂层成分不会被基体金属稀释或轻微的稀释。

熔结有许多方法，如火焰喷焊、等离子堆焊、真空熔结、火焰喷涂后激光加热重熔等，其中用得最多的熔结方法是火焰喷焊。此外目前最理想的喷熔材料是自熔合金。

（1）自熔性合金

自熔性合金于 1937 年研制成功，1950 年开始用于喷焊技术，现已形成系列，广泛用来提高金属表面的耐磨、耐蚀性能。其主要特点是：绝大多数的自熔合金是在镍基、钴基、铁基合金中添加适量的硼、硅元素而制得，并且通常为粉末状；加热熔化时，B、Si 扩散到粉

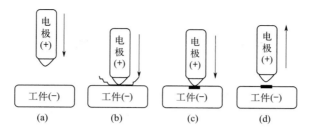

末表面，与氧反应生成硼、硅的氧化物，并与基体表面的金属氧化物结合生成硼硅酸盐，上浮后形成玻璃状熔渣，因而具有自行脱氧造渣的能力；B、Si与其他元素形成共晶组织，使合金熔点大幅度降低，通常在900～1200℃之间，低于钢铁等基体金属的熔点；B、Si的加入，使液相线与固相线之间的温度区域展宽，一般为100～150℃，提高了熔融合金的流动性；B、Si具有脱氧作用，净化和活化基体表面，提高了涂层对基体的润湿性。

自熔性合金主要有镍基、钴基、铁基和弥散碳化钨型自熔性合金四类。镍基自熔性合金以Ni-B-Si系、Ni-Cr-B-Si系为多，显微组织为镍基固溶体和碳化物、硼化物、硅化物的共晶，具有良好的耐磨、耐蚀和较高的热硬性。钴基自熔性合金以Co为基，加入Cr、W、C、B、Si等元素，有的还加Ni、Mo，显微组织为钴基固溶体，弥散分布着Cr_7C_3等碳化物，合金强度和硬度可保持到800℃。由于价格高，这种合金只用于耐高温和要求具有较高热硬性的零部件。铁基自熔性合金主要有两类：一是在不锈钢成分基础上加B、Si等元素，具有较高的硬度和较好的耐热、耐磨、耐蚀等性能；二是在高铬铸铁成分基础上加B和Si，组织中含有较多的碳化物和硼化物，具有高硬度和高耐磨性，但脆性大，适用于不受强烈冲击的耐磨零件。弥散碳化钨型自熔性合金是在上述镍基、钴基和铁基自熔性合金粉末中加入适量的碳化钨而制成，具有高的硬度、耐磨性、热硬性和抗氧化性。

（2）熔结工艺

按熔融物材质的不同，可把熔结区分为金属熔结和非金属熔结两类。按熔结所需氛围可分为大气环境和非氧化环境两种。一般非金属熔融物如陶瓷、玻璃等均可在大气环境下进行熔结，而在高温下容易氧化的熔融物如各种金属在焊接时的熔结过程，往往需要在焊剂、还原气氛或惰性气体的保护之下才能进行。无论是氧化或非氧化气氛，若在具有一定气压的氛围中熔结时，熔融体中夹杂的气泡不易排出，造成冷却之后的凝结体不致密，具有一定的气孔率。为避免这一问题，可在负压或真空环境中进行熔结，这样既不会氧化也有效降低了气孔率，这就是真空熔结。

按熔结成品来考虑，熔结又可区分为单体熔结和复合熔结两种。在砂模中浇铸成型的铸铁制品、在压注模中压注成型的塑料制品和在玻璃模中吹制成型的玻璃制品等，都是典型的单体熔结制品。像各种金属焊接制品、搪瓷制品、用离心铸造或负压铸渗方法成型的复合铸钢制品和各种金属堆焊及喷焊制品等，都是复合熔结制品。单体熔结基本上是熔融物自身凝结成一种单相制成品。而复合熔结是熔融物冷凝后作为一种黏结金属或黏结玻璃，把两个或几个构件牢固地结合成一个多相复合的制成品，或是熔融物冷凝后均匀地覆盖在一个器皿或一个工件的表面，成为一种涂层，其中器皿或工件是毛坯或者称为基体，涂层与基体牢固地熔结复合成一个全新的涂层制品。熔融凝结过程应用于焊接、铸造、玻璃、搪瓷等工业生产已是非常成熟的传统工艺方法，但应用于表面工程，制备各种耐磨、耐腐蚀的合金涂层还是近几十年发展起来的新兴工艺。

熔结方法简单介绍如下。

① 火焰喷焊。火焰喷焊是火焰喷涂形成涂层后，再对涂层用火焰直接加热，使涂层在基体表面重新熔化，基体金属的表面完全湿润，界面有相互的元素扩散，产生牢固的冶金结合。火焰喷焊工艺有一步法（边喷边重熔）和两步法（先喷形成涂层，再重熔）两种，不论何种

方法，均需对工件进行预热。一步法的合金粉末较细，粒度分布较分散；通常用手工操作，简单、灵活，适用于小零件表面保护和修复，以及中型工件的局部处理。两步法的粉末较粗，粒度分布集中，易于实现机械化操作，喷熔层均匀平整，适用于大面积工件以及圆柱形或旋转零件。

a. 一步法的工序为：工件清洗脱脂→表面预加工（去掉不良层，粗化和活化表面）→预热工件→预喷粉（预喷保护粉，以防工件表面氧化）→喷熔→冷却喷熔后加工。喷熔的主要设备是喷熔枪。火焰集中在工件表面局部，使之加热，当此处预喷粉开始润湿时，喷送自熔性合金粉末，待熔化后出现"镜面反光"现象后，将喷枪匀速缓慢地移到下一区域。

b. 两步法的前四道工序与一步法相同，接下来分喷粉和重熔两步进行。喷粉是在工件预热后，先喷 0.1～0.15mm 厚的保护粉，然后升温到 500℃ 左右在喷上自熔性合金粉末，每次喷粉厚度不宜大于 0.2mm。如果喷焊层要求较厚，必要时先重熔一遍后再喷粉。重熔是把喷粉层加热到液相线与固相线之间，使原来疏松的粉层变成致密的熔敷层。重熔要在喷粉后立即进行。

② 真空熔结。真空熔结是在一定的真空条件下迅速加热金属表面的涂层，使之熔融并润湿基体表面，通过扩散互熔而在界面形成一条狭窄的互熔区，然后涂层与互熔区一起冷凝结晶，实现涂层与基体之间的冶金结合。真空熔结包括以下几个工艺步骤。

a. 调制料浆。即由涂层材料与有机黏结剂混合而成。涂层材料除了前述的几种自熔性合金粉末外，还可根据需要选用铜基合金粉、锡基合金粉、抗高温氧化元素粉以及元素粉或合金粉与金属间化合物的混合物。黏结剂常用的有汽油橡胶溶液、树脂、糊精或松香油等。

b. 工件的表面清洗、去污与预加工。

c. 涂敷和烘干。即把调制好的料浆涂敷在工件表面，在 80℃ 的烘箱中烘干，然后整修外形。

d. 熔结。熔结主要在真空电阻炉中进行，也可用感应法、激光法等进行熔结。

e. 熔结后加工。

5.5 热浸镀

5.5.1 热浸镀定义

热浸镀简称热镀，是将工件浸在熔点较低的与工件材料不同的液态金属中，在工件表面发生一系列物理和化学反应，取出冷却后，在表面形成所需的合金镀层。这种涂敷主要用来提高工件的防护能力，延长使用寿命。

（1）基本前提

形成热镀层的基本前提是被镀金属与熔融金属之间能发生溶解、化学反应和扩散等过程。在目前所镀的低熔点金属中，只有铅不与铁反应，也不发生溶解，故在铅中添加一定量的如锡或镍等元素，与铁反应形成合金，再与铅形成固溶合金。

（2）基体材料

热镀用钢、铸铁、铜作为基体材料，其中以钢最为常用。用于热镀的低熔点金属有锌、铝、锡、铅及锌铝合金等。

（3）热镀层材料

热镀锡是最早发展的镀层，由于锡资源的短缺，而热镀锡钢板的镀层较厚且不均匀，目前热镀锡工艺已很少采用，而代之以电镀锡。

热镀铅也是较早发展的镀层，铅的熔点低，化学稳定性好，很适于作钢材的保护镀层材料。但要添加一定量的锡或镍，为减少铅的消耗，已开发出先镀镍再热镀铅的新工艺。另外，铅对人体有害，热镀铅钢板已被热镀锌板所代替。

热镀锌是价廉而耐蚀性良好的镀层，由于锌的电极电位较低，对钢基体具有牺牲性保护作用，加上较为便宜，因而是热镀中应用最多的金属，被大量用于保护钢材防大气腐蚀。

热镀铝的发展较晚，镀铝层除具有优异的抗大气腐蚀性（尤其对工业大气和海洋大气）外，其铁铝合金层还具有良好的耐热性。目前其应用领域正不断扩大。

5.5.2 热浸镀工艺

（1）热浸镀工艺分类

热浸镀工艺有前处理、热浸镀和后处理。按前处理不同，可分为熔剂法和保护气体还原法两大类。熔剂法主要用于钢管、钢丝和零件的热镀，保护气体还原法多用于钢带或钢板的连续热镀。具体介绍如下。

① 熔剂法。熔剂法有湿法和干法之分。湿法使用较早，是将净化的工件浸涂水熔剂后，直接浸入熔融金属中进行热镀，但需在熔融金属表面覆盖一层熔融熔剂层，工件通过熔剂层再进入熔融金属中。干法是在浸涂水熔剂后经烘干，除去熔剂层中的水分，然后再浸镀。由于干法工艺较简单，故目前大多数热镀层的生产采用干法，而湿法逐渐被淘汰。熔剂法的工艺流程为：预镀件→碱洗→水洗→酸洗→水洗→熔剂处理→热浸镀→镀后处理→成品。

热碱清洗是工件表面脱脂的常用方法。在浸镀前，通常用硫酸或盐酸的水溶液除去工件上的轧皮和锈层，为避免过蚀，常在硫酸和盐酸溶液中加入抑制剂。

熔剂处理是为了除去工件上未完全酸洗掉的铁盐和酸洗后又被氧化的氧化皮，清除熔融金属表面的氧化物和降低熔融金属的表面张力，同时使工件与空气隔离而避免重新氧化。

热浸镀的工件温度一般为445～465℃，涂层厚度主要取决于浸镀时间、提取工件的速度和钢铁基体材料，浸镀时间一般为1～5min，提取工件的速度约为1.5m/min。

镀后处理一般是用离心法或擦拭法去除工件上多余的热镀金属，对热镀后的工件进行水冷，以抑制金属间化合物合金层的生长。

② 保护气体还原法。保护气体还原法又称氢还原法，是现代热镀生产线普遍采用的方法，典型的生产工艺通称为森吉米尔法（Sendzimir）。其特点是将钢材连续退火与热浸镀连在同一生产线上。钢材先通过氧化炉，被直接火焰加热并烧掉其表面上的轧制油，同时被氧化形成薄的氧化膜，再进入其后的还原炉，在此被加热到再结晶退火温度，同时其表面上的氧

化铁膜被通入炉中的氢气保护气体还原成适合于热浸镀的活性海绵状纯铁，然后在隔绝空气条件下冷却到一定温度后进入镀锅中浸镀。目前森吉米尔法已有很大改进，将预热炉与退火炉连为一体，将氧化炉改为无氧化炉，从而大大提高了钢材的运行速度和镀层的质量。

（2）热镀锌

热镀锌带钢是热镀锌产品中产量最多、用途最广的产品，它有多种工艺方法。现代生产线主要采用改进的森吉米尔法。

典型的热镀锌生产线流程为：开卷→测厚→焊接→预清洗→入口活套→预热炉→退火炉→冷却炉→锌锅→气刀→小锌花装置→合金化炉保温段→合金化炉冷却段→冷却→锌层测厚→光整→拉伸矫直→闪镀铁→出口活套→钝化→检验→涂油→卷取。带钢出锌锅后，由气刀控制镀层厚度。若要进行小锌花处理，则在气刀上方向还未凝固的锌层喷射锌粉或蒸气等介质。在需要进行合金化处理时，带钢应进入合金化处理炉。若产品为普通锌花表面，则从气刀以后直接冷却。

热镀锌钢管主要有熔剂法和森吉米尔法。用森吉米尔法进行钢管热镀锌的工艺流程为：微氧化预热→还原→冷却→热镀锌→镀层控制→冷却→镀后处理。

零部件的基体多为可锻铸铁和灰铸铁，热镀锌工艺通常采用熔剂法。

（3）热镀铝

钢材的热浸镀铝主要有两种镀层，即纯铝镀层和铝硅合金镀层。纯铝镀层的合金层较厚且不平坦呈锯齿状，铝硅镀层的合金较薄且平坦整齐。

铝的熔点是 $660℃$，故镀铝溶液的温度高于热镀锌温度。铝的化学活性高于锌，热镀前工件表面残存的氧化铁会被铝还原成铁和生成 Al_2O_3，工件热镀铝后表面易被沾污或形成氧化铝膜条纹，故热镀铝比热镀锌复杂，对工件表面净化的要求高。

钢板热镀铝通常也用森吉米尔法进行，工序与镀锌相似，只是要提高保护气体中的氢含量，降低氧和水的含量，以提高钢板在镀前的清洁度。

钢丝、钢管和零件的热镀铝通常采用熔剂法，工艺有一浴法和二浴法。一浴法是熔剂直接覆盖在铝液上面，工件穿过熔剂层进入铝液；二浴法是熔剂与铝液分开放置。

（4）热镀锌铝合金

近年来，为进一步提高镀层钢材的耐蚀性，在镀锌锅中添加铝，从而开发出两种新的镀层产品，并已先后商品化。其一为商品名 Galvalume 的 55%Al-Zn 镀层钢板，其二为商品名 Galfan 的 Zn-5%Al-Re 镀层钢板。与热镀锌钢板生产相似，热镀锌铝合金钢板也采用改进的森吉米尔法生产线生产。其工艺过程包括钢带的前处理、还原和退火、镀层及加速冷却和后处理等。55%Al-Zn 合金镀层钢板的镀液成分为 55%Al-Zn-1.6%Si，镀液温度为 $590\sim600℃$。Zn-5%Al-Re 合金镀层钢板的镀液温度为 $430\sim460℃$。

5.5.3 热浸镀应用

（1）热浸镀锌技术的应用

热镀锌的应用随着工农业的发展也相应扩大。热镀锌制品在工业（如化工设备、石油加工、海洋勘探、金属结构、电力输送、造船等）、农业（如喷灌、暖房）、建筑（如水及煤气输送、电线套管、脚手架、房屋等）、桥梁、运输等方面，近几年已大量地被采用。由于热镀锌制品具有外表美观、耐腐蚀性能好等特点，其应用范围越来越广泛。

（2）热浸镀铝技术的应用

抗高温、抗氧化和耐腐蚀条件下的应用，镀铝钢铁具有优异的抗高温氧化性能，主要是由于形成的 Fe-Al 合金层的优良的高温物理和化学性能所致，其主要应用领域如下。

① 热处理设备中耐热元件。使用温度达 850℃ 的燃气喷管，用于渗碳炉和碳氮共渗设备，使用温度达 850～950℃ 的装料框架，抗氧化和耐硫蚀的炉子烟道，炉用耐热输送带和传动元件，使用温度在 1000℃ 以下的热电偶保护套管。

② 热交换元件，锅炉中耐热抗蚀元件。如吹灰器，使用温度为 550～600℃ 的锅炉管道、壁管，空气防热器和节煤器及发动机缸套。

③ 化工和锅炉管道通用紧固件，炼油厂和工业炉用紧固螺栓、销子等。

④ 化工反应器管道、换热器管、在 705℃ 高温使用的抗 SO_2 腐蚀的生产硫酸的转换器。

（3）抗大气腐蚀环境条件下的应用

由于镀层表面 Al_2O_3 薄膜的钝化作用以及电化学作用，因此镀铝钢件可用于含硫高的工业气氛，含有机肥和化肥的农村环境，含盐的海洋环境和腐烂食品垃圾环境下。可用来制造电线杆上的钢支架，屋沿漏水管槽和钢结构建筑设施等。在汽车工业中，用于制作消声器、遮热板、卡车车身架、车厢以及汽车排气焊管等。在家用设备中用来制造炉灶、烤箱、空调器室外天线、晒衣架、加热装置等。在建筑上可用作屋顶、壁板、烟道烟囱、防尘装置、下水管道、屋檐排水槽和钢窗。

5.6 搪瓷涂敷

搪瓷是将玻璃质瓷釉涂敷在金属基体表面，经过高温烧结，瓷釉与金属之间发生物理化学反应而牢固结合，在整体上有金属的力学强度，表面有玻璃的耐蚀、耐热、耐磨、易洁和装饰等特性的一种涂层材料。其作用、基体材料应用介绍如下。

① 作用。搪瓷涂层主要用于钢板、铸铁、铝制品等表面以提高表面质量和保护金属表面，它以其突出的玻璃特性和应用类型区别于其他陶瓷涂层，而以其无机物成分和涂层融结于金属基体表面上区别于漆层。

② 基体材料。搪瓷制品按基体材料分，有钢板搪瓷、铸铁搪瓷、铝搪瓷和耐热合金搪瓷等；按用途分，有日用搪瓷、艺术搪瓷、建筑搪瓷、电子搪瓷、医用搪瓷、化工搪瓷等；按瓷釉组成结构和性能分，有锈白搪瓷、钛白搪瓷、微晶搪瓷、耐酸搪瓷、高温搪瓷等。

③ 应用。搪瓷制品广泛用于日用品、艺术品、建筑、电子、医疗、化工等领域，并不断地扩大。新的应用如：建筑搪瓷墙面板、厚膜电路基板搪瓷、红外加热器热辐射面用搪瓷和太阳能集热器集热面用搪瓷、表面具有玻璃特性的耐酸搪瓷、表面具有微晶玻璃特性的微晶

搪瓷、表面具有陶瓷耐热性和耐高温燃气腐蚀的高温搪瓷。

（1）瓷釉和釉浆

钢板和铸铁用搪瓷分为底瓷和面瓷。底瓷含有能促进搪瓷附着于金属基体的氧化物，涂在底瓷上面的面瓷能改善涂层的外观质量和性能。

瓷釉的基本成分为玻璃料，它是一种由熔融玻璃混合物急冷产生的细小粒子组成的特殊玻璃。因为搪瓷都是根据具体应用而设计的，故玻璃料的差别往往较大。一般瓷釉主要由四类氧化物组成：RO_2 型，如 SiO_2、TiO_2、ZrO_2 等；R_2O_3 型，如 B_2O_3、Al_2O_3 等；RO 型，如 BaO、Cao、ZnO 等；R_2O 型，如 Na_2O、K_2O、Li_2O 等。此外还有 R_3O_4 等类型。

瓷釉是将一定组成的玻璃料熔块与添加物一起进行粉碎混合制成釉浆，然后涂烧在金属表面上而形成的涂层。

根据瓷釉的化学成分，将硼砂、纯碱、碳酸盐、氧化物等各种化工原料和硅砂、锂长石、氟石混合后熔化。用量大的熔块由玻璃池炉连续生产，其玻璃熔滴由轧片机淬冷成小薄片；用量不大的熔块，用电炉、回转炉间歇式生产，它是将熔融的玻璃液投入水中急冷成碎块。玻璃熔块加入到球磨机后，再加入球磨添加物如陶土、膨润土、电解质和着色氧化物，最后加水，经充分球磨后就制得釉浆。但是，静电干涂用玻璃料是不加水粉磨而制成的。

（2）搪瓷工艺

搪瓷工艺的基本过程有制金属坯体、表面处理、涂敷和烧结。具体介绍如下。

① 制金属坯体是将基体材料进行剪切、冲压、铸造、焊接等加工，使其成为符合搪瓷制品的使用和工艺要求的工件。

② 金属坯体在搪瓷前要进行碱洗、酸洗或喷砂等表面处理，以去锈、脱脂并清洗干净。有的还要进行其他表面处理。一种典型的表面清洁处理流程为：碱洗→温源洗→酸蚀→冷源洗→镍沉积→冷漂洗→中和→温空气干燥。

③ 釉浆的涂敷方法有手工涂搪或喷搪、自动浸搪或喷搪、电泳涂搪、湿法或干粉静电喷搪等多种，干粉静电自动喷搪是一种适合大批量搪瓷制品的生产技术，它将带电的专用瓷釉干粉输送到绝缘式喷枪内，喷涂到放在传送器上的带正电的坯体上完成涂搪作业，没有涂到制品上的瓷釉干粉由空气输送循环使用，釉粉利用率高，涂搪后制品不用干燥即可烧成。

④ 搪瓷烧结是在燃油、天然气、丙烷或电加热炉内进行的。炉子有连续式、间歇式和周期式，其中马弗炉或半马弗炉用得较多。烧结包括黏性液体的流动、凝固以及涂层形成过程中气体的逸出，对于不同制品要选择合适的温度和时间。

5.7 陶瓷涂敷

陶瓷涂层是以氧化物、碳化物、硅化物、硼化物、氮化物、金属陶瓷和其他无机物为原料，用各种方法涂敷在金属等基材表面而使之具有耐热、耐蚀、耐磨以及某些光、电等特性的一类涂层。它的主要用途是做金属等基材的高温防护涂层。

5.7.1 陶瓷涂层的分类和选用

（1）陶瓷涂层的分类

① 按涂层物质分为：a.玻璃质涂层，包括以玻璃为基与金属或金属间化合物组成的涂层、微晶搪瓷等；b.氧化物陶瓷涂层；c.金属陶瓷涂层；d.无机胶黏物质黏结涂层；e.有机胶黏剂黏结的陶瓷涂层；f.复合涂层。

② 按涂敷方法分为：a.高温熔烧涂层；b.高温喷涂涂层，包括火焰喷涂、等离子喷涂、爆震喷涂涂层等；c.热扩散涂层，包括固体粉末包渗、气相沉积渗、流化床渗、料浆渗涂层等；d.低温烘烤涂层；e.热解沉积涂层。

③ 按使用性能分为：a.高温抗氧化涂层；b.高温隔热涂层；c.耐磨涂层；d.热处理保护涂层；e.红外辐射涂层；f.变色示温涂层；g.热控涂层。

（2）陶瓷涂层的选用

在选择合适陶瓷涂层时，必须考虑下列因素：
① 涂层与基材的相容性和结合力。
② 涂层抵御周围环境影响的必要能力。
③ 在高温长时间使用时涂层与基材的相互作用和扩散应避免基材性能的恶化，同时要考虑选择能适应基材蠕变性能的涂层。
④ 高温瞬时使用的涂层应避免急冷急热条件下发生破碎或剥落。
⑤ 选择最适合的涂敷方法。
⑥ 选择最佳的适用厚度。
⑦ 确定允许的储存期和储运方法。
⑧ 涂层的再修补能力。

5.7.2 陶瓷涂层的工艺及其特点

陶瓷涂层工艺因涂敷方法不同而有差别。具体介绍如下。

（1）熔烧

熔烧有釉浆法和溶液陶瓷法。搪瓷是釉浆法的典型代表。釉浆法的优点是涂层成分变化广泛，质地致密，与基体结合良好；缺点是基体要承受较高温度，有些涂层需在真空或惰性气氛中熔烧。溶液陶瓷法是将涂层成分中各种氧化物先配制成金属硝酸盐或有机化合物的水溶液（或溶胶），喷涂在一定温度的基体上，经高温熔烧形成玻璃质涂层；如需加厚，可重复多次涂烧。其优点是熔烧温度比釉浆法低，但其涂层薄，并且局限于复合氧化物组成。

（2）高温喷涂

高温喷涂有火焰喷涂法、等离子喷涂法和爆震喷涂法。火焰喷涂法是用氧-乙炔火焰，将条棒或粉末原料熔融，依靠气流将陶瓷熔滴喷涂在基体表面形成涂层。其优点是设备投资小，基体不必承受高温，但涂层多孔，涂层原料的熔点不能高于2700℃，涂层与基体结合较差。

等离子喷涂法是用等离子喷枪所产生的 1500～8000℃ 高温，以高速射流将粉末原料喷涂到工件表面；也可将整个喷涂过程置于真空室进行，以提高涂层与基体的结合力和减少涂层的气孔率。它适用于任何可熔而不分解、不升华的原料，底材不必承受高温。等离子喷涂法喷涂速度较快，但设备投资较大，不大适用于形状复杂的小零件，工艺条件对涂层性能有较大影响。

爆震喷涂法是用一定混合比的氧—乙炔气体在爆震喷枪上脉冲点火爆震，即以脉冲的高温（约 3300℃）冲击波，夹带熔融或半熔融的粉末原料，高速（800m/s）喷涂在基体表面。其优点是涂层致密，与基体结合牢固，但涂层性能随工艺条件变化大，设备庞大，噪声达 150dB，对形状复杂的工件喷涂困难。

（3）热扩散

热扩散包括气相或化学蒸气沉积扩散法、固相热扩散法、液相扩散法和流化床法。气相或化学蒸气沉积扩散法是将涂层原料的金属蒸气或金属卤化物经热分解还原而成的金属蒸气，在一定温度的基体上沉积并与之反应扩散形成涂层。其优点是可以得到均匀而致密的涂层，但工艺过程需在真空或控制气氛下进行。

固相热扩散法又称粉末包渗，是将原料粉末与活化剂、惰性填充剂混合后装填在反应器内的工件周围，一起置于高温下，使原料经活化、还原而沉积在工件表面，再经反应扩散形成涂层。其优点是设备简单，与基体结合良好，但涂层组成受扩散过程限制。

液相扩散法又称料浆渗，是将工件浸入低熔点金属熔体内，或将工件上的涂层原料加热到熔融或半熔状态，使原料与基体之间发生反应扩散而形成涂层。其优点是适用于形状复杂的工件，能大量生产，但涂层组成有一定的限制，需进行热扩散及表面处理附加工艺。

流化床法是涂层原料在带有卤素蒸气的惰性气体流吹动下悬浮于吊挂在反应器内的工件周围，形成流化床，并在一定温度下原料均匀地沉积在工件表面，与之反应扩散，形成涂层。流化床加静电场还可进一步提高涂层的均匀性。这种方法的优点是工件受热迅速、均匀，涂层较厚、均匀，对形状复杂的工件也适用。其缺点是需消耗大量保护气体，涂层组成也受一定的限制。

（4）低温烘烤

低温烘烤是将涂层原料预先混合，再与无机黏结剂或有机黏结剂及稀释剂等一起球磨成涂料，用喷涂、浸涂或涂刷等方法涂敷在工件表面，然后自然干燥或在 300℃ 以下低温烘烤成涂层。其优点是设备、工艺简单，化学组成广泛，基体不承受高温，基体与涂层之间有一定的化学作用而结合较牢固，但含无机黏结剂的涂层一般多孔，表面易沾污，含有机黏结剂的涂层一般耐高温性能较差。

（5）热解沉积

热解沉积是将原料的蒸气和气体在基体表面上高温分解和化学反应，形成新的化合物定向沉积形成涂层。其优点是涂层与基体结合良好，涂层致密，但基体需加热到高温，仅适用于耐热结构基体，并且涂层内应力高，需退火。

5.8 塑料涂敷

5.8.1 塑料涂敷定义

自 20 世纪 80 年代以来，塑料粉末涂料已发展成为新型的主流涂料之一，广泛用于各种金属结构件的涂装，主要起良好的防蚀作用。从环境、安全和改进性能的角度来分析，它有望取代溶剂型涂料。由于在原料、工艺、设备上的特殊性以及发展的重要性，所以对塑料涂敷作介绍。

5.8.2 塑料涂敷分类

（1）塑料粉末涂料

① 热固性粉末涂料，主要有环氧树脂系、聚酯系、丙烯酸树脂系等，这些树脂能与固化剂交联后成为大分子网状结构，从而得到不溶、不熔的坚韧而牢固的保护涂层，适宜于性能要求较高的防腐性或装饰性的器材表面。目前以环氧和环氧改性的粉末用途最广。

② 热塑性粉末涂料，由热塑性合成树脂作为主要成膜物质，特别是一些不能被溶剂溶解的合成树脂如聚乙烯、聚丙烯、聚氯乙烯、碳氟树脂以及其他工程塑料粉末等。这种涂料经熔化、流平，在水或空气中冷却即可固化成膜，配方中不加固化剂。由于这类涂层容易产生小气孔，附着力比热固性粉末差些，故需要有底漆，通常适于作厚涂层的保护和防腐蚀涂层。

（2）塑料粉末涂敷方法

① 静电喷涂法，是利用高压静电电晕电场，在喷枪头部金属上接高压负极，被涂金属工件接地形成正极，两者之间施加 30～90kV 的直流高压，形成较强的静电场。当塑料粉末从储粉筒经输粉管送到喷枪的导流杯时，导流杯上的高压负极产生电晕放电，由密集电荷使粉末带上负电荷，然后粉末在静电和压缩空气的作用下飞向工件（正极），随着粉末沉积层的不断增加，达到一定厚度时，最表层的粉末电荷与新飞来的粉末同性而相斥，于是不再增加厚度。这时，将附着在工件表面的粉末层加热到一定温度，使之熔融流平并固化后形成均匀、连续、平滑的涂层。

用于该方法主要是热固性粉末，也有一些热塑性粉末。要求粉末疏松，流动性好，具有稳定的储存性，合适的粒度（80～100μm），最好是球状粒子并均匀一致，粉末是极性的或容易极化的粉种，粉末的体积电阻要适当，粉末涂料表面的电阻要高。

该方法不需预热工件，粉末利用率高达 90％以上，涂层薄而均匀且易于控制，无流挂现象，可手工操作也可用于自动流水线，还可与溶剂性涂料或电泳沉积涂料配套混合喷涂，在防腐、装饰以及绝缘、导电、阻燃、耐热等方面广泛应用。缺点是涂层较薄而不宜用于强腐蚀介质环境，需要专用烘干室，烘干温度较高；需要封闭的涂装室和回收装置；不适宜形状复杂工件；并且工件大小受烘箱尺寸限制。

② 流动浸塑法，是将塑料粉末放入底部透气的容器，下面通入压缩空气使粉末悬浮于一

定高度，然后把预先加热到塑料粉末熔融温度以上的工件浸入这个容器中，塑料粉末就均匀地黏附于工件表面，浸渍一定时间后取出并进行机械振荡，除掉多余粉末，最后送入塑化炉流平、塑化再出炉冷却，得到均匀的涂层。

该方法要求塑料粉末有合适的粒度，良好的流平性，优良的化学稳定性，无毒，稳定的储存性，较大的熔融温度与裂解温度差。常用的有聚乙烯、聚氯乙烯、聚酰胺等。

该方法的优点是耗能小、无污染、效率高、质量好、涂层厚、耐久、耐蚀、外现佳、粉末损耗少、设备简单、用途广泛（特别是电机的绝缘层，防腐蚀管道、阀门和各种钢铁制品）。缺点是不易涂敷膜厚较小的涂层，工件必须预热，容器要大到足以将工件完全浸没，形状复杂和热容量小的工件涂敷困难，不宜用于直径或厚度小于 0.6mm 的工件。

③ 其他塑料粉末涂敷方法

a.静电流浸法，是综合上面两种方法的原理而设计的，即在浸塑容器的多孔板上安装了能通过直流高压的电极，使容器内空气电离，带电离子与塑料粉末碰撞，使粉末带负电，而工件接地带正电，粉末被吸附于工件表面，再经加热熔融固化成涂层。

b.挤压涂敷法，是将塑料粉末加热并挤压，经破碎、软化、熔融、排气、压实，以黏流状态涂敷于工件表面，然后冷却形成均匀的涂层。

c.分散液喷涂法，分悬浮液喷涂和乳浊液喷涂两种，是将树脂粉末、溶剂混合成分散液，用喷、淋、浸、涂等方法涂敷于工件表面，然后在室温或一定温度使溶剂挥发，从而在工件表面形成松散的粉状堆积区，再加热高温烧结使其成为整体涂层。烧结后冷却可再继续涂下一层。

d.粉末火焰喷涂法，是利用燃气（乙炔、氢气、煤气等）与氧气或空气混合燃烧产生的热量将塑料粉末加热至熔融状态及半熔融状态，在压缩空气或其他运载气体的作用下喷向经过预处理的工件表面，液滴经流平形成涂层。

e.金属-塑料复合膜粘贴法，是先用粉末共热法制膜技术预制成各种规格的金属-塑料复合膜，一面是耐蚀塑料层，另一面是很薄的金属层，施工时将金属层的一面用胶黏剂粘贴于金属工件表面。

f.空气喷涂法，是将工件加热到粉末熔融温度以上，再将塑料粉末用喷枪喷射到工件表面，再经烘烤流平，固化成膜。

g.真空吸引法，是使管道内部处于真空状态，将粉末涂料迅速吸入，并受热熔融而在管道内壁成膜。

h.静电振荡粉末涂装法，在涂装箱内四周装有电极，工件接正极，施加电压并呈周期性变化，使两电极之间的粉末激烈振荡，从供料漏斗洒下的粉末涂料带负电荷，由静电作用而吸附于工件表面，达一定厚度后，涂层不再增厚。

i.静电隧道粉末涂装法，是在静电隧道涂装设备中用空气把带电的粉末涂料吹到工件表面，并由静电作用吸附起来。

此外还有流水线静电流浸法、薄膜辊压法、散布法、电泳涂装法、蒸气固化法、等离子喷涂法等。

（3）塑料涂敷的发展前景

粉末涂料的优点在于：①无溶剂的挥发扩散，降低了大气污染公害；②不担心有机溶剂的中毒,安全卫生;③不会因有机溶剂而引起火灾;④由于粉末涂料可回收使用,涂料利用率可接近 100%;⑤降低了水质污染的危险性;⑥涂装工艺易自动化;⑦涂装一次可获得较厚的涂层,简化了工艺;⑧边角的覆盖性优良;⑨涂层性能优良。

粉末涂料的主要缺点是:①一般来说制造成本较高;②需要专用的涂装设备和回收设备;③粉末涂料的烘烤温度比普通涂料高得多;④所获得的涂层难以薄到 $15\sim30\mu m$ 的厚度,即制厚易、制薄难;⑤更换涂料颜色、品种比普遍涂料麻烦。

塑料粉末涂料虽然还存在一些不足之处,但优点是明显的,尤其从环境保护来考虑,更应大力发展,以尽可能取代溶剂型涂料。

习 题

1.名词解释

(1)涂料;(2)涂装;(3)热喷涂;(4)电火花涂覆;(5)熔结;(6)热浸镀;(7)搪瓷;(8)塑料涂敷

2.热喷涂涂层的结构特点是什么?其形成过程中经历了哪几个阶段?

3.热喷涂主要有哪几种喷涂工艺?各有什么特点?

4.简述电火花表面涂覆的原理及特点。

5.真空熔结工艺的步骤有哪些?

6.形成热浸镀层应满足什么条件?

7.热浸镀的基本过程是什么?控制步骤是什么?其实质是什么?

8.简述搪瓷工艺的基本过程。

9.陶瓷涂层的工艺有哪些?分别有什么特点?

10.简述塑料涂敷的分类及其方法。

参考文献

[1] 黄红军.金属表面处理与防护技术[M].北京:冶金工业出版社,2011.

[2] 钱苗根,姚寿山,张少宗.现代表面技术[M].北京:机械工业出版社,1999.

[3] 张学敏.涂料与涂装技术[M].北京:化学工业出版社,2006.

[4] 董允.现代表面工程技术[M].北京:机械工业出版社,1999.

[5] 吴子健.热喷涂技术与应用[M].北京:机械工业出版社,2006.

[6] 盛明泽.电火花涂敷合金工艺及设备[J].新技术新工艺,2000(01):9-10.

[7] 李会谦,许跟国,马江虹,等.热浸镀技术及其应用[J].有色金属(冶炼部分),2008(S1):17-19.

第 6 章

表面分析与表征技术

6.1 涂层厚度测量

涂层的厚度通常对其性能起着重要的作用，涂层的厚度测量方法可以分为非破坏法与破坏法。

6.1.1 非破坏法

6.1.1.1 双光束显微镜法

双光束显微镜是为了测量表面粗糙度而设计的，但是也可以用来测量透明和半透明涂层的厚度，尤其是铝的阳极氧化膜。测量原理为：光束以 45°投射到表面上，光束的一部分从涂层表面反射，另一部分则穿透涂层并从涂层与基体金属的界面反射，从显微镜目镜可以观察到两条分离图像，其距离与涂层厚度成正比。此方法仅适用于能从涂层与基体金属界面有足够光线反射，并在显微镜中显示清晰图像的涂层。双光束显微镜结构如图 6.1 所示。

对于不透明涂层的厚度的测量，需要去掉一小块涂层，此方法是破坏性的，利用涂层表面与基体金属之间形成台阶产生光束的折射，测量出涂层厚度的绝对值。此方法不适合测量硬的阳极涂层、非常薄（$<2\mu m$）或非常厚（$>100\mu m$）的涂层以及粗糙的涂层。也不适合测量基体经过度喷砂处理的涂层。在不能使用双光束显微镜测厚法的情况下，可选其他的方法，如：涡流法（GB/T 4957《非磁性基体金属上非导电覆盖层　覆盖层厚度测量　涡流法》）、干涉显微镜法（ISO 3868《金属和其他无机覆盖层　镀层厚度的测量　裴索多光束干涉仪法》）和显微镜法（GB/T 6462《金属和氧化物覆盖层　厚度测量　显微镜法》），此方法的测量不确定度一般小于厚度的 10%。

6.1.1.2 磁性法

磁性金属基体上非磁性涂层厚度的测量是厚度测量的一个重要分支，主要用于钢铁表面油漆、电镀及搪瓷等涂层厚度的测量，在各工业部门有着广泛应用，如检测化工、制药行业的搪玻璃涂层的厚度、造船厂船体防腐漆层的厚度及汽车制造厂车体漆层的厚度等。执行的

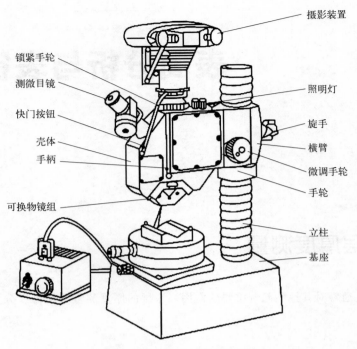

图 6.1　双光束显微镜结构

技术标准有 GB/T 4956《磁性基体上非磁性覆盖层　覆盖层厚度测量　磁性法》和 ISO 2178《磁性基质上的非磁性镀层　镀层厚度的测量　磁性法》。下面就磁性金属基体上非磁性涂层厚度的无损检测方法进行探讨。

（1）机械式磁法涂层厚度测量

机械式测厚仪是采用纯机械的方法对磁性金属基体上非磁性涂层厚度进行无损测量的仪器。其测量原理如图 6.2 所示。

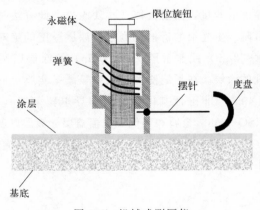

图 6.2　机械式测厚仪

图中下部是被测试样，由铁磁性基体和涂层构成，其余部分是机械式磁法测厚装置，或称作探头，探头的核心元件是中间的永磁体，最好采用钕铁硼强磁材料制作，永磁体由弹簧支撑在探头的壳体内。测量时，探头的下端与被测试样接触，由于磁性基体和探头内永磁体引力作用，永磁体将克服弹簧弹力向下移动，位移的大小取决于涂层的厚度。涂层薄，磁引力大，永磁体的位移就大，涂层厚，磁引力小，永磁体的位移就小。

这里遵循物理学中的胡克定律：

$$F = ax \qquad (6.1)$$

式中，F 为弹簧所受到的拉力，在这里即磁引力；a 为劲度系数；x 为永磁体的位移。

永磁体带动指针的左端，使指针产生偏转，由指针的右端在度盘上指示出涂层的厚度值。图 6.2 中的弹簧挡板用于零点调整，最上面的限位旋钮用于满刻度时对永磁体限位。

（2）机械式磁阻涂层厚度测量

磁阻法涂层厚度测量仪又称为涡流法涂层厚度测量仪，如图 6.3 所示。

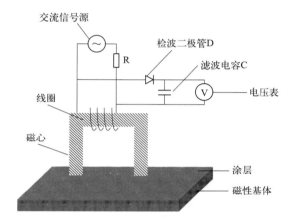

图 6.3　磁阻法涂层厚度测量仪

图中核心部件是带磁心的电感线圈，线圈上加有低频交流信号，信号在电感线圈内产生磁通，磁通穿过磁心和被测物体的基体形成磁回路。当涂层厚度不同时，磁回路的磁阻将不同，即涂层厚度较薄时，回路的磁阻小，涂层厚度较厚时，回路的磁阻大。磁阻的变化导致了电感线圈的电感量和阻抗的变化。在信号源和内阻 R 参数不变的情况下，电感两端的电压将随涂层厚度的变化而变化，即利用此电压可以表征涂层厚度。电压送至二极管 D 检波和电容器 C 滤波后，经标度变换，送至电压表或数码显示电路，显示出涂层厚度。此方法的测量不确定度一般小于厚度的 10% 或 1.5μm。

6.1.1.3　涡流法

涡流法测量涂层是利用涂层与基体之间电导率 σ 的差异来测量涂层厚度的。涡流法通常可以用来测量有色金属或奥氏体钢的绝缘涂层厚度，如油漆、塑料、珐琅、陶瓷、石墨以及氧化膜的厚度。

涡流法测量涂层厚度的工作原理是由振荡器产生的 $100\,\mathrm{Hz} \sim 25\,\mathrm{MHz}$ 的振荡电压加载到探头的激励线圈上，在矩形磁框的开缝处会产生漏磁的磁场。探头接近被测涂层表面时，在该磁场的作用下工件基体表面层产生了涡流。涡流沿闭合环路流动，它的穿透深度反比于加载激励线圈上电压频率的平方根，反比于工作基体电导率的平方根（趋肤效应）。涡流的感生磁场使漏磁场减弱。在测量绝缘涂层厚度时，涂层越厚，探头距离导电体基体越远，在基体中感生的涡流就有所减弱，于是漏磁场加强，那么测量线圈中的感生电动势也要相应的升高。可见涂层厚度与测量线圈中感生电动势呈现确定关系，就可以通过对感生电动势的测量，而获得相应的厚度信息。涡流信号仪测量原理如图6.4所示。

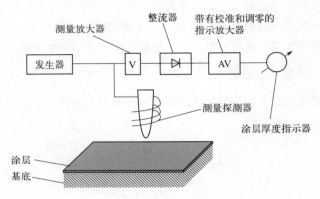

图 6.4　涡流信号仪测量原理

涡流法测量涂层，其误差的主要来源是基体电导率不均匀，它将导致同一厚度有不同的厚度读数，所以应当尽可能在工件的同一点附近进行测量。此方法的测量不确定度一般小于厚度的 10% 或 0.5μm，取其中较大的值。

当前采用电磁感应法和涡流法测量涂层厚度的大多数仪器产品具有精度高和性能稳定等特点，适用于现场对工件进行直接测量的体积小、重量小、便于携带的产品。

6.1.1.4　X 射线光谱法

X 射线光谱法是利用发射和吸收 X 射线光谱的装置测定金属覆盖层的厚度。X 射线发射到覆盖层表面固定面积上，测量由覆盖层发射的二次射线强度或由基体发射而被覆盖层减弱的二次射线强度。X 射线强度与覆盖层厚度具有一定的关系，由校准标样确定。

该方法在下列情况下精度会降低：

① 当基体金属中存在覆盖层的成分或者覆盖层中存在基体金属的成分时；

② 当覆盖层多于两层时；

③ 当覆盖层的化学成分与校准标样的化学成分有大的差异时。

该方法不适用于超过有相关材料的原子序数和密度确定的饱和厚度的测量。

对于自催化镍覆盖层，此方法仅在电镀条件下的沉积层中推荐使用，必须知道覆盖层总的磷含量才可计算沉积层的厚度，覆盖层中磷的分布也会影响测量的不确定度，须在相同条件下制作校准标样。

市场上可购到的测厚仪测量不确定度小于厚度的 10%。

6.1.1.5　β 射线反向散射法

用 β 射线背散射法对涂层厚度进行无损测量是一种重要的、精确的、方便的测量手段。

目前业已建立了β射线背散射法测量涂层厚度的国际标准。该法可用来测量金属或非金属基体上涂覆金属或非金属的涂层厚度，但是较多情况下是用来测量薄的贵重金属的涂层厚度。

将待测的涂覆后的工件置于红宝石孔面上，同位素源在红宝石环的中心部位，由放射源发射的一束准直的射线束，射到待测件上，此时一部分背散射变成了漫散射粒子束，并再一次通过红宝石环，最后射到同位素源下面的检测器上，检测器一般采用盖革计数器。入射β粒子的背散射率叫背散射系数。当基体材料无涂层时，它取决于基体材料的原子序数。同样，当涂层为饱和涂层时，背散射系数将由涂层材料的原子序数来决定，并且有确定值。实际测量的涂层厚度均小于饱和涂层厚度，那么相应的涂层材料的背散射系数将随涂层厚度的变化而变化，于是就可以根据涂层厚度与背散射系数的变化关系来确定涂层厚度。β射线背散射法的基本原理如图6.5所示。

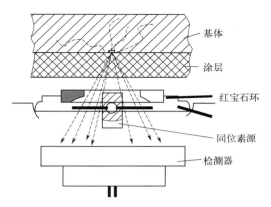

图6.5　β射线背散射法的原理

在实际测量时，背散射率往往是一个很大的数字，为了方便，可采用背散射率归一化的方法。若测得的饱和厚度的背散射率为 X_s，无涂层时的背散射率为 X_0，待测涂层的背散射率为 X，则归一化的背散射率为

$$X_n = \frac{X - X_0}{X_s - X_0} \tag{6.2}$$

归一化的背散射率 X_n 是一个无量纲的数字，它的取值范围在0~1之间。但是 X_0 和 X_s 受操作条件的影响，因此需要将 X_0 和 X_s 在标准样品上确定。归一化后的 X_n 不但使其取值在0~1之间，而且由于 $X_s - X_0$ 在分母上，故 X_n 值不再与β源的活度、测量时间、几何尺寸以及检测器相关。

采用β背散射法测量涂层厚度的误差一般在5%左右。测量的灵敏度主要与基体和涂层的原子序数之间的差值相关，原子序数相差越大，测量的灵敏度越高，可以精确到 $0.2\mu m$。

6.1.2　破坏法

6.1.2.1　光学显微镜法

在这种方法中，通过显微镜观察断面放大的图像，从而测定涂层的厚度。当有 $0.8\mu m$ 的最小误差时，此方法的测量不确定度小于厚度的 10%。如果精心制备试样并使用适当的仪器，该方法在重复测量时，其测量不确定度可达到 0.4μm。

6.1.2.2　裴索多光束干涉法

该方法的原理为：完全溶解一小块覆盖层而不腐蚀基体或在电镀前掩蔽一块，从覆盖层表面到基体形成台阶，用一台多光束干涉仪测量台阶的高度。

此方法特别适用于测量很薄的不透明的金属覆盖层的厚度。它不适用于搪瓷覆盖层的测量。此方法是一种实验室方法，用于测量标准片上覆盖层的厚度，以校准无损测厚仪，如 β 反向散射仪和 X 射线仪，尤其适用于相当薄（微米以下）覆盖层的标准片。

该方法规定了用显微镜垂直于试样表面测量，对厚度在 $0.002 \sim 0.2\mu m$ 范围内的覆盖层厚度绝对值，此方法的测量不确定度为 $\pm 0.001\mu m$。

6.1.2.3　轮廓仪（触针）法

轮廓仪测量的原理为：在制备覆盖层时掩蔽一块，或不腐蚀基体溶解一小块覆盖层，使基体与覆盖层表面形成台阶。触针通过台阶，由电子仪器测试并记录触针的移动来测量台阶的高度。轮廓器测量如图 6.6 所示。

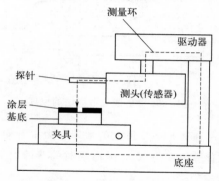

图 6.6　轮廓仪测量原理

适用的商品仪器允许的测量范围为 0.00002（20nm）～0.01mm，此方法的测量不确定度小于厚度的 10%。

6.1.2.4　扫描电子显微镜法

在这种方法中，覆盖层厚度是用一台扫描电子显微镜在覆盖层横截面放大的图像上测量的。在厚度测量中，放大的图像常会随时间而变化，产生进一步的测量误差。为了减小误差，通常会使用环氧树脂等对样品进行环氧树脂的包覆，从而减小在获得截面时对于涂层的损坏。

6.1.2.5　溶解法

（1）库伦法

涂层覆盖层厚度测定的阳极溶解库伦法简称库伦法。库伦法的原理为：在适当的条件下，试件作为阳极，用适当的电解液从精确限定的面积上溶解覆盖层，通过所消耗的电量测定金属覆盖层的厚度。通常情况下，涂层与基底有着不同的电位，因此当电位发生变化时，可以判定为涂层已经完全溶解，此时记录下的电量即为溶解金属覆盖层所需要的电量，再通过消耗的电量即可计算出涂层的含量。本方法可用于测量金属和非金属基体上的金属覆盖层。

库伦法不仅可以测量单层和多层金属涂层的厚度，还可以测三层及三层以上覆盖层的厚度（如多层镍）。

库伦测厚仪操作简单，测量速度快、范围广，对操作要求低，测量结果准确可靠。测量范围通常在 $0.1\sim100\mu m$，测量的不确定度小于厚度的 10%。

（2）剥离和称重法

此方法有两种方式，一种是在不破坏基底的情况下将涂层完全溶解，通过称量样品前后重量差获得涂层的重量，例如在金属表面的高分子涂层，可以使用氯仿对高分子涂层进行溶解，通过称量样品前后重量差即可以获得高分子涂层的重量；另一种是在不破坏覆盖层的情况下将基底完全溶解，获得单独的涂层，再对涂层进行称重，例如一些活泼金属表面的难溶涂层可以通过酸腐蚀或是电化学溶解获得单独的涂层，在清洗后将涂层进行称重获得涂层的重量。假设覆盖层的密度是均匀的，覆盖层的质量除以覆盖层的面积和密度即能得到覆盖层厚度的平均值。

该方法的局限性是不能指出存在的裸露点或覆盖层厚度小于规定的最小值的部位。另外，每一次的测量值是整个测量区域内的平均值，不能进行更多的数学处理，如统计步骤的控制。该方法测量的不确定度在很大的厚度范围内一般小于 5%。

（3）分析法

在此方法中，采取溶解涂层的方式进行测定涂层的质量。无论基体材料是否溶解，都会采用化学分析法测定溶解的涂层金属的含量，以测定涂层的质量。获取覆盖层的质量后，除以覆盖层的面积和密度得到覆盖层厚度的平均值。

但是该方法有其局限性，①如果在覆盖层和底层或基体金属中存在相同的金属，用此方法是不可靠的；②该方法不能指出测量区域内存在的裸露点或覆盖层厚度小于规定的最小值的部位；③每一次的测量值是整个测量区域内的平均值，不能进行更多的数学处理，如统计步骤的控制。

此方法测量的不确定度在很大的厚度范围内一般小于 5%。

6.2 微观结构表征

6.2.1 扫描电子显微镜

扫描电子显微镜（SEM）是一种电子显微镜，通过用聚焦的电子束扫描样品来产生图像。电子与样品中的原子相互作用，产生各种信号，其中包含有关样品表面形貌和成分的信息。通常以光栅扫描图案扫描电子束，并且将电子束的位置与检测到的信号合并以产生图像。

SEM 可以实现优于 1nm 的分辨率。可以在高真空、低真空、潮湿条件下（环境 SEM）以及各种低温或高温下观察样品。

最常见的 SEM 模式是检测由电子束激发的原子发射的二次电子。可以检测到的二次电子的数量取决于样品的形貌。通过扫描样品并收集使用特殊检测器发射的二次电子，可以生成显示表面形貌的图像。

需要注意的是，在对样品在进行 SEM 表征时，需要注意涂层的导电性。对于导电性好的金属或陶瓷涂层等样品，只需要将样品制备成合适的大小和尺寸，用导电胶将其黏接在电镜的样品座上即可直接进行观察。对于绝缘涂层，在电子束运动作用下会产生电荷堆积，影响入射电子束斑和样品发射的二次电子运动轨迹，使图像质量下降，这类试样在观察前要喷镀导电层进行处理，通常需要对样品采取喷金或者喷碳处理，使得表面具有导电性，这层喷涂的膜层通常在 20nm 左右。

6.2.2　透射电子显微镜

透射电子显微镜（TEM，有时也称为常规透射电子显微镜或 CTEM）是一种显微镜技术，原理是通过电子束透射通过样品形成图像。样品通常是厚度小于 100nm 的超薄切片或网格上的悬浮物。当电子束穿过样品时，电子与样品的相互作用形成图像。然后将图像放大并聚焦到成像设备（例如荧光屏，摄影胶片层）或传感器（例如电荷耦合设备）上。

由于电子的德布罗意波长较小，因此透射电子显微镜能够以比光学显微镜更高的分辨率成像。这使仪器可以捕获细微的细节，甚至可以像原子的单个列一样小，比光学显微镜中看到的可分辨物体小数千倍。透射电子显微镜是物理、化学和生物科学中的一种主要分析方法。

在较低的放大倍数下，TEM 图像的对比度归因于由于材料的成分或厚度的差异而导致的材料对电子的吸收差异。在更高的放大倍数下，复杂的波相互作用会调制图像的强度，需要对观察到的图像进行专业分析。替代的使用方式允许 TEM 观察化学特性、晶体取向、电子结构和样品诱导的电子相移以及常规基于吸收的成像中的调制。

对于涂层样品，一般当涂层为规则晶体时，可以通过 TEM 观察其形貌，例如在镁合金表面生长的羟基磷灰石涂层，可以通过透射电镜观察磷灰石的晶体形状是否为棒状，也可以测量纳米棒的直径，如图 6.7 所示。

图 6.7　镁合金表面羟基磷灰石涂层在透射电镜下的图像

6.2.3 原子力显微镜

原子力显微镜（AFM）或扫描力显微镜（SFM）是一种非常高分辨率的扫描探针显微镜，其分辨率约为纳米级，比光学衍射极限高出 1000 倍以上。AFM 的前身为扫描隧道显微镜，是由 Gerd Binnig 和 Heinrich Rohrer 在 1980 年代初期在 IBM Research-Zurich 研发的，获得了 1986 年诺贝尔物理学奖。Binnig、Quate 和 Gerber 发明了第一台原子力显微镜（也称为 AFM），于 1986 年推出。1989 年推出了第一台商用原子力显微镜。原子力显微镜是在纳米级成像、测量和处理物质的最重要工具之一。通过使用机械探针"感觉"表面来收集信息。压电元件有助于在（电子）指令上进行微小但精确的移动，从而实现了非常精确的扫描。在某些变型中，也可以使用导电悬臂扫描电位。在更高级的版本中，可以使电流流过尖端以探测导电性或下层表面的传输。

原子力显微镜由一个在其末端带有尖锐尖端（探针）的悬臂组成，用于扫描样本表面，悬臂通常是具有曲率半径为纳米量级的硅或氮化硅，其测量原理如图 6.8 所示。

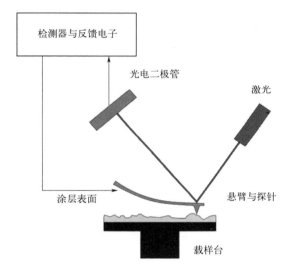

图 6.8　AFM 的测量原理

当尖端接近样品表面时，根据胡克定律，尖端和样品之间的力会导致悬臂偏转。根据情况，在 AFM 中测量的力包括机械接触力、范德华力、毛细力、化学键、静电力、磁力、卡西米尔力、溶剂化力等。借助力，可以通过使用特殊类型的探头同时测量更多的量。通常，使用从悬臂的顶面反射到光电二极管阵列中的激光点来测量偏转，使用的其他方法包括光学干涉测量、电容感应或压阻 AFM 悬臂。这些悬臂由用作应变仪的压阻元件制成，使用惠斯通电桥，可以测量由于偏转引起的 AFM 悬臂中的应变，但是这种方法不如激光偏转或干涉法敏感。

AFM 可用于涂层表面观察、尺寸测定、表面粗糙测定、颗粒度解析、突起与凹坑的统计处理、成膜条件评价、保护层的尺寸台阶测定、层间绝缘膜的平整度评价、VCD 涂层评价、定向薄膜的摩擦处理过程的评价、缺陷分析等。AFM 测量时通常不会对涂层造成破坏，是一种非破坏性的检测方法。

6.2.4　X射线衍射

物质结构的分析有多种方法，目前X射线衍射是最有效，应用最广泛的手段。在涂层成分的表征中，X射线衍射也有着广泛的应用。

X射线是一种波长很短的电磁波，当一束X射线通过晶体时将发生衍射，衍射波叠加的结果会产生衍射花样，从而确定晶体结构。其原理为：由于晶体是由原子规则排列组成的晶胞组成，这些规则排列的原子间距离与入射X射线波长有相同数量级，故由不同原子散射的X射线相互干涉，在某些特殊方向上产生强X射线衍射，衍射在空间分布的方位和强度，与晶体结构密切相关，这就是X射线衍射的基本原理。

XRD衍射适用于晶态的涂层的表征，除了可以根据衍射图案确定物相外，还可以用于结晶度的测试以及精密点阵参数的计算。XRD图谱可以通过Scherrer公式来计算晶粒尺寸，根据公式，单晶尺寸方向垂直于（hkl）晶面，晶粒尺寸可以计算通过如下公式：

$$D_{hkl} = \frac{k\lambda}{B_{1/2}\cos\theta_{hkl}} \tag{6.3}$$

式中，k为常数，一般取0.89；λ为铜靶X射线的波长（$\lambda = 0.15418nm$）；$B_{1/2}$为衍射峰的半高宽；θ_{hkl}为衍射角。

同时通过比较相和位于混合物中的参考物的反射强度，可以确定多晶中给定相的浓度。

对于涂层的XRD衍射表征，可以进行无损与有损检测。无损检测可以直接将覆盖有涂层的样品直接进行XRD衍射表征。但是可能会出现如下情况：①涂层的应力使得衍射峰有所偏移；②基底的峰会对涂层的表征产生影响，尤其是当涂层较薄时，当涂层含量过小，衍射峰不明显。有损检测时需要将涂层先从基底上取下，取下时需要注意不能掺杂其他杂质或者对物相造成影响。

6.3　成分表征

6.3.1　X射线谱仪

电子显微镜除了可以观察涂层的微观形貌外，还可以对涂层进行综合分析。在配备有波长色散X射线谱仪（WDX）或能量色散X射线谱仪（EDX）的扫描电镜中，可以检测样品发出的反射电子、X射线、阴极荧光、透射电子、俄歇电子等，因此在观察涂层形貌的同时，可以对样品任选微区进行分析。

其中电子能谱仪是使用较多的分析方法，可以通过点扫、线扫、面扫获取涂层微区的成分信息，通过分析后得出涂层的成分，对于涂层成分可以进行定性分析与定量分析。这一方法用于涂层与基底或是涂层各相之间成分差异较大时较为有效。

6.3.2　X射线荧光分析

X射线荧光是从已通过高能X射线或γ射线轰击而激发的材料发出的特征性"次级"

（或荧光）X射线。该现象广泛用于元素分析和化学分析，尤其是在金属、玻璃、陶瓷和建筑材料的研究中，以及在地球化学、法医学、考古学和艺术品中的研究，也可用于涂层的研究。

当材料暴露于短波X射线或γ射线时，其成分原子可能发生电离。电离包括从原子中射出一个或多个电子，如果原子暴露于能量大于其电离能的辐射中，则可能发生电离。X射线和γ射线的能量足以将紧密持有的电子从原子的内部轨道排出。以这种方式除去电子使得原子的电子结构不稳定，并且从较高轨道中的电子"落入"较低轨道中以填充留下的空穴。在坠落中，能量以光子的形式释放，其能量等于所涉及的两个轨道的能量差。因此，该材料发出辐射，该辐射具有存在的原子的能量特征。

Glocker和Schreiber于1928年首次提出使用初级X射线束激发样品的荧光辐射。如今该方法已被用作无损分析技术，并在许多提取和加工业中用作过程控制工具。原则上可以分析的最轻元素是铍（原子序数为4），但是由于仪器的局限性和轻元素的X射线产率低，通常难以量化比钠轻的元素（原子序数为11），除非进行背景校正和非常全面的元素间校正。

适用于X射线荧光分析的涂层应当具有以下特点：①高衍射强度；②高分散；③衍射峰的宽度很窄；④高的峰强背景；⑤无干扰元素；⑥低热膨胀系数；⑦空气中和暴露在X射线下具有稳定性；⑧随时可用。

6.3.3　透射电子显微镜

透射电子显微镜（transmission electron microscope，TEM），可以看到在光学显微镜下无法看清的小于$0.2\mu m$的细微结构，这些结构称为亚显微结构或超微结构。要想看清这些结构，就必须选择波长更短的光源，以提高显微镜的分辨率。

通过TEM中的选区电子衍射可以表征涂层的物相成分，主要是通过选区电子衍射图测量晶面间距离从而确定涂层的物相，如图6.9所示，通过选区电子衍射确定两层涂层分别为$Mg(OH)_2$与HA。

6.3.4　红外光谱

红外光谱法（IR光谱法或振动光谱法）涉及红外辐射与物质的相互作用。它涵盖了一系列技术，主要是基于吸收光谱法。与所有光谱技术一样，它可以用于识别和研究化学物质。对于给定的可能是固体、液体或气体的样品，红外光谱法的方法或技术使用称为红外光谱仪（或分光光度计）的仪器来产生红外光谱。基本的红外光谱本质上是垂直轴上的红外光吸收率（或透射率）与水平轴上的频率或波长的关系图。红外光谱中使用的典型频率单位是厘米的倒数，符号cm^{-1}。IR波长的单位通常以微米为单位，符号μm，与波数呈倒数关系。使用该技术的常见实验室仪器是傅立叶变换红外（FTIR）光谱仪。

电磁光谱的红外部分通常分为三个区域：近红外、中红外和远红外，因其与可见光谱的关系而得名。$14000\sim4000cm^{-1}$（$0.8\sim2.5\mu m$波长）的高能量近红外光可以激发泛音或谐波振动；$4000\sim400cm^{-1}$（$2.5\sim25\mu m$）的中红外光可用于研究基本振动和相关的旋转振动结构；靠近微波区域的$400\sim10cm^{-1}$（$25\sim1000\mu m$）的远红外能量低，可用于旋转光谱。这些子区域的名称和分类是约定俗成的，仅基于相对分子或电磁特性而简单地定义。

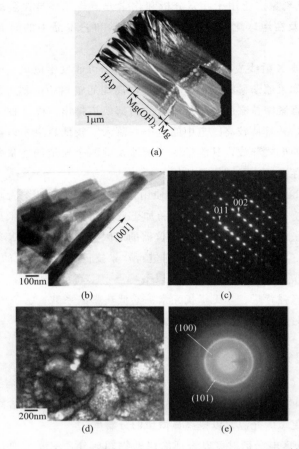

图 6.9　镁合金表面磷灰石涂层的 TEM 图与选区电子衍射图

　　红外光谱利用了分子吸收其结构特征频率的事实。这些吸收是共振频率，即吸收的辐射的频率与振动频率匹配。能量受分子势能表面的形状、原子的质量以及相关的振动耦合的影响。

　　特别是在 Born-Oppenheimer 近似（将分子中原子核和电子分开来，即将原子核在电子运动的平均场下近似为定态，从而简化求解多电子体系的问题）和谐波近似（将势能面近似为二次型，即只保留前两项展开式，这样可以将复杂的非线性问题转化为简单的线性问题）中，即当与电子基态相对应的分子哈密顿量（描述能量的物理量，通常用符号 H 表示，在量子力学中，哈密顿量可以用来推导出系统的时间演化规律，即薛定谔方程。哈密顿量包括系统的动能和势能两部分）。可以由平衡分子几何结构附近的谐波振荡器近似时，谐振频率对应于分子电子基态势能。共振频率还与键的强度和键两端的原子质量有关。因此，振动的频率与特定的正常运动模式和特定的结合类型相关。

　　红外光谱样品的制备气态样品有多种方式制备。一种常见的方法是用油性研磨剂（通常是 Nujo 矿物油）压碎样品，将薄膜涂在盐板上并进行测量。第二种方法是用特殊纯化的盐（通常是溴化钾），将一定数量的样品细磨（以消除大晶体的散射效应），然后将这种粉末混合物在机械压力机中压制成半透明的颗粒，光谱仪的光束可以通过该颗粒。第三种技术是"流延膜"技术，其主要用于聚合物材料。这种方法首先将样品溶解在合适的非吸湿性溶剂中，该溶液沉积在 KBr 或 NaCl 电池的表面上，然后将溶液蒸发至干，并直接析出在电池上形成膜。注意确保薄膜不要太厚很重要，否则光线将无法通过。此技术适用于定性分析，最终的方法是使用切片机从固体样品上切出薄膜（$20\sim100\mu m$）。这是分析失效塑料产品的最重要方法之一。

红外光谱法是一种简单可靠的技术，可以用来测量聚合物涂层的聚合度，也可以用来测量涂层中各种化合物的浓度，有着广泛应用。

6.3.5　质谱仪

质谱仪是一种根据质量差异用进行分析的仪器。因为不同元素或同位素的原子质量是不同的，因此可以把原子质量作为区分各种元素或同位素的标志。不同质量的正、负离子，在其能量相同的条件下运动速度是不同的。速度（或动量）不同的正或负离子在磁场或交变电场或自由空间中运动，将发生不同程度的偏转或飞行时间不同，从而使不同质量的离子区分开来。因此，质谱仪是将元素电离成正离子，然后在电场扫描作用下，使不同荷质比的离子陆续到达捕集器，发生信号，加以记录和构成质谱图。质谱仪在设备上主要由离子源（包括有关供电系统）、质量分析系统（包括有关供电系统）、离子检测系统（包括离子质量、数量检测和显示）三大部分组成。由于它能分析所有元素，分辨率高、灵敏度高、效率高和速度快，故应用很广。在材料研究上，主要用作超纯分析。

6.3.6　光电子能谱

X 射线光电子能谱技术（XPS）是电子材料与元器件显微分析中的一种先进分析技术，而且是和俄歇电子能谱技术（AES）常常配合使用的分析技术。由于它可以比俄歇电子能谱技术更准确地测量原子的内层电子束缚能及其化学位移，所以它不但为化学研究提供分子结构和原子价态方面的信息，还能为电子材料研究提供各种化合物的元素组成和含量、化学状态、分子结构、化学键方面的信息。它在分析电子材料时，不但可提供总体方面的化学信息，还能给出表面、微小区域和深度分布方面的信息。另外因为入射到样品表面的 X 射线束是一种光子束，所以对样品的破坏性非常小，这一点对分析有机材料和高分子材料非常有利。

XPS 作为一种现代分析方法，具有如下特点：

① 可以分析除 H 和 He 以外的所有元素，对所有元素的灵敏度具有相同的数量级；

② 相邻元素的同种能级的谱线相隔较远，相互干扰较少，元素定性的标识性强；

③ 能够观测化学位移。化学位移同原子氧化态、原子电荷和官能团有关。化学位移信息是 XPS 用作结构分析和化学键研究的基础；

④ 可作定量分析。既可测定元素的相对浓度，又可测定相同元素的不同氧化态的相对浓度；

⑤ 是一种高灵敏超微量表面分析技术。样品分析的深度约 2nm，信号来自表面几个原子层，样品量可少至 10^{-8}g，绝对灵敏度可达 10^{-18}g。

6.4 结合强度

涂层的结合强度是指涂层与基底（或中间层）之间的黏结强度，即单位面积的覆盖层从基体（或中间层）上剥离下来所需要的力。单位面积上的结合力称结合强度。结合力（或结合强度）是评价涂层质量的一个重要指标，也是判断覆盖层能否应用的最基本性能。

由于涂层的类别不同，其制备工艺各异，结合的机理不同，在检测涂层结合力时，应根据其涂层的特点及检测方法的原理选择合理的检测方法，以获得真实反映被测对象结合力的信息。

评定和检测涂层结合强度的方法很多，可以分为定性和定量检测两类方法。

6.4.1 涂层结合力的定性检测

涂层结合力的定性检测主要是为了验证涂层在规定服役情况下涂层结合力是否达标，是否会发生涂层脱落失效的情况。根据涂层实际使用情况的不同，定性检测的方法也不同，具体有以下几种：

① 摩擦抛光试验。摩擦抛光采取光滑的工具（例如玛瑙）在涂层表面进行快速平稳地摩擦，摩擦之后通过观察涂层是否有判断起泡、剥离的现象确定涂层结合力是否符合服役要求。该方法仅适用于较薄且涂层结合力较差涂层的鉴定。

② 钢球摩擦抛光试验。该方法使用直径 3mm 的钢球，用皂液作为润滑剂在滚筒或振动磨光器中进行。当涂层的结合力很小时，涂层会发生起泡或剥离的现象，该方法适用于较薄的涂层。

③ 划线和划格试验。该方法使用一个刃口为 30° 的硬质钢划刀，在涂层表面划两条相距 2mm 的平行线（或边形长为 1mm 的正方格、菱形小格），观察格子内涂层是否有脱落情况。

④ 锉、磨、锯试验。该方法是使用锉刀砂轮、钢锯等工具，沿从基体至覆盖层的方向进行锉、磨、锯涂层，观察涂层是否有剥离现象。该方法主要应用在较厚、较硬的涂层上。

⑤ 弯曲、缠绕、环突（深引）试验。这类方法主要是用于判断会产生变形的涂层与基底结合力是否合格。具体方法是涂层与基体一起发生变形，观察涂层是否有破碎或是剥离的现象，从而判断涂层结合力是否合格。

⑥ 热震试验。热震试验主要用于判断涂层是否可以在温度变化较大的情况下服役。由于基底与涂层的热收缩系数可能存在差异，在快速升温或者降温过程中可能会产生涂层与基底的剥离。该方法就是采取加热与骤冷的方法，通过观察涂层是否脱落判断涂层结合力是否合格。

⑦ 阴极试验。对于一些金属基底，在腐蚀过程中会产生氢气，这些氢气气泡会导致涂层起泡脱落。阴极试验是将样品放入溶液中作为阴极，在电化学的作用下使得样品析氢，通过观察涂层是否有起泡剥离现象判断涂层结合力是否合格。

⑧ 剥离（黏结）试验法。该方法是通过纤维粘胶带的粘胶面黏附在涂层上，利用一个固定重量的棍子在上面仔细滚动，排除所有的起泡，10s 以后，在带上施加垂直于涂层表面的

稳定拉力将胶带拉掉。若涂层没有剥离基底表面，则其结合力合格。此试验适用于印制线路的导线和触点上涂层的结合力测试。

6.4.2 涂层结合力的定量检测

6.4.2.1 压痕试验

压痕试验是利用显微硬度的压头（如克努普压头），通过专用试验机，测量硬度分布曲线及研究材料的硬度数值与其屈服强度相关关系，并借助硬度和屈服强度关系模型获取界面区和近界面区的强度数值，通过有限元法模拟，获得界面层自身结合强度数值。

涂层与基体复合材料（通过专用试验机）由显微硬度的压头对材料施加连续载荷测得载荷、位移值并绘出相关曲线。

压头在压入涂层的一定厚度范围内载荷位移曲线呈直线关系。当载荷增加到一定值后，位移也达到一定值，设涂层厚度为 D，压痕深度（即位移值）为 X，则当 $D-X<(1/4\sim1/6)X$ 时（此值因涂层硬度而异），载荷-位移曲线的斜率将会改变，这是因为界面和基体材料弹塑性变形影响造成的；随着压入载荷的增加压痕深度增加至涂层厚度（压头接触界面）时曲线会出现一个拐点；当载荷继续增加，此后位移值（在同样载荷下）改变更大，大大低于曲线开始时的直线斜率，试验得出涂层与基体的载荷位移曲线中的两直线斜率分别是两者的弹性模量（此值不是单一材料的值，而是复合材料条件下的值）。

当载荷增加时，压头不断向下运动，基体材料将开始产生弹塑性变形，由于是硬涂层、韧基体，随着载荷的增加，两者的弹塑性变形差异也在增加，涂层裂纹的萌生、发展过程也在不断地变化，此时根据裂纹的观察和检测及专用试验机所记录载荷-位移曲线得到涂层/基体材料相互作用的规律。

当载荷增加到一定值时，涂层/基体界面将开裂，此时在载荷-位移曲线上的值为涂层/基体界面的临界值，即此时的载荷-位移值为该涂层/基体材料的失稳条件。

若将涂层材料从中间剖开，在剖开面上做压入法试验，此点到界面的距离应等于压痕对角线长度 d 值，专用试验机压头向下运动时，试样载荷不断增加，此过程在专用试验机上可检测得载荷-位移曲线及其相关参数，同时利用专用试验机的 CCD 摄像电脑系统和声发射动态监测仪分析、观察、记录基体材料、界面、涂层材料的变化过程及其相互作用规律，当载荷增加到一定值时，涂层/基体界面就会崩开，此时检测到的临界载荷是涂层和基体材料相互作用的失稳点，借助于有限元法可计算出裂纹尖端的应力强度因子，界面和涂层的受力可简化为弯曲应力，仿照此状态可在试验机上进行断裂力学试验，得出复合材料的 K_{1c} 值。

以上谈的仅是表观问题，其实，涂层在压入载荷作用下，涂层/基体的界面结合强度是一个综合性能指标，其表现涉及复杂的弹塑性变性和断裂力学行为，它既与涂层的弹性模量、硬度、厚度、结合强度和界面的弹性模量、硬度、厚度、形状、结合强度、连接强度密切相关，又与基体的弹性模量、硬度有关，应用有限元法分析，结合上述试验得到的结果，就可对膜基界面结合强度作出准确的表征。

由于膜基界面处产生侧向裂纹，其形状和大小，与涂层和基体的弹塑性性能的协调性有关，通过测试还可得出协调系数 λ（协调系数的大小可直接影响界面的结合强度），即

$$\lambda = (E_s/H_s)/(E_c/H_c) \tag{6.4}$$

鉴于涂层/基体材料在载荷压入时,压头周围裂纹产生形态和涂层的主裂纹萌生发展,及界面裂纹的产生形态比较复杂,必须用声发射动态监测仪及 CCD 跟踪摄像观察结合起来,得出的信息和专用试验机的测试所记录的压入载荷-位移曲线可测得失稳点,并根据有限元分析,求出硬度、弹性模量与界面结合强度的关系和涂层、界面、基体相互作用规律及失稳条件。

6.4.2.2 扭转试验

扭转试验一般选取圆柱形试样。试样在扭矩作用下,涂层和基体复合材料都会发生变形,最初是弹性变形。由于试样外圆变形最大,当基体还处于弹性变形阶段时,涂层已经发生塑性变形,紧接着是涂层和基体界面开裂,此开裂点将在扭矩-扭转角曲线上有一个拐点,此拐点所对应的应力即为涂层和基体界面的抗剪切强度,随后是基体材料的塑性变形直至试样断裂。

专用试验机可获得涂层试件的扭矩-扭转角曲线及参数,并测得涂层与基体界面的开裂失稳条件。

通过专用试验机的扭转试验,基于复合材料扭转状态下剪切应力分析,正常情况下,由涂层外表向里面基体逐步开裂扩展,可用本机之高精度快速 CCD 摄像系统跟踪、观察并由计算机存储、处理重现和慢速回放开裂位置、形态与损伤过程,进一步对整个过程进行分段、分解和综合分析,确定扭矩-扭转交曲线拐点与开裂状态的对应特征。装置如图 6.10所示。

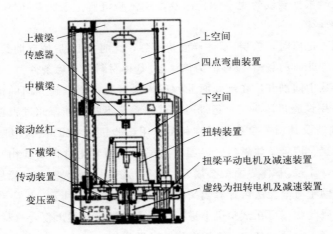

图 6.10 扭转试验装置

6.4.2.3 拉伸试验

圆柱体表层复合材料拉伸如图 6.11 所示。

根据胡克定律,在弹性极限范围内,有

$$\sigma = E_c \varepsilon \tag{6.5}$$

图 6.11 圆柱体表层复合材料拉伸

对复合材料其弹性模量要按下式计算

$$E_c = E_1 K_1 + E_2 K_2 \tag{6.6}$$

式中，$K_1 = \dfrac{A_1}{A_1 + A_2}$；$K_2 = \dfrac{A_2}{A_1 + A_2}$

分析其在拉伸作用下 σ-ε 曲线分五个阶段：

① 涂层和基体材料均处于弹性变形阶段：$\sigma = E_c \varepsilon$，此时应力-应变曲线为直线。

② 基体处于弹性阶段，而涂层开始产生塑性变形，此时 σ-ε 曲线出现第一个拐点，即拐点 1。

$$E_c = E_1 K_1 + \frac{d\sigma_2}{d\varepsilon} K_2 \tag{6.7}$$

③ 涂层断裂，曲线出现第二个拐点，通俗所说的"拐点"即是指此。

④ 基体和涂层均产生塑变，试样出现颈缩，拉伸曲线出现第三个拐点，即拐点头。

⑤ 基体断裂，试样断裂。

由第二个拐点所取得的载荷值除以涂层的横截面面积即得涂层的断裂强度。由于复合材料拉应力分析，着重观察并记录拉伸过程中五个阶段内对应三个拐点处涂层与基体塑变、产生裂纹直至断裂的全过程，用高精度快速 CCD 摄像系统跟踪、观察并由计算机处理重现和慢速回放裂纹扩张行为，确定应力-应变曲线拐点与断裂状态的对应特征。

6.4.2.4　弯曲试验（三点弯曲试验）

试件以板状试样为宜，涂层置于受弯曲力的下表面，在试验过程中因涂层裂纹一般在受力点的连线处产生。记录弯矩-挠度曲线，当涂层裂纹穿透时在此曲线上即有一个拐点，记录此载荷可求得涂层的抗弯强度。

$$\alpha_{pb} = \frac{F_{pb} L_s}{4W} \tag{6.8}$$

式中，F_{pb} 为涂层开裂时的载荷；L_s 为跨矩，mm。

$$W = \frac{1}{6} b h^2 \tag{6.9}$$

式中，b 为试样宽度，mm；h 为涂层厚度，mm。

基于涂层材料三点弯曲过程中加载力的变化特征，可在弯矩最大点左右综合布置应变传感系统，通过专用试验机并用声发射动态监测仪及 CCD 摄像系统观察，准确确定裂纹的开裂信息及涂层界面裂纹扩张行为，相对应的涂层表面裂纹形态观察用安置于底部中间的高精度 CCD 摄像探头跟踪检测。

6.4.2.5 涂层抗剪切强度的测度

剪切试验装置如图 6.12 所示，其加工精度三级，表面粗糙度不超过 $0.89\mu m$，其他尺寸按图 6.13 要求，其材质为高强度合金工具钢，热处理后硬度不低于 60HRC，凸模与凹模的配合间隙另定。

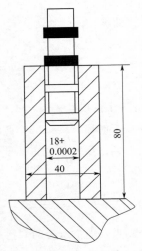

图 6.12　剪切试验（mm）

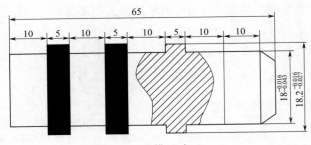

图 6.13　凸模尺寸（mm）

利用十字头施加压力，通过试件与筒形凹模沿其轴线的相对运动，实现凹模口部对涂层的剪切作用，至涂层脱落。

利用 GP-TS2000HM/50kN 专用试验机可测出剪切载荷-位移曲线，并应用式（6.10）可求得涂层抗剪切强度

$$G_t = F / \pi db \tag{6.10}$$

式中，G_t 为涂层的抗剪切强度，N/mm^2；F 为试样破坏时的最大载荷；d 为涂前的试样直径，mm；b 为喷涂层的宽度，mm。

观察记录剪切过程中涂层裂纹的产生、扩展以及断裂的位置、形态特征等。根据需要可用一个高精度 CCD 摄像机跟踪并观察记录涂层开裂行为全过程。试验时剪切速度不超过 1mm/min，加载速度不超过 2000N/min，试验机能够满足静态加载条件，常用载荷范围 1～30kN，精度在 0.5%，十字头行程 $d \geqslant 65mm$。

6.4.2.6 涂层结合强度试验

涂层结合强度试验装置示意图，如图 6.14 所示。

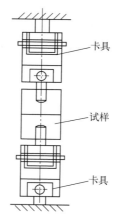

图 6.14　涂层结合强度试验装置

　　将胶黏好的试样置于试验机的夹具中，在规定的条件下（位移速度小于 1mm/min，加载速度小于 0.807N/min）均匀连续的施加载荷，至试样破断，记录最大破断载荷，并由如下公式计算结合强度。

$$\sigma = F/A_0 \tag{6.11}$$

　　式中，σ 为涂层/基体的结合强度，N/mm；F 为试样破断的最大载荷，N；A_0 为试样的涂层面积，mm^2。

　　当结合强度很大时，可采用如图 6.15 所示的试样结构。

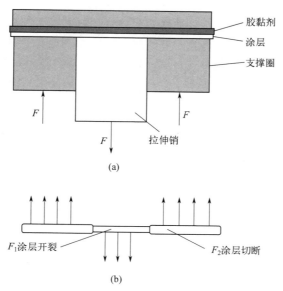

图 6.15　涂层的结合强度测试方法
（a）拉伸方法；（b）涂层受力分析

6.4.2.7 涂层材料的杯突试验方法

在 GP-TS2000HM/50kN 专用试验机的中横梁和下底板之间安置一个 GP-PS50 专用杯突试验装置，并在 50kN 力传感器下连接一个直径 20mm 的球形冲头，试样的涂层面向下，当中横梁向下运动时即可进行杯突试验，涂层出现裂纹时停止试验，通过测量冲头的位移值得出杯突最大深度值。为了消除试验装置的间隙对杯突深度测试精度的影响，在冲头和垫模间置于一个夹式引伸计，其位移测量精度为 5‰。以上是用球形冲头做杯突试验，也可用平底球形冲头做杯突试验，这样试样与平底冲头之间没有摩擦，且试件中部变形不受曲面刚度影响，能更真实地反映材料自身的变形能力。在试样的敏感方向上贴上应变传感元件，借助精密敏感应变传感器感知信息，经由专用试验机检测系统，综合分析、判断、反馈试件涂层起始断裂信息，自动停止试验，进而可以测得最大深度以及观察记录裂纹形态特征。

6.5 韧性

漆膜随基底一起变形而不发生损坏的能力，称为柔韧性。涂层的柔韧性与所用的树脂种类、分子量、油度、颜基比等有关，也与变形时间和速度有关。

漆膜柔韧性是衡量涂料性能的重要指标之一，对涂料品种的选择和应用具有很大的参考价值。例如：漆膜在外力作用下很容易拉长，但在除去外力以后，漆膜如果产生明显的收缩现象，那么这种漆料应用在经常受膨胀、压缩的材料或设备上，则易产生起皱、龟裂、脱落的现象，导致涂层的失效。

涂层由于厚度小，且通常附着在基片上与基底材料结合为一整体，所以其韧性值较难使用常规块体材料弹性模量测量方法来测量。大量的研究工作正集中于涂层韧性测量方法的研究。目前的测量方法有纳米压痕法、弯曲法及屈曲法。纳米压痕法是利用纳米压入设备，获取压入过程中压头上的载荷、位移数据，并绘制成载荷-位移曲线，通过力学模型，分析曲线卸载斜率，计算出材料的韧性；弯曲法是通过复合板理论分析试样在弯曲试验中的力学行为，计算出涂层的韧性。屈曲法是在对高分子材料表面薄膜在压应力作用下屈曲的研究中发展起来的，该方法出现的时间不长，还没有得到广泛的应用。

6.6 耐磨性

磨损也是导致涂层失效的重要原因之一。涂层耐磨性系指涂层表面抵抗某种机械作用的能力，通常是采用沙轮研磨或砂砾冲击的试验方法来测定，它是使用过程中经常受到机械磨损的涂层的重要特征之一，而且与涂层的硬度、附着力、柔韧性等其他物理性能密切相关。

6.6.1 旋转摩擦橡胶轮法

ISO 7784.2《色漆和清漆耐磨性的测定旋转橡》规定用旋转摩擦橡胶轮法测定涂层的耐

磨性，即在旋转盘转速为 60r/min，加压臂承载一定负荷的规定试验条件下，采用嵌有金刚砂磨料的硬质橡胶摩擦轮磨耗涂层表面，其耐磨性可分别以经规定研磨转数研磨后涂层质量损耗（失重法）的平均值或以磨损某一厚度涂层所需的平均研磨转数（转数法）两种方法表示与评价。二者相比较，失重法对试样的称重精度要求严格，但它不受涂层厚薄的影响；而转数法测定时直观方便，不需称重，但对涂层研磨厚度的测量要求甚严。GB/T 1768《色漆和清漆 耐磨性的测定 旋转橡胶砂轮法》中规定的方法与仪器虽然工作原理与其相同，但未对旋转盘转速作明确规定，而且试验结果只以经规定研磨转数研磨后的涂层质量损耗（失重法）的单一方法表示。旋转摩擦橡胶轮法可广泛用于涂层、镀层和金属、非金属材料的耐磨性试验，但是用作研磨的橡胶砂轮需要经常修整和适时更新。

6.6.2 落砂冲刷试验法

ASTM D 968—2017《落砂法测定有机涂层的耐磨性》，规定采用规定产地的天然石英砂作磨料，通过试验器导管从一定高度自由落下，冲刷试样表面，以磨损规定面积的单位厚度涂层所消耗磨料的体积（L），并通过计算耐磨系数来评价涂层的耐磨性。采用这种试验方法，天然砂磨料的选择将对试验结果产生直接影响，因此对砂粒的硬度、粒度和几何形状要求严格。应当指出，在采用落砂冲刷试验法的上述两项标准中，尽管都采取了主要技术参数完全相同的耐磨性试验器，但由于所用天然砂磨料的粒度不同，因而同属流出体积为 2L 磨料的流速并不相同，前者规定为 21～23.5s，后者规定为 16～18s。

6.6.3 喷砂冲击试验法

ASTM D658《涂层耐磨性试验方法及相应仪器》中规定用鼓风磨蚀（喷砂）试验测定有机涂层的耐磨性，这种方法是通过调节气泵输出压力，使试验器喷管处的空气流速为 0.07m³/min，以保证每分钟平均喷出 44g±1g 的金刚砂束冲击涂层，并以磨损规定面积的单位厚度涂层所消耗磨料的质量（g），通过计算其耐磨系数来评价涂层的耐磨性。因此必须按标准规定选用粒度范围为 75～90μm 的碳化硅作磨料，而气源输出压力和磨料的均一喷速成为影响试验结果的决定因素。

6.6.4 往复运动磨耗试验法

JIS H 8682-1：2013《铝和铝合金的阳极氧化 阳极氧化涂层耐磨性测量》规定了用摩擦轮磨耗试验机测定铝和铝合金阳极氧化膜的耐磨性。这种试验方法是在规定的试验条件下，使涂镀层与胶接在摩擦轮外缘上的研磨砂纸作平面往复运动，每次行程后摩擦轮转动一小角度（0.9°），经规定的若干次研磨后，以涂层厚度（μm）或涂层质量（mg）的减少，并通过计算其磨损阻力评价涂层的耐磨性。由于该方法的试验条件易于控制，而无其他方法所存在的诸如磨轮修整、老化、砂流速率、砂束形状等较难控制的问题，因而试验结果的重复性较好。这种方法除了可以用来测量涂层的耐磨性，也被广泛用于塑料、橡胶和金属材料的耐磨性试验。

6.6.5 其他方法

除了上述的磨损试验方法，还有湿式磨料磨损试验、旋转圆盘-销式摩擦磨损试验、抗咬合试验、切入式摩擦磨损试验等方法均可用于涂层摩擦磨损的测定。

6.6.6 磨损量的评定及表示方法

（1）磨损量的评定方法

① 称重法，测量磨损试验前后试样重量变化。
② 测长法，测量磨损试验前后，试样表面法向尺寸的变化。
③ 化学分析法，测定润滑剂中磨损产物量或产物组成。
④ 同位素法，试样经镶嵌、辐照、熔炼等方法。

（2）磨损量的表示方法

① 磨损率，磨损率是一个关联的磨损参数，以磨损量对于产生磨损的行程或时间之比来表示，对应于不同的磨损量计量方式，磨损率也有线磨损率、面磨损率和体积磨损率。磨损量与行程之比的磨损率为磨损强度；磨损量与时间之比的磨损率为磨损速度。

例如线磨损强度 I_h 这一参数，其定义为

$$I_h = h_w / S_f \tag{6.12}$$

式中，h_w 为线磨损量，即磨损高度（或深度）；S_f 为磨损行程。
② 磨损系数，试验件的磨损量与对磨件磨损量之比。
③ 相对磨损性，磨损系数的倒数。

6.7 耐蚀性

涂层的耐蚀性是对于涂层是否能够对基底起到保护作用有着巨大的影响，因此涂层耐蚀性的测试也尤为重要。

6.7.1 电化学法

电化学法是测量涂层耐蚀性较为常用的方法，该方法简单高效，测量时间短，可以直接获得样品自腐蚀电流、自腐蚀电位、涂层电阻、涂层与基底容抗等各种参数。

电化学的特点是电化学反应中阳极氧化部分与阴极还原部分可以彼此单独进行研究。电化学在单独研究阴极还原或阳极氧化的电极过程时，一般采用的电化学测试系统如图 6.16 所示。

6.7.1.1 电化学测试的三电极体系

在图 6.17 所示的电化学测试系统中，实验电解池是在一般电化学体系中增加了一个参比电极的三电极体系，其简化如图 6.17 所示。

在三电极体系中，工作电极（WE 也称作研究电极）上所发生的过程是所要研究的对象，对电极（CE 也称作辅助电极）主要是用来通过电流使研究电极发生极化，参比电极（RE 也称作基准电极）是作为参考点用于测定研究电极在通电发生极化时的电极电势。参比电极与

研究电极之间用盐桥进行电接触，为了减少溶液中欧姆电压降对电极电势测量的影响，盐桥靠近研究电极一侧常常采用鲁金（Luggin）毛细管。为了保证对研究电极进行单独有效的研究，辅助电极的面积一般比研究电极大很多。三电极体系构成两个回路：研究电极和辅助电极组成的极化回路或电流测量回路，实验时有电流通过；研究电极和参比电极组成电势测量回路；实验时无电流通过或通过的电流很小可忽略不计。三电极体系可以很方便地研究电极动力学研究。

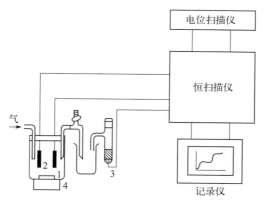

图 6.16　三电极体系的电化学测试系统
1—研究电极；2—辅助电极；3—参比电极；4—搅拌器

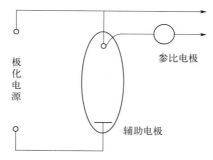

图 6.17　三电极体系简化

三电极体系的实验电解池可以根据实验需要设计成各种形状，但其结构和形状对于化学测试结果有很大影响。设计三电极体系的实验电解池时，除了应注意结构简单、操作清洗方便外，还应考虑到电极的电流密度分布要均匀、合适的电解池体积、合适的工作电极与对电极的面积、电解溶液的气氛保护和搅拌方式等。常用的实验电解池一般都是采用硬质玻璃或九五玻璃制成，同时具有多种结构。

6.7.1.2　工作电极的制备与预处理

对电极通常采取铂电极或是碳板，铂电极是最常使用的对电极。对于涂层样品，当进行电化学测试时，作为工作电极，通常需要预处理。首先，试样需要加工成一定的形状，将覆盖涂层的一端暴露在溶液中，而另一端需要具有导电性（如果具有钝化层或氧化层需要先除去，之后使用乙醇或丙酮洗涤干净，再用去离子水去除干净）且与导线相连（通常采取导电胶或是电焊的方式），之后使用环氧树脂或者石蜡将样品除涂层面之外的其他面密封，避免与溶液接触。需要注意的是，电化学实验的测量结果不仅与基底和涂层的状态有关，工作电极的形状与面积也有较大的影响。工作电极的形状主要会影响电流密度的均匀分布，一般采用大面积的对电极或象形对电极就可以克服其影响。

6.7.1.3 参比电极的选择

参比电极是电极电势测量的参考点，参比电极的选择是否恰当直接影响到测量结果。理想参比电报必须具备以下性质。

① 电极反应可逆性好，其平衡电极电势可用能斯特公式计算。由于交换电流密度越大的电极体系的可逆性能越好，参比电极一般要求其交换电流密度大于 $10^{-5}\,\mathrm{A/cm^2}$。

② 平衡电极电势随时间的漂移小，重现性好。

③ 有微小电流通过时电极电势变化不超过 $1\mathrm{mV}$，断电后能迅速恢复到原先的平衡电极电势值。

④ 平衡电极电势的温度系数小。

⑤ 制备简单、使用和维护方便。

满足上述要求能用作参比电极的电极体系很多，目前常用的参比电极有甘汞电极、标准氢电极、氯化银电极、氧化汞电极、硫酸亚汞电极、硫酸铜电极等。

电化学实验选择参比电极不仅要考虑上述方面，还应该注意避免参比电极溶液与研究体系溶液之间的相互污染。

6.7.1.4 电化学测试仪器

电化学测试系统所涉及的仪器设备主要有提供恒定电流或恒定电极电势的极化电源，测量极化时电极电势变化、电流变化或反映两者关系的记录装置。

能提供恒定电极电势的极化电源主要是恒电势仪（恒电位仪），提供恒电流的极化电源要有恒电流源或具有恒电流输出的恒电势仪。如果进行自动连续的电化学测试，一般在恒电势仪的基础上可连接电势扫描仪（电位扫描仪）、电势程序设定仪（电位程序设定仪）或类似的电势信号发生器。恒电势仪通过电势扫描仪给出信号可控制研究电极的电极电势按照指定的程序和规律变化。

电化学测试时记录的变量主要是极化时的电极电势、电流以及两者随时间变化的关系。测量极化曲线或采用电势扫描仪配套进行自动连续测试时，主要记录电极电势与电流两者的变化关系。单独记录在某一电极电势时的极化电流，可在极化回路中串联适当量程和精度的电流表，或在极化回路中串联标准电阻（称为取样电阻）记录该标准电阻上的电压降（欧姆定律换算得到极化电流值）。单独记录在某一电流极化时的电极电势，可采用电势差计（或电位差计）。记录极化电流或极化时的电极电势随时间变化的关系，可采用函数仪或记忆示波器自动记录。记录反映极化时电极电势与电流关系的极化曲线时，则应采用 X-Y 函数仪或具有相应接口和数据处理软件的计算机。由于大部分通电的电化学实验中研究电极与参比电极之间采用电阻较大的旋塞式盐桥，记录装置中电极电势的输入端应具有高阻抗。记录电极电势或电流随时间快速变化的关系时，一般函数仪的响应速度慢而应采用响应速度很快的记忆示波器。由于大多数示波器的输入阻抗低，通常在其电极势输入端要添加前置放大器。

6.7.1.5 稳态极化曲线的测量

表示电极过程达到稳态时电流密度与电极电势的关系称为稳态极化曲线。测量稳态极化曲线的方法很多，根据选取自变量和自变量改变的方式不同而不同。采用控制电势时，测量稳态极化曲线的方法分为静态恒电势法（逐点法）、电势阶跃法（阶梯波法）和线性电势扫描法。采用控制电流时，测量稳态极化曲线的方法分为静态恒电流法（逐点法）、电流阶跃法（阶梯波法）和线性电流扫描法。在现代电化学实验室中，测量稳态极化曲线主要采用电势扫描速度较慢的线性电势扫描法。

（1）静态恒电势法与静态恒电流法

静态恒电势法和静态恒电流法是早期测量稳态极化曲线的经典方法。静态恒电势法采用恒电势仪控制研究电极相对于参比电极的电势恒定时不同的数值，在电路中串联一个精密电流表测定相应的稳态电流（或通过数字电压表等仪器测得电路中串联标准电阻的电压降计算得到相应的稳态电流），然后绘制成稳态极化曲线。静态恒电流法采用恒电流源或带恒电流输出的恒电势仪作为极化电源控制电流恒定在不同的数值。采用电势差计、数字电压表等仪器测定研究电极相对于参比电极的电势，然后绘制成稳态极化曲线。这两种方法在给出电极电势（或电流）值时，其对应的电流（或电极电势）要经过一定时间的波动后才能达到稳定进行测量。这种波动所需时间的长短由具体实验条件而定，一般为 $2\sim3\text{min}$，有时需要 $5\sim20\text{min}$。静态恒电势法和静态恒电流法是采用手动方式调节自变量而逐点得到电流密度与电极电势的对应关系，有时也叫作逐点法。这两种方法测量时间长、人为误差大、测量结果重现性差，因而在现代电化学实验室中很少使用，但在某些大电流电解的试验中仍有应用。

（2）电势阶跃法与电流阶跃法

电势阶跃法和电流阶跃法采用单位时间内自变量电极电势或电流改变单位值的阶梯波代替手动调节，因而也称为阶梯波法。阶梯波电极电势或电流阶跃的大小和时间间隔的长短，应根据具体实验条件而定。电势阶梯波中电极电势的阶跃幅度 $\Delta\varphi=15\sim100\text{mV}$，电流阶梯波中电流的阶跃幅度 $\Delta I=0.5\sim10\text{mA}$，阶跃时间 Δt 为 $0.5\sim10\text{min}$。电势阶梯波或电流阶梯波由信号发生器产生，通过恒电势仪施加在研究电极上控制自变量电势或电流按设定规律变化。如将控制的自变量和要测的因变量同时输入 X-Y 函数仪，可自动测得电极电势与电流的对应关系或稳态极化曲线。通常情况下，现代电化学实验室采用阶梯波法测量稳态极化曲线时，电势阶跃法多于电流阶跃法。

（3）线性电势扫描法与线性电流扫描法

线性电势扫描法又称为动电势扫描法、控制电势扫描法。电势阶跃法中电势随时间的变化是间断的，而线性电势扫描法中电势随时间的变化是连续线性的。如果用符号 v 表示电势扫描速度 $\dfrac{d_\varphi}{d_t}$，扫描起始电势为 φ_i 时电势随时间变化的线性关系为

$$\varphi=\varphi_i+vt \tag{6.13}$$

电势随时间变化的线性关系由电势扫描仪、电势程序设定仪或信号发生器产生，通过恒电势仪施加于研究电极，如果将研究电极在不同时间上的电势相与之对应的电流值用 X-Y 函数仪记录，就可得到稳态极化曲线。线性电势扫描法的实验线路与图 6.17 相同。实验时，扫描起始电势和电势扫描速度均由电势扫描仪、电势程序设定仪或信号发生器产生与调节。测定稳态极化曲线，电势扫描速度必须足够慢才能保证电极过程达到稳态。电势扫描速度究竟为多少时才能认为达到稳态，应根据具体实验条件而定。依次减小电势扫描速度测定极化曲线时，极化曲线一般都会随电势扫描速度的减小而变化。当电势扫描速度减小到极化曲线形状不发生明显变化时，就可认为达到稳态。这时的电势扫描速度则可用来测定稳态极化曲线。测定稳态极化曲线的电势扫描速度一般为 $0.1 \sim 2.0 \text{mV/s}$。

（4）稳态极化曲线的意义

稳态极化曲线的意义是稳态极化曲线可以用来获得阴极保护电势、阳极保护电势、致钝电流、击穿电势和再钝化电势等。

6.7.1.6 交流阻抗的研究方法

交流阻抗方法是控制电极电势（或通过电极的电流）按正弦波规律随时间变化，同时测量电极体系的交流阻抗（或导纳）来研究电极过程。在交流阻抗实验中，一般采用小幅度正弦波交流电，电极电势的振幅限制在 10mV 以下，更严格时为 5mV 以下。在这个限制条件下，电极过程中一些比较复杂的关系（φ-i、φ-c 的对数关系）都可以简化为线性关系，电极过程也可以用简单的等效电路来描述。测量这种等效电路的阻抗变化，得到其阻抗复数平面图，可以求得双电层电容、交换电流密度等动力学参数和研究电极过程动力学规律。交流阻抗方法也叫作正弦波交流电方法，实验时讯号频率高、每半周延续时间短、在同一电极上交替出现阳极过程和阴极过程，因而与其他暂态方法一样具有不严重破坏电极表面状态的优点。交流阻抗方法的数学处理方便，其测量电极阻抗的新技术不断涌现，目前已成为一种较重要的电化学研究方法。

目前用来测量涂层耐蚀性的主要方法为循环伏安法。循环伏安法不仅能快速观测交流电势范围内的电极过程，为电极过程研究提供丰富的信息，而且可通过对扫描曲线的形状分析，估算电极反应动力学参数。为此，循环伏安法已经成为涂层耐蚀性电化学研究的常规实验手段，对电极过程动力学和电极反应机理研究具有极其重要的作用。

循环伏安法测定之后，可以获得 Nyquist（一种线性控制系统的频率特性图）和 Bode 图（系统频率响应的图示方法）。通常需要根据等效电路图对数据进行拟合与计算，从而获得涂层数据。

6.7.2 模拟浸泡法

为了解涂层对基底的保护情况，最直观的方法是模拟试样在服役条件下的腐蚀情况。例如，对于在航海用的钢材，在进行涂覆后，需要再进行海水腐蚀实验；需要在水中使用的涂层，则会进行淡水腐蚀实验；对于生物植入材料，则会进行模拟体液腐蚀实验。模拟腐蚀的情况通常需根据实际应用情况进行调整。例如，对于模拟体液浸泡实验，通常浸泡温度为

37℃，进行遮光处理。

浸泡实验中，通常要通过溶液 pH 值的变化、样品重量变化、涂层表面情况变化、氢气释放量多个方向判断腐蚀的情况，从而判断涂层的耐蚀性。

对于多数的金属材料，腐蚀过程中金属会溶解，释放出 OH^-，造成局部环境碱化，pH 值会上升。因此，pH 值上升的速度可以作为涂层是否有效保护基底的依据。同样的，腐蚀过程造成金属的溶解也会造成质量的亏损，因此质量的下降同样也可以体现基底腐蚀的速度。但是需要注意的是，在浸泡过程中，金属除了溶解被腐蚀外，还可能会产生腐蚀产物附着于基底上，这导致质量的上升。因此，在使用这种方法时，需要使用合适的试剂（例如铬酸）去除腐蚀产物。另外，由于金属腐蚀过程中会产生氢气，因此可以通过氢气释放量来判断腐蚀速度的快慢，氢气的释放量通常可以通过排水法进行测量。

值得一提的是，模拟浸泡法时间较长，因此，对于基底耐蚀性较好、涂层质量较好，且长时间不会被腐蚀的样品，不能在短期内通过浸泡法获得涂层耐蚀性的数据。

6.7.3 盐雾法

6.7.3.1 盐雾法简介

盐雾是由含盐微小液滴所构成的弥散系统，为了模拟海洋周边气候对产品造成的破坏性，需要使用盐雾法测量涂层的耐蚀性。防腐涂层的耐盐雾性是指防腐涂层对盐雾侵蚀的抵抗能力。由于沿海及近海地区的空气中富含呈弥散微小水滴状的盐雾，含盐雾空气除了相对湿度较高外，其密度也较空气大，容易沉降在各种物体上，而盐雾中的氯化物具有很强的腐蚀性，对金属材料及保护涂层具有强烈的腐蚀作用。

作为耐腐蚀试验之一的耐盐雾试验标准方法，包括中性盐雾试验、醋酸-盐雾试验、铜加速的醋酸-盐雾试验（CASS 试验）以及湿（盐雾）/干燥/湿气-循环腐蚀环境试验。特别是中性盐雾试验被认为是评定与海洋气氛有密切关系的材料的有关性质的最有效的方法，因为它可以模拟由湿度或温度，或者由两者共同引起的某些加速作用的基本条件。可以说耐盐雾性试验是各类防腐蚀涂料的加速性能试验中最经典、应用最广泛的检测项目，虽然对耐盐雾性试验与实际性能的相关性还是有很大的争论，但是实际应用还是非常普遍的。

同时耐盐雾性试验方法也是金属材料耐腐蚀性能试验的主要方法之一。所以广泛应用于评价和比较底材、前处理、涂层体系或它们的组合体的耐腐蚀情况，另外在许多工业生产、采矿、地下工程、国防工程以及鉴定程序中也成为非常有用的手段。醋酸-盐雾试验和铜加速的醋酸-盐雾试验（CASS 试验）的两种方法被认为更适于钢或锌基压铸件上的装饰性镀铬、镉以及化学处理的铝上的磷化或阳极化等。而湿（盐雾）/干燥/湿气-循环腐蚀环境试验则主要用来模拟在室外侵蚀环境中发生的腐蚀过程，如海洋环境。由于与天然老化之间有很好的相关性，因此一些标准的循环已成功用于汽车工业、建筑涂料和通用型防腐蚀涂料的评价中。

6.7.3.2 相关标准

各国都有该试验方法的标准，内容基本相同，表 6.1 列出耐盐雾性试验方法的标准和试验参数的比较。

表 6.1 耐盐雾性试验方法

应用	提出单位	试验参数/℃
GB/T 1771—2007 色漆和清漆 耐中性盐雾性能的测定	中国国标	(35±2)
ISO 16474-1：2013 色漆和清漆 实验室光源暴露试验方法 第1部分：一般指南	国际标准	(35±2)
ASTM B117 使用盐雾进行腐蚀试验的标准实施规程	美国 ASTM	(35±2)
ASTM B287 用钠水解反应测定铝合金中镁含量的标准实施规程	美国 ASTM	35±2

6.7.3.3 盐雾法的试验设备和参数

（1）盐雾试验箱基本组成和工作原理

目前国内外普遍采用的试验设备是盐雾试验箱。该设备主要由盐雾箱体（喷雾室）、盐溶液贮槽、盐溶液的液位控制器、经由适当处理的压缩空气系统、一个或多个雾化喷嘴、中心喷雾塔、可调式折流板、样板支架（满足与垂线的夹角是 20°±5°的支撑板）、空气饱和器、箱体浸没式加热设备及必要的温度、湿度控制设备等组成。当盐溶液自溶液贮槽内导出流经液位控制器进入喷雾塔底部时，在一定压力的气流（压差）作用下，由自吸式喷嘴吸入并雾化形成密集的盐雾，经喷雾塔上部的折流板导向喷出后均匀地沉降在喷雾室内的试验样板上。仪器的结构应能保证积聚在顶棚或箱盖上的滴液不会滴在试验样板上。试验样板上的滴液也不会滴落到溶液贮槽内重新雾化。该设备除了能完成中性盐雾试验外，对于醋酸-盐雾试验、铜加速的醋酸-盐雾试验（CASS试验）按标准在盐溶液中加入醋酸或氯化铜与醋酸，并改变相应的试验条件，就可在普通的盐雾试验箱进行。

循环盐雾试验箱是为满足湿（盐雾）/干燥/湿气-循环腐蚀环境试验而设计的。该设备除了具备普通盐雾试验箱的所有构成外，又要增加可控温度的干热空气鼓风机及干燥空气（提供相对湿度为 20%～30%之间的去油去尘空气）供给器，还有一个可编程的程序控制器。以便对试验箱内分别设置完成如喷盐雾、送干燥热风、送接近饱和的湿空气或半饱和的湿空气的循环程序。

（2）试验参数设定

① 温度控制，耐中性盐雾试验及醋酸—盐雾试验的盐雾箱暴露区的温度应保持在（35±2)℃。空气饱和器的温度应高于箱内温度（5～10)℃。用于醋酸/铜加速—盐雾试验的盐雾箱暴露区的温度应保持在（49±1)℃。

② 盐雾沉降量的控制，在盐雾箱暴露区内至少应有两个干净的由玻璃或其他化学惰性材料制成的盐雾收集器，其中一个应放在喷雾入口附近，另外一个放在远离喷雾入口处。盐雾沉降量：在最少 24h 周期后，开始计算所收集的溶液，每 80cm² 的收集器面积每小时应收集到 1.0～2.0mL 的盐溶液，其氯化钠溶液的浓度为 5%（质量），pH 值应为 6.5～7.5。

③ 溶液配制

a. 中性盐雾溶液的配制。将符合 GB 1266—2019《电池用二氧化锰》化学纯的氯化钠溶解于符合 GB/T 6682—2008《分析实验室用水规格和试验方法》规定的三级水中，浓度为（50±10)g/L。用 pH 试纸在 25℃时测定试验溶液的 pH 值为 6.5～7.5。超出范围时可加入分析纯盐酸或氢氧化钠溶液进行调整，配制好的溶液需经过滤后方可使用。

b. 醋酸-盐雾溶液的配制。先将符合 GB 1266—2019《电池用二氧化锰》化学纯的氯化钠溶解于符合 GB 6682—2008《分析实验室用水规格和试验方法》规定的三级水中，浓度为（50±10）g/L，然后用醋酸调节溶液的 pH 值，使其在 3.1～3.3 范围内，该 pH 值用所收集的盐雾样品测得。应在 25℃时进行 pH 值测量，配制好的溶液需经过滤后方可使用。

c. 铜加速的醋酸/盐雾溶液的配制。第一步将符合 GB 1266—2019《电池用二氧化锰》化学纯的氯化钠溶液于符合 GB 6682—2008《分析实验室用水规格和试验方法》三级水中，浓度为（50±10）g/L；第二步在 3.8L 的盐水中加入试剂级的二氯化铜（$CuCl_2 \cdot 2H_2O$）进行溶解充分混合；第三步用醋酸调节溶液的 pH 值，使其在 3.1～3.3 范围内，该 pH 值用所收集的盐雾样品测得。应在 25℃时进行 pH 值测量，配制好的溶液需经过滤后方可使用。

④ 试验样板的制备、养护及预处理，除另有规定外，可按 GB/T 1727—2021《漆膜一般制备法》的规定制备和养护样板，被测样板的背面及周边可用被测产品或比被测产品更耐腐蚀的涂层体系涂覆。如做划线试验时，可用一种具有碳化钨刀尖的划线工具与样板表面接触，划出一条均匀的、划穿底材上所有有机涂层的、不带毛刺的 V 字形切口的亮线。如需做划穿金属镀层的试验，其划穿程度应由生产厂与用户之间商定。如果用户需要，经商定也可划出几条线（交叉线、平行线），划线质量可借助低倍放大镜观察。

⑤ 样板的投试、试验及检查，养护期结束后的样板留出一块作标准板，其余 3 块投入试验箱内进行曝露试验。样板应表面朝上放在样板支架上，样板之间及样板与箱体之间均不允许接触，且被测样板不应层叠放置，避免液滴从上层样板溅落到下层样板上影响试验结果。样板在试板架上的排列应以有规律的间隔时间改变，例如前排与中后排进行交换。

盐雾试验周期比较长，一般是几百小时、或 1000h，2000h 和 4000h，甚至更长时间。试验时间可参照相关产品标准的规定。因为标准中规定每 24h 需检查一次样板，故试验时间一般为 24h 的倍数。但也可按 ASTM D117：1996《产自石油的电绝缘油的试验方法、规范和导则，取样的标准导则》中推荐的暴露周期，即 12h、24h、48h、96h、200h、500h、720h。一些防腐蚀涂料产品所需要通过的耐盐雾性的时间如表 6.2 所示。

表 6.2 一些防腐蚀涂料产品所需要通过的耐盐雾性的时间

标准和应用	盐雾试验时间/h	防腐蚀涂料	应用
ISO 12944-1：2017 涂料和清漆 使用保护性涂层系统防腐蚀钢结构 第 1 部分	480 720 1440	短期效 中期效 长期效	C5-M（海洋大气） C5-1（工业大气）
ISO 18868：2014 涂料和清漆-使用保护性涂层系统防腐蚀钢结构-涂层附着力/丙聚力测试-拉伸法	1800（总循环老化试验时间为 4200）	短期效	海洋平台和结构物 C5-M（海洋大气）
GB/T 6823—2008 船舶压载舱漆	600	中期效	船舶压载舱涂料
GB/T 9260—2008 船用水线漆	200	短期效	船用水线涂料
GB/T 9262—2008 船用货舱漆	400（Ⅰ型） 200（Ⅱ型）	中期效	船用货舱涂料
GB/T 16168—1996 海洋结构物大气段用涂料加速试验方法	4000	长期效	海洋大气段结构物

样板的检查及评定可按相关标准规定进行。不划线样板的评定可参照 GB/T 1771—2007《漆膜耐湿热测定法》进行，该标准中详细规定了样板的检验项目，如变色、起泡、生锈、脱落等及评级细则。检查时一般采用目测法并借助透明材料制成的百分格进行评判破坏程度及破坏面积，破坏程度分 3 个等级，其中 1 级最好，3 级最差。

划线样板的评定可参照 ASTM1654—92《腐蚀环境下涂漆或涂覆试样评定的标准试验方法》进行。标准中详细规定了样板的检验项目，如：腐蚀斑点、起泡、自划线漫延的腐蚀或涂层的损失（破坏程度）等。破坏程度分 0～10 个等级，其中 10 级最好，0 级最差。

6.7.3.4　影响耐盐雾试验结果的因素

影响耐盐雾试验结果的因素如下：

① 盐雾箱及所有与盐溶液或盐雾接触的部件都应是惰性、不透气的材料制成，否则部件的同步腐蚀将影响试板的检验结果；

② 应适当调整喷雾塔的挡板角度，使喷嘴的喷射方向不会直接冲击样板；

③ 盐雾箱的排空管应有足够的尺寸以降低箱内回压，排空管的末端也应有遮挡，否则造成箱内的压力或真空的波动；

④ 为雾化盐溶液而供给喷嘴的压缩空气应作无油及无尘处理，否则容易将喷嘴堵塞并直接影响试验结果。

习　题

1. 名词解释

（1）裴索多光束干涉法；（2）质谱仪；（3）压痕试验；（4）盐雾法

2. 比较几种溶解法测量涂层厚度测量精度和优缺点。

3. 简述表面涂层的几种非破坏法测试方式。

4. 试结合 XRD 的原理推导布拉格方程。

5. 简述扫描电子显微镜和透射电子显微镜的区别。

6. 简述电磁光谱的红外部分的三个区域。

7. 简述 X 射线光电子能谱技术是如何运用于材料表面成分表征的。

8. 举例五种涂层结合力的定性检测方式。

9. 简述 Taber 试验测试耐磨性的两种表示方法及其优缺点。

10. 简述盐雾法的试验设备组成以及影响盐雾试验结果的因素。

参考文献

［1］ 姚广仁. 磁性金属基体上非磁性涂层厚度的无损检测方法［J］. 无损检测,2000,22(005):217-218.

［2］ 翁慧燕,章海. 光切法显微镜物镜放大倍数的确定［J］. 实验技术与管理,2006,23(2):38-39.

［3］ 彭雪莲.磁性法和电涡流法测厚仪的特点［J］.材料保护,2005,038(001):68-69.

［4］ 赵邦模,梅冬初.涂层结合力定量测定的探讨［J］.包装工程,1980(4):1006-1009.

［5］ Ji Y,Wang A,Wu G,et al. Synthesis of different sized and porous hydroxyapatite nanorods without organic modifiers and their 5-fluorouracil release performance［J］. Mater Sci Eng C Mater Biol Appl. 2015,57:14-23.

［6］ Wen Z,Wang Z,Chen J,et al. Manipulation of partially oriented hydroxyapatite building blocks to form flowerlike bundles without acid-base regulation［J］. Colloids Surf B Biointerfaces. 2016,142: 74-80.